一般大气环境下钢筋混凝土结构
抗震性能试验研究

郑山锁　周　炎　明　铭　尚志刚　董立国等　著

科学出版社

北　京

内 容 简 介

为揭示一般大气环境下混凝土内部钢筋锈蚀对钢筋混凝土结构构件力学与抗震性能的影响规律,本书通过人工气候模拟技术模拟一般大气环境,对钢筋混凝土棱柱体、框架梁、柱、节点以及剪力墙构件进行加速腐蚀试验,进而对其进行静力与拟静力加载试验,研究不同设计参数下各类钢筋混凝土构件力学与抗震性能随钢筋锈蚀程度的变化规律,并据此建立锈蚀箍筋约束混凝土的本构模型、各类锈蚀钢筋混凝土构件的恢复力模型以及考虑一般大气环境侵蚀作用影响的钢筋混凝土框剪结构地震韧性评估框架,为一般大气环境下在役钢筋混凝土结构的力学与抗震性能及地震韧性评估提供理论支撑。

本书可供土木工程专业和地震工程、结构工程、防灾减灾与防护工程领域的研究、设计和施工人员,以及高等院校相关专业的师生参考。

图书在版编目(CIP)数据

一般大气环境下钢筋混凝土结构抗震性能试验研究 / 郑山锁等著 . —北京:科学出版社,2022.9

ISBN 978-7-03-072014-6

Ⅰ.①一… Ⅱ.①郑… Ⅲ.①钢筋混凝土结构-抗震性能-试验研究 Ⅳ.①TU375

中国版本图书馆 CIP 数据核字(2022)第 053628 号

责任编辑:周 炜 梁广平 罗 娟 / 责任校对:任苗苗
责任印制:吴兆东 / 封面设计:陈 敬

科学出版社 出版
北京东黄城根北街 16 号
邮政编码:100717
http://www.sciencep.com

北京凌奇印刷有限责任公司 印刷
科学出版社发行 各地新华书店经销
*
2022 年 9 月第 一 版 开本:720×1000 1/16
2023 年 8 月第二次印刷 印张:16 3/4
字数:310 000
定价:128.00 元
(如有印装质量问题,我社负责调换)

前　言

位于我国内陆地区的钢筋混凝土(reinforced conerete,RC)结构不仅长期面临地震灾害的威胁,还遭受一般大气环境中的二氧化碳、硫酸根离子以及硝酸根离子的侵蚀作用影响,这导致其内部钢筋发生不同程度的锈蚀,引起钢筋截面削弱、钢筋与混凝土之间黏结性能退化、混凝土保护层开裂脱落等材料性能衰退。目前,该问题已得到国内外学者的广泛关注,也取得了一定的研究进展。然而,仅基于混凝土与钢筋材料层面的耐久性损伤研究成果尚难以客观预测钢筋混凝土构件与结构腐蚀后力学性能与抗震性能的退化,国内外关于一般大气侵蚀环境下钢筋混凝土结构耐久性和抗震性能交叉领域的研究亦较为滞后,无法为一般大气环境下钢筋混凝土结构抗震性能评估提供科学理论支撑。因此,为实现一般大气环境下钢筋混凝土结构地震灾害风险评估,减少地震灾害造成的人员伤亡和财产损失,开展该环境下钢筋混凝土结构抗震性能研究十分必要和迫切。

鉴于此,本书以一般大气环境下在役钢筋混凝土结构为研究对象,采用试验研究、理论分析和数值模拟相结合的方法,围绕锈蚀箍筋约束混凝土本构模型的建立、低周反复荷载下各类钢筋混凝土结构构件力学特性与抗震性能退化规律的揭示与表征、考虑一般大气环境侵蚀作用影响的钢筋混凝土结构宏/细观数值模拟分析方法的建立、一般大气环境下腐蚀 RC 框剪结构地震韧性评估框架的构建等方面开展了系列性的研究工作。

全书共七章:第 1 章介绍研究背景与意义、国内外研究现状、本书研究内容及成果;第 2 章介绍基于人工气候环境模拟技术的一般大气环境加速腐蚀试验方案,一般大气环境下锈蚀箍筋约束混凝土静力加载试验,以及其力学性能劣化规律与本构模型;第 3~6 章依次介绍一般大气环境下 RC 框架梁、柱、节点、剪力墙等构件的拟静力试验研究,系统分析腐蚀循环次数与设计参数对各类 RC 构件抗震性能指标的影响规律,建立考虑一般大气环境腐蚀损伤的各类 RC 框剪结构构件恢复力模型;第 7 章介绍一般大气环境下 RC 结构地震韧性评估框架,并基于该框架对一般大气环境下不同服役期与层数的典型 RC 框剪结构进行了韧性评估。

本书由郑山锁、周炎、明铭、尚志刚、董立国等共同撰写。其中,郑山锁撰写了第 2、5、7 章,周炎撰写了第 1、6、7 章,明铭撰写了第 3 章,尚志刚撰写了第 4 章。董立国、郑淏、张艺欣、郑捷、江梦帆、郑跃参加了第 1~7 章撰写。胡卫兵、胡长明、刘培奇、侯丕吉、曾磊、李磊、王帆、贺金川、王建平、林咏梅、马乐为、马永欣等老师,杨威、秦卿、孙龙飞、刘巍、李强强、关永莹、左河山、赵彦堂、刘小锐、王子胜、付小亮、甘传磊、黄莺歌、周京良、董方园、汪峰、裴培、宋明辰、龙立、牛丽华、张晓辉、王萌、刘华、蔡永龙、阮升、荣先亮、温桂峰、姬金铭等研究生,参与了本书部分章节内容的研究与材料整理、插图和文字整理工作。全书由郑山锁统稿。

本书的主要研究工作得到了国家重点研发计划(2019YFC1509302)、国家科技支撑计划(2013BAJ08B03)、陕西省科技统筹创新工程计划(2011KTCQ03-05)、陕西省社会发展科技计划(2012K11-03-01)、陕西省教育厅产业化培育项目(2013JC16、2018JC020)、教育部高等学校博士学科点专项科研基金(20106120110003、20136120110003)、国家自然科学基金(52278530、51678475)、陕西省重点研发计划(2017ZDXM-SF-093、2021ZDLSF06-10)、西安市科技计划(2019113813CXSF016SF026)等项目资助,并得到了陕西省科技厅、陕西省地震局、西安市地震局、西安市灞桥区、碑林区和雁塔区政府、清华大学、哈尔滨工业大学、西安建筑科技大学等的大力支持与协助,在此一并表示衷心的感谢。本书还得到了中国地震局地球物理研究所高孟潭研究员和工程力学研究所孙柏涛研究员、沈阳建筑大学周静海教授、长安大学赵均海教授、清华大学陆新征教授、哈尔滨工业大学吕大刚教授、机械工业勘察设计研究院全国工程勘察设计大师张炜和陕西省工程勘察设计大师张继文、西安建筑科技大学牛荻涛教授和史庆轩教授、西安理工大学刘云贺教授、西安交通大学马建勋教授、中国建筑西北设计研究院吴琨总工程师、陕西省建筑科学研究院朱武卫教授级高级工程师等专家的建言与指导。

限于作者水平,加之研究工作本身带有探索性质,书中难免存在疏漏和不妥之处,敬请读者指正。

郑山锁

西安建筑科技大学

2022 年 3 月

目　　录

第1章 绪 论

1.1 研究背景及研究意义

我国地处环太平洋地震带和欧亚地震带的交汇区域,是地震多发的国家之一。据不完全统计,进入20世纪以来,我国仅七级以上的大地震就发生了十几次,每一次都给人口密集的城市区域造成了惨重的人员伤亡和经济损失,其中,1976年河北唐山大地震(M_S7.8)造成24万余人遇难、数百万栋房屋和公用设施严重破坏;1999年台湾集集大地震(M_S7.3)造成92亿美元的经济损失;2008年四川汶川地震(M_S8.0)造成6万余人遇难、直接经济损失8451亿元;2010年青海玉树地震(M_S7.1)造成2698人死亡、经济损失达125亿元。资料表明,随着我国城镇化进程的推进,城市人口越来越多,人口密度越来越大,由地震带来的人员伤亡、经济损失以及灾后重建所需的精力和费用都呈几何倍数上升。美国科罗拉多大学的地震工程学家曾指出[1]:"造成伤亡的是建筑物本身,而不是地震。"在新时代背景下,科学合理评估建筑结构抗震能力,是降低震害风险、保障人民生命财产安全和维系经济社会可持续发展的重要前提和有效途径。

钢筋混凝土(reinforce concrete,RC)结构作为土木工程主要结构形式之一,广泛应用于工业与民用建筑、桥梁与地下工程等基础设施中。在应用之初,RC结构并未表现出明显的经时性能退化问题,故其耐久性问题未得到充分关注。直到20世纪80年代,在役RC结构混凝土表面开始出现锈胀裂缝,内部钢筋发生不同程度的锈蚀,其耐久性问题才引起国内外学者的广泛关注。据调查,在西方发达国家,用于既有结构维修加固的费用已占整个建筑行业总投资的40%以上;美国由耐久性问题引起的经济损失1975年达700亿美元,1986年则达1680亿美元;为解决海洋环境下RC建/构筑物的腐蚀与防护问题,英国政府每年耗资约20亿英镑;日本近年来每年用于房屋结构维修的费用亦达到了400亿日元;我国RC结构的大规模建造虽然起步较晚,但其耐久性问题同样严峻,据估计,我国1999年由耐久性问题引起的经济损失为1800亿~3600亿元,其中由钢筋腐蚀引起的损失约占40%。

耐久性问题不仅导致RC结构的维护加固费用不断增长,还引起了钢筋力学性能、混凝土力学性能以及钢筋与混凝土之间的黏结性能不断劣化,并由此导致其抗震性能产生不同程度的退化。RC 结构在服役一定龄期后,其抗震性能将有可能不再满足规范要求,其在地震灾害下的破坏风险加剧,然而,依据我国相关设计规范以及部分可靠性和抗震评定标准所设计的 RC 结构,并未将耐久性设计纳入整个设计体系中。2008 年汶川地震的震害统计资料[2](表 1.1)表明,建造年代较早的建筑结构的破坏情况较为严重。原因不仅是建造时的抗震设防水平较差,还包括使用过程中由耐久性退化所导致的抗震性能退化。为准确评估既有 RC 建筑的地震灾害风险,有必要对发生耐久性退化的在役 RC 结构的抗震性能展开研究。

表 1.1　汶川地震建筑震害统计[2]　　　　　　　　　　(单位:%)

建造年代	可以使用	加固后使用	停止使用	立即拆除
1978 年以前	10	39	8	43
1979~1988 年	35	33	13	18
1989~2001 年	40	31	16	14

　　RC 结构所处的侵蚀环境是导致其耐久性退化以及抗震性能劣化最直接和最重要的因素。根据耐久性退化机理的不同,我国 RC 结构所处的侵蚀环境大致可以划分为一般大气环境、近海大气环境及冻融大气环境三种。其中,位于我国内陆的绝大部分 RC 结构均处于一般大气环境中,并受该环境中的二氧化碳(CO_2)以及酸雨中的硫酸根离子(SO_4^{2-})、硝酸根离子(NO_3^-)等侵蚀介质的共同作用,混凝土发生中性化。中性化过程降低了混凝土材料的碱度,使钢筋表面的钝化膜发生破坏,失去对钢筋的保护作用,最终导致钢筋锈蚀。钢筋锈蚀会造成钢筋有效截面面积减小及钢筋力学性能劣化,锈蚀产物膨胀还会导致混凝土保护层沿钢筋纵轴方向开裂,削弱钢筋与混凝土间黏结性能,箍筋锈蚀还会减小其对核心区混凝土的约束作用[3],从而引起 RC 结构力学性能和抗震性能发生不同程度的劣化。

　　综上,位于我国内陆的 RC 结构不仅长期面临地震灾害的威胁,还同时遭受一般大气环境下二氧化碳、硫酸根离子、硝酸根离子等腐蚀介质的侵蚀作用,结构构件耐久性能不断退化,并导致其力学与抗震性能产生不同程度的劣化。揭示该侵蚀环境下 RC 构件与结构的力学与抗震性能劣化规律并建立相应的数值分析模型与韧性评估框架,是准确评估我国既有 RC 结构地震灾害风险的关键。鉴于此,本书通过人工气候模拟技术模拟一般大气环境,对各类 RC 试件(包括 RC 棱柱体、框架梁、框架柱、框架节点、剪力墙)进行加速腐蚀试验,进而对其进行静力与拟静力加载试验,研究上述各类 RC 试件的力学与抗震性能在钢筋锈蚀和其他设计参数耦合作用下的变化规律;在此基础上,结合上述试验研究结果、理论分析方法以及既有研究成果建立锈蚀箍筋约束混凝土的本构模型与各类腐蚀 RC 构件的恢复力模型,并构建腐蚀 RC 框架-剪力墙结构(框剪结构)的地震韧性评估框架,以期为一般大气环境下在役 RC 结构数值建模分析以及地震灾害韧性与风险评估提供理论支撑。

1.2 国内外研究现状

近年来,国内外有关 RC 构件与结构受一般大气环境侵蚀作用影响的研究成果主要包括以下几个方面:一般大气环境下 RC 结构的腐蚀机理研究、一般大气环境下腐蚀混凝土材料力学性能研究、一般大气环境下腐蚀 RC 构件力学性能与抗震性能研究等。此外,为建立一般大气环境下腐蚀 RC 构件的恢复力模型与 RC 框剪结构地震韧性评估框架,本节还对近年来国内外 RC 构件恢复力模型与建筑结构地震韧性评估的研究现状进行简要概括。现分别对上述内容叙述如下。

1.2.1 一般大气环境下 RC 结构腐蚀机理研究现状

1.混凝土碳化机理

近年来,随着全球工业化进程的不断加快及化石燃料消耗的逐年增加,一般大气环境中的 CO_2 等酸性气体的浓度不断攀升,加速了混凝土碳化进程。混凝土碳化是指空气中的 CO_2 等酸性气体与混凝土中的液相氢氧化钙($Ca(OH)_2$)以及水泥石中的水化硅酸钙(CSH)和未水化的硅酸三钙(C_3S)及硅酸二钙(C_2S)等碱性物质发生中和反应,生成碳酸盐和其他物质的化学现象。

在一般大气环境中,CO_2 与混凝土中碱性物质的反应是一个复杂的物理化学过程。国内外学者对混凝土碳化机理开展了大量研究,并取得了诸多研究成果[4-9],综合这些研究成果,可以将混凝土的碳化机理和过程做如下表述:由于混凝土是一种多孔性材料,其内部分布着大小不等的毛细孔、气泡甚至缺陷,当空气中的 CO_2 进入这些孔隙后,在一定条件下就会与孔隙中的可碳化物质(如 $Ca(OH)_2$、CSH 等)发生化学反应。混凝土中的可碳化物质是在水泥水化过程中形成的,当其稳定存在时,混凝土呈强碱性,其 pH 为 12~13;而在有水分的条件下,这些可碳化物质将会与渗透到混凝土内部孔隙中的 CO_2 等酸性气体发生中和反应,混凝土的 pH 显著降低。混凝土碳化过程中的主要化学反应方程式如式(1-1)~式(1-4)所示[10]。

$$Ca(OH)_2 + CO_2 \longrightarrow CaCO_3 + H_2O \tag{1-1}$$

$$3CaO \cdot 2SiO_2 \cdot 3H_2O + 3CO_2 \longrightarrow 3CaCO_3 \cdot 2SiO_2 \cdot 3H_2O \tag{1-2}$$

$$3CaO \cdot SiO_2 + 3CO_2 + nH_2O \longrightarrow SiO_2 \cdot nH_2O + 3CaCO_3 \tag{1-3}$$

$$2CaO \cdot SiO_2 + 2CO_2 + nH_2O \longrightarrow SiO_2 \cdot nH_2O + 2CaCO_3 \tag{1-4}$$

一方面,混凝土碳化生成了 $CaCO_3$ 等固态物质,堵塞在混凝土孔隙中,降低了混凝土的孔隙率,削弱了 CO_2 等酸性气体后续的扩散,从而提高了混凝土的密实度和强度;另一方面,混凝土碳化过程中也消耗了混凝土中的大量碱性物质,从而降低了混凝土的 pH,并由此导致钢筋表面钝化膜破坏,进而引起钢筋锈蚀。

2. 混凝土的酸雨腐蚀机理

酸雨是一种含有 H^+、SO_4^{2-}、NO_3^-、NH_4^+ 等多种侵蚀离子,pH 小于 5.6 的酸性降水,它主要是由工业燃煤、汽车尾气等排放的酸性气体造成的。近年来,随着全球酸性降水区域的面积不断扩大以及降水 pH 的不断降低,人们逐渐认识到酸雨对 RC 建筑结构中混凝土材料侵蚀破坏作用的严重性。为揭示酸雨对混凝土材料的腐蚀机理,国内外学者开展了大量的试验研究[11-14]。结果表明,酸雨腐蚀混凝土的破坏机理主要包括溶蚀性破坏和膨胀性破坏两种方式。

1)溶蚀性破坏

溶蚀性破坏主要是指碱性较高的水泥水化产物,如 $Ca(OH)_2$、CSH 等在酸雨作用下溶解,或酸雨与混凝土中的 $Ca(OH)_2$ 的中和反应产物在酸雨中溶解性更大,降低了混凝土的碱性,致使高钙水化产物 CSH 等逐渐向低钙转化。其腐蚀过程为:酸雨中的酸性侵蚀介质接触到混凝土表面后,通过混凝土中的毛细孔洞渗透到混凝土内部,并与其中的碱性物质发生中和反应,造成混凝土的碱性降低,进而引起混凝土中水化硅酸钙和水化铝酸钙失去稳定性而加速水解,从而导致混凝土密实度降低并进一步引起混凝土强度退化。这一过程中发生的主要化学反应方程式为

$$2(3CaO \cdot SiO_2) + 6H_2O \longrightarrow 3CaO \cdot 2SiO_2 \cdot 3H_2O + 3Ca(OH)_2 \qquad (1-5)$$

$$2(2CaO \cdot SiO_2) + 6H_2O \longrightarrow 3CaO \cdot 2SiO_2 \cdot 3H_2O + Ca(OH)_2 \qquad (1-6)$$

$$Ca(OH)_2 + 2H^+ \longrightarrow Ca^{2+} + 2H_2O \qquad (1-7)$$

$$3CaO \cdot 2SiO_2 \cdot 3H_2O + 6H^+ \longrightarrow 3Ca^{2+} + 2SiO_2 + 6H_2O \qquad (1-8)$$

$$3CaO \cdot 2Al_2O_3 \cdot 6H_2O + 6H^+ \longrightarrow 3Ca^{2+} + 2Al_2O_3 + 9H_2O \qquad (1-9)$$

酸雨中的 H^+ 与混凝土中的碱性物质发生反应,一方面直接消耗了混凝土中的固相成分,从而造成混凝土密实性降低以及强度退化;另一方面,反应生成的物质多为可溶性物质,伴随着这些生成物的流失,混凝土内部形成了更多更大的孔隙,进而加速了酸雨中 H^+ 的侵蚀和混凝土中固相成分的分解,导致混凝土强度的进一步退化。

此外,在上述溶蚀性破坏过程中也夹杂着一部分膨胀性破坏。产生这一膨胀性破坏的原因为:H^+ 与反应生成的 $Ca(OH)_2$ 发生的中和反应,对混凝土的整个酸雨腐蚀过程起到了催化作用,促使式(1-5)和式(1-6)所示的两个反应过程不断进行,生成了大量的 $3CaO \cdot 2SiO_2 \cdot 3H_2O$。该生成物为一种胶凝体,不仅会造成混凝土强度降低,而且由于其含有大量结晶水,体积较大,使混凝土内部产生向外的

膨胀力,引起混凝土膨胀开裂。

2)膨胀性破坏

膨胀性破坏是指酸雨渗入混凝土内部与其中的碱性物质发生反应,生成体积大于原碱性物质的腐蚀产物,引起混凝土膨胀开裂、破坏。已有试验研究结果[15]表明,当酸雨中的 SO_4^{2-} 浓度小于 1000mg/L 时,酸雨中的硫酸盐类将与混凝土水化过程中形成的 $Ca(OH)_2$ 反应,生成体积较大的钙矾石结晶,其化学反应方程式见式(1-10);当酸雨中的 SO_4^{2-} 浓度大于 1000mg/L 时,在生成钙矾石的同时,还会生成体积更大的石膏,其化学反应方程式见式(1-11)。

$$4CaO \cdot Al_2O_3 \cdot 12H_2O + 3Na_2SO_4 + 2Ca(OH)_2 + 20H_2O$$
$$\longrightarrow 3CaO \cdot Al_2O_3 \cdot 3CaSO_4 \cdot 31H_2O + 6Na(OH) \quad (1\text{-}10)$$

$$Na_2SO_4 \cdot 10H_2O + Ca(OH)_2 \longrightarrow CaSO_4 \cdot 2H_2O + 2NaOH + 8H_2O \quad (1\text{-}11)$$

上述腐蚀产物中,钙矾石可以在碱性很弱的溶液中稳定存在,而且其溶解度极小,体积较大,因而会在混凝土中产生较大的膨胀力,引起混凝土膨胀开裂;相对于钙矾石而言,石膏体积更大,该腐蚀产物会导致混凝土在膨胀开裂过程中整体溃散,并在混凝土表面形成大量的沉淀产物。此外,当石膏在侵蚀环境中仍具有较高的溶解度时,其还可以与混凝土中的水化铝酸钙发生反应,生成含大量结晶水分子的产物,相应的化学反应方程式见式(1-12)。该生成物体积较大,产生的内部膨胀力足以使混凝土内部发生大量的微观破坏,并最终引起混凝土外表面出现宏观裂缝。

$$3(CaSO_4 \cdot 2H_2O) + 3CaO \cdot Al_2O_3 \cdot 19H_2O + 6H_2O \longrightarrow 3CaO \cdot Al_2O_3 \cdot 3CaSO_4 \cdot 31H_2O$$
$$(1\text{-}12)$$

3)混凝土内部钢筋锈蚀机理

混凝土浇筑完成后,其内部材料处于高碱性环境(pH 为 12~13),使钢筋表面形成钝化膜,保护钢筋不受有害介质侵蚀,进而保证 RC 建筑结构的正常使用。然而,由于一般大气环境中的 CO_2 和酸雨中的侵蚀介质影响,RC 结构中的混凝土在服役过程中不断发生中性化反应,导致混凝土的碱性不断降低,并引起内部钢筋钝化膜破坏和钢筋锈蚀,进而导致 RC 结构的力学性能与抗震性能不断退化。

混凝土中钢筋锈蚀需要满足五个条件[16],即阳极、阴极、导电通路、电流和电解溶液。上述五个条件构成一个电化学腐蚀系统。钢筋本身是一种导电性能良好的材料,可以构成电化学腐蚀系统中的导电通路,加上含湿气混凝土所提供的游离离子,相当于电化学腐蚀系统中的电解溶液,因而混凝土中可形成电流,导致钢筋腐蚀生锈。钢筋电化学锈蚀反应式见式(1-13)~式(1-16)。

阳极反应：

$$Fe \longrightarrow Fe^{2+} + 2e^- \tag{1-13}$$

阴极反应：

$$Fe^{2+} + 2OH^- \longrightarrow Fe(OH)_2 \tag{1-14}$$

阳极附近二次电化学反应：

$$Fe^{2+} + 2OH^- \longrightarrow Fe(OH)_2$$

$$4Fe(OH)_2 + O_2 + 2H_2O \longrightarrow 4Fe(OH)_3 \tag{1-15}$$

1.2.2　一般大气环境下腐蚀混凝土材料力学性能研究现状

　　作为 RC 建筑结构中的主要建筑材料,混凝土的力学性能研究一直是国内外研究的热点。处于一般大气环境中的 RC 结构,其混凝土长期遭受空气中的 CO_2 和酸雨侵蚀的影响,材料力学性能将发生不同程度的退化。为揭示一般大气环境下混凝土材料力学性能的劣化规律,国内外学者对此展开了大量研究,并取得了诸多成果。陈元素等[17]研究了盐酸腐蚀下 C30 混凝土抗压强度和应力-应变曲线的变化规律,并提出了盐酸腐蚀混凝土抗压强度和弹性模量的理论计算模型。牛荻涛等[18]通过对承载混凝土进行酸雨腐蚀试验,研究了粉煤灰混凝土的酸雨侵蚀与中性化规律。贾锋等[19]通过对硫酸腐蚀下混凝土标准立方体试块进行抗压试验,研究了硫酸腐蚀混凝土抗压强度的劣化规律。周飞鹏[20]通过量纲分析方法确定了混凝土抗压强度与混凝土酸化深度以及浸泡溶液的 SO_4^{2-} 浓度、H^+ 浓度、浸泡时间、混凝土初始强度之间的量化关系。张英姿等[21]采用完全浸泡的加速腐蚀试验方法对 40 个哑铃形混凝土试件进行了不同程度的腐蚀,研究了酸雨环境下混凝土抗拉性能的变化规律。梁咏宁等[22]通过改变硫酸盐腐蚀溶液中阳离子类型、侵蚀溶液浓度、侵蚀溶液的 pH 等参数,研究了环境因素对硫酸盐腐蚀混凝土力学性能的影响规律。梁咏宁等[23]通过试验研究得到不同腐蚀时间下硫酸盐侵蚀混凝土的应力-应变曲线,并建立了腐蚀混凝土材料的峰值应变以及拐点与收敛点应力关于其峰值应力的理论量化关系。施峰等[24]采用干湿循环加速腐蚀的方法,对混凝土进行了硫酸盐侵蚀试验,进而通过轴压试验,揭示不同腐蚀度下混凝土的破坏形态和抗压强度退化机理,并指出当试件的腐蚀度达到 0.22 时,混凝土的抗压强度最高可以提高 29%,此后,随腐蚀度的增加,混凝土的抗压强度不断退化,当腐蚀度达到 0.5 时,其强度降低了约 46.7%。范颖芳等[25]将长期在硫酸盐介质侵蚀作用下的钢筋混凝土构件拆下进行材料力学性能试验,得出腐蚀后混凝土内部存在膨胀应力,其抗压强度较腐蚀前略有提高的结论,并建立了受硫酸盐腐蚀后混凝土抗压强度的理论计算模型。

1.2.3　一般大气环境下腐蚀 RC 构件力学性能与抗震性能研究现状

对于一般大气环境下腐蚀混凝土材料力学性能,国内外学者已经开展了大量研究,然而,对于该侵蚀环境下腐蚀 RC 构件力学性能与抗震性能方面的研究则相对较少。相关研究概述如下:张章等[26]对反复荷载作用下高腐蚀率 RC 梁进行了挠度、开裂和承载力研究,并提出了在反复荷载作用下受腐蚀 RC 梁承载力和开裂荷载的计算公式。王海超等[27]研究了腐蚀后 RC 梁的静力性能和疲劳性能,结果表明,当钢筋锈蚀率较低时,钢筋混凝土梁的静承载力没有明显变化,但其疲劳寿命大为降低。Rodriguez 等[28]基于电化学腐蚀下锈蚀 RC 梁的静力加载试验指出,钢筋锈蚀不仅降低了 RC 梁的抗弯刚度和抗弯承载力,还导致其破坏模式由弯曲破坏向剪切破坏转变。王大为[29]配置了 pH 分别为 1.5 和 2.5 的酸性溶液来模拟酸雨环境,对 10 根 RC 梁试件进行腐蚀试验,继而进行力学性能试验,研究了不同腐蚀时间和溶液浓度下 RC 梁抗弯性能变化规律,进而给出了影响腐蚀 RC 梁极限承载力、开裂荷载和构件刚度等力学性能指标的主要因素。王学民[30]通过三种锈蚀方法对 10 根 RC 柱进行加速腐蚀,进而进行低周往复加载试验,分析了钢筋锈蚀程度对锈蚀 RC 柱抗震性能的影响规律,并建立了锈蚀 RC 柱恢复力模型。史庆轩等[31]、贡金鑫等[32]、Lee 等[33]和 Ma 等[34]采用通电法对 RC 框架柱进行加速腐蚀并进行拟静力试验,研究了钢筋锈蚀程度对 RC 框架柱抗震性能的影响规律,结果表明,锈蚀 RC 框架柱的承载能力、变形性能和耗能能力等抗震性能指标均随钢筋锈蚀程度的增加而不断降低。刘桂羽[35]基于电化学加速腐蚀 RC 框架节点试件的拟静力试验结果,分析了节点破坏形态与抗震能力随钢筋锈蚀程度的变化规律,并通过对试验结果进行参数拟合,建立了节点承载力和延性与钢筋锈蚀程度的关系模型。

1.2.4　RC 构件恢复力模型研究现状

恢复力是指构件或结构在受外界干扰产生变形时企图恢复原有状态的能力。恢复力与变形之间的关系曲线称为恢复力曲线,该曲线不仅能够反映构件强度、刚度、变形等力学特征,同时也是构件与结构抗震性能分析的基础。结构地震反应分析中常将实际构件的恢复力特性曲线模型化,得到相应的恢复力模型。恢复力模型可客观揭示往复循环荷载作用下结构的弹塑性,是结构地震反应分析的重要基础。

国内外学者基于试验研究结果提出大量适用于 RC 构件的恢复力模型,其中常用模型有如下几种:Clough 退化双线型模型[36]、Takeda 退化三线型模型[37]、Clough 退化三线型模型、Ramberg-Osgood 滞回模型[38]和 Bouc-Wen 滞回模型[39,40]。在此基础上,许多学者对上述恢复力模型进行了改进。Park 等[41]在框架剪力墙结构的弹塑性损伤分析中提出了考虑构件刚度退化、强度退化以及捏拢效应的三参数恢复力模型;Dowell 等[42]基于试验结果提出了可用于模拟桥梁结构中RC 圆形截面墩柱整个破坏过程的 Pivot 恢复力模型,该模型形式简单,便于工程应用,且能够独立确定正、负两侧的参数值以反映非对称截面构件的恢复力特性;Ibarra 等[43]提出了能全面考虑构件整个受力过程中所有重要退化性能的恢复力模型(包含双线型、峰值指向型和捏拢型等)。同时,国内学者提出了许多适用于 RC构件的恢复力模型,朱伯龙等[44]通过研究反复荷载作用下钢筋混凝土构件截面弯矩-曲率关系和荷载-挠度滞回曲线,提出了较为全面的混凝土单轴滞回本构模型,该模型除给出混凝土受压区卸载、再加载曲线方程外,还能够考虑混凝土受拉开裂后重新受压的裂面效应;沈聚敏等[45]基于 32 根压弯构件的往复循环加载试验,提出了可考虑钢筋黏结滑移的恢复力模型,并探讨了截面弯矩与曲率关系模型的滞回规则;郭子雄等[46]在七个常规钢筋混凝土框架柱试件拟静力试验结果和前人研究成果的基础上,建立了能够考虑轴压比变化影响的框架柱剪力-侧移恢复力模型。然而,需要指出的是,上述恢复力模型均是基于未腐蚀 RC 构件的试验研究结果提出的,没有考虑环境侵蚀作用对其恢复力特性的影响,因而无法直接用于在役RC 构件与结构的抗震性能分析。

1.2.5　建筑结构地震韧性评估研究现状

　　建筑结构地震韧性是指建筑在震时与震后功能维持与快速恢复的能力,其在结构抗震性能评估中起着重要作用。Holling[47]首次将韧性的概念引入生态学,用来描述生态系统在受到外界干扰后继续保持平衡或平衡被打破后恢复至平衡状态的能力。随后,韧性的概念先后被引入工程学、社会科学等领域。在建筑工程领域,Bruneau 等[48]将抗震韧性定义为震前减少破坏性冲击发生、震时有效吸收冲击和震后迅速恢复功能的能力,并基于功能—时间曲线从四个维度来评价韧性,即鲁棒性、冗余性、策略性和快速性。基于抗震韧性定义和 Bruneau 韧性评估框架,建筑结构韧性评估研究主要可分为损失和恢复分析两部分内容,即建筑结构地震损失分析研究和震损建筑结构功能恢复模型研究。

　　在建筑结构地震损失分析研究方面,美国太平洋地震工程研究中心提出了基于条件概率和全概率理论的第二代抗震性能评估理论框架[49-51],将建筑结构地震损失评估分为地震危险性分析、结构地震响应分析、不同类型构件易损性分析和不同损伤状态下的损失分析四部分。Aslani 等[52]提出了基于全概率理论的单体建筑地震损失评估理论,并基于大量试验数据统计分析,给出了主要结构构件与非结构构件不同损伤状态下的易损性模型,进而基于构件损失评估了整体结构经济损失。我国近期发布的《建筑抗震韧性评价标准》(GB/T 38591—2020)[53]基于震害现场调研经验,给出了合理可行的修复费用与人员伤亡计算方法,为最终韧性评级奠定基础。

在震损建筑结构功能恢复模型研究方面,温傲寒[54]将楼层作为修复单元,提出结构易修性概念,通过所有楼层同时修复、依次修复以及自下而上修复三种修复策略对结构功能进行了分析,得到按残余层间位移角增序排列的修复路径可有效减少结构修复时间、提高功能恢复速率的结论。Cimellaro 等[55]通过蒙特卡罗抽样与离散事件仿真模拟,获取了医院实时容量和动态响应,进而通过短期恢复模型建立了患者等待时间的双指数函数关系,绘制了医院功能恢复曲线。Cimellaro 等[56]借鉴过阻尼自由振动形式,建立了功能函数恢复模型,并通过与动力方程中周期和阻尼相对应的参数来控制恢复进程。

纵观上述研究现状可以看出,近年来,国内外学者主要就一般大气环境下混凝土材料的腐蚀机理以及力学性能退化规律进行了深入研究,但对受腐蚀 RC 构件的力学性能、抗震性能以及恢复力模型方面的研究则涉及较少,对腐蚀 RC 结构的地震韧性研究与应用更是尚未涉及,并且研究成果大都停留在定性分析层面,定量化的研究成果则相对匮乏。此研究现状滞后于未腐蚀 RC 结构抗震性能与韧性评估方面的研究进程,掣肘了我国一般大气环境下在役 RC 结构抗震性能与地震韧性评估的实现。鉴于此,本书以一般大气环境下的各类腐蚀 RC 构件为研究对象,分别对其地震破坏机制以及力学与抗震性能的劣化规律进行揭示与表征,并据此建立考虑一般大气环境侵蚀作用影响的锈蚀箍筋约束混凝土本构模型、各类腐蚀 RC 构件恢复力模型及腐蚀 RC 框剪结构地震韧性评估框架。

1.3　本书研究内容及成果

为揭示与表征一般大气环境的侵蚀作用对 RC 构件地震破坏机制以及力学与抗震性能的影响规律,本书采用人工气候加速腐蚀技术对各类 RC 试件(包括棱柱体、框架梁、框架柱、框架节点和剪力墙)进行加速腐蚀试验,进而进行静力与拟静力加载试验,深入系统地研究了试件腐蚀程度与其设计参数耦合作用下各类 RC 构件的破坏形态以及力学与抗震性能的变化规律,并据此建立相应恢复力模型和腐蚀 RC 框剪结构的地震韧性评估框架。本书的主要研究内容如下:

(1)对 48 个具有不同配箍特征值的混凝土棱柱体试件进行一般大气环境加速腐蚀试验,进而对其进行轴压试验,分析配箍特征值和腐蚀程度变化对其应力-应变曲线的影响规律,建立一般大气环境下锈蚀箍筋约束混凝土的本构模型。

(2)对 18 榀 RC 框架梁试件进行一般大气环境加速腐蚀试验,进而对其进行拟静力加载试验,研究配箍率、剪跨比及腐蚀程度变化对其破坏形态和抗震性能的影响规律,建立一般大气环境侵蚀下腐蚀 RC 框架梁恢复力模型。

(3)对 16 榀 RC 框架柱试件进行一般大气环境加速腐蚀试验,进而对其进行拟静力加载试验,分析轴压比、剪跨比以及腐蚀程度变化对其破坏形态和抗震性能的影响规律,建立一般大气环境侵蚀下腐蚀 RC 框架柱的弯曲恢复力模型和剪切恢复力模型。

(4)对 18 榀 RC 框架节点试件进行一般大气环境加速腐蚀试验,进而对其进行拟静力加载试验,分析轴压比、腐蚀程度和腐蚀溶液中硫酸根浓度变化对其破坏形态和抗震性能的影响规律,建立一般大气环境侵蚀下腐蚀 RC 框架节点剪切恢复力模型。

(5)对 28 榀 RC 剪力墙试件进行一般大气环境加速腐蚀试验,进而对其进行拟静力加载试验,分析不同高宽比下 RC 剪力墙试件的破坏形态和抗震性能指标随轴压比、横向分布筋间距和腐蚀程度变化的变化规律,建立一般大气环境侵蚀下腐蚀 RC 剪力墙的宏观恢复力模型和剪切恢复力模型。

(6)基于《建筑抗震韧性评价标准》(GB/T 38591—2020),并综合考虑不同水准地震作用下建筑的韧性反应,提出腐蚀 RC 框剪结构地震韧性评估框架,进而基于该框架对一般大气环境下不同服役期与层数的典型 RC 框剪结构进行韧性评估。

1.4　本章小结

本章对本书的研究背景及研究意义进行了详细论述,总结归纳了一般大气环境下 RC 结构的腐蚀机理研究现状、一般大气环境下腐蚀混凝土材料力学性能研究现状、一般大气环境下腐蚀 RC 构件力学性能与抗震性能研究现状、一般大气环境下 RC 构件恢复力模型研究现状以及建筑结构地震韧性评估研究现状,指出了目前在一般大气环境下腐蚀 RC 构件力学与抗震性能及腐蚀 RC 结构地震韧性研究方面的欠缺与不足,提出了本书的研究目的以及主要研究内容。

参 考 文 献

[1] 叶列平,曲哲,陆新征,等. 提高建筑结构抗地震倒塌能力的设计思想与方法[J]. 建筑结构学报,2008,29(4):42-50.

[2] 马东辉,郭小东,王志涛. 城市抗震防灾规划标准实施指南[M]. 北京:中国建筑工业出版社,2008.

[3] 史庆轩,牛荻涛,颜桂云. 反复荷载作用下锈蚀钢筋混凝土压弯构件恢复力性能的试验研究[J]. 地震工程与工程振动,2000,20(4):45-50.

[4] Mehta P K. Concrete durability- Fifty years progress? [C]. Proceedings of the 2nd International Conference on Concrete Durability, Montreal QC, 1991:132.

[5] 曹明莉,丁言兵,郑进炫,等. 混凝土碳化机理及预测模型研究进展[J]. 混凝土,2012,(9):35-46.

[6] 柳俊哲. 混凝土碳化研究与进展(1)——碳化机理及碳化程度评价[J]. 混凝土,2005,(11):10-13.

[7] 陈树亮. 混凝土碳化机理、影响因素及预测模型[J]. 华北水利水电学院学报,2010,31(2):35-39.

[8] Saetta A V, Vitaliani R V. Experimental investigation and numerical modeling of carbonation process in reinforced concrete structures: Part Ⅰ: Theoreticalformulation[J]. Cement and Concrete Research, 2004, 34(4):571-579.

[9] Andrade C, Sanjuán M A, Cheyrezy M. Concrete carbonation tests in natural and accelerated conditions[J]. Advances in Cement Research, 2003, 15(4):171-180.

[10] 龚洛书,柳春圃. 混凝土的耐久性及其防护修补[M]. 北京:中国建筑工业出版社,1990.

[11] 张扬. 酸雨环境下粉煤灰混凝土耐久性研究[D]. 西安:西安建筑科技大学,2008.

[12] Mehta P K, Khayat K H, Nasser K W. Comparison of air contents in fresh and hardened concretes using different airmeters[J]. Cement Concrete and Aggregates, 1991, (6):18-24.

[13] 高丽. 碳化和酸雨共同作用下混凝土耐久性的试验研究[D]. 西安:西安建筑科技大学,2008.

[14] 牛荻涛,周浩爽,牛建刚. 承载混凝土酸雨侵蚀中性化试验研究[J]. 硅酸盐通报,2009,28(3):411-415.

[15] 胡晓波. 酸雨侵蚀混凝土的试验模拟分析[J]. 硅酸盐学报,2008,(a1):147-152.

[16] 牛荻涛. 混凝土结构耐久性与寿命预测[M]. 北京:科学出版社,2003.

[17] 陈元素,范颖芳,李昕. 盐酸腐蚀条件下混凝土的应力-应变关系研究[J]. 建筑材料学报,2007,10(2):235-240.

[18] 牛荻涛,周浩爽,牛建刚. 承载混凝土酸雨侵蚀中性化试验研究[J]. 硅酸盐通报,2009,28(3):411-415.

[19] 贾锋,韩传峰. 受硫酸腐蚀混凝土抗压强度的试验研究[J]. 山东建筑工程学院学报,1996,11(2):41-45.

[20] 周飞鹏. 混凝土的酸雨腐蚀模型研究[D]. 大连:大连理工大学,2005.

[21] 张英姿,范颖芳,李宏男,等. 模拟酸雨环境下混凝土抗拉性能试验研究[J]. 建筑材料学报,2013,15(6):857-862.

[22] 梁咏宁,袁迎曙. 硫酸盐侵蚀环境因素对混凝土性能退化的影响[J]. 中国矿业大学学报,2005,34(4):452-457.

[23] 梁咏宁,袁迎曙. 硫酸盐腐蚀后混凝土单轴受压应力应变全曲线[J]. 混凝土,2005,(7):59-61.

[24] 施峰,汪俊华. 硫酸盐侵蚀混凝土立方体的性能退化[J]. 混凝土,2013,(3):52-54.

[25] 范颖芳,李健美. 硫酸盐腐蚀后混凝土力学性能研究[J]. 郑州工业大学学报,1999,20(1):

91-93.

[26] 张章,方从启,韦福安,等. 高腐蚀率钢筋混凝土梁抗弯性能研究[J]. 工业建筑,2010, 40(6):31-35.

[27] 王海超,贡金鑫,曲秀华. 钢筋混凝土梁腐蚀后疲劳性能的试验研究[J]. 土木工程学报, 2005,11(38):33-37.

[28] Rodriguez J, Ortega L M, Casal J. Load carrying capacity of concrete structures with corroded reinforcement[J]. Construction & Building Materials,1997,11(4):239-248.

[29] 王大为. 模拟酸雨环境下钢筋混凝土梁抗弯性能试验研究[D]. 大连:大连海事大学,2011.

[30] 王学民. 锈蚀钢筋混凝土构件抗震性能试验与恢复力模型研究[J]. 西安建筑科技大学学报,2003,33(4):17-21.

[31] 史庆轩,牛荻涛,颜桂云. 反复荷载作用下锈蚀钢筋混凝土压弯构件恢复力性能的试验研究[J]. 地震工程与工程振动,2000,20(4):44-50.

[32] 贡金鑫,仲伟秋,赵国藩. 受腐蚀钢筋混凝土偏心受压构件低周反复性能的试验研究[J]. 建筑结构学报,2004,25(5):92-97.

[33] Lee H S, Kage T, Noguchi T, et al. An experimental study on the retrofitting effects of reinforced concrete columns damaged by rebar corrosion strengthened with carbon fibersheets[J]. Cement and Concrete Research,2003,33(4):563-570.

[34] Ma Y, Che Y, Gong J. Behavior of corrosion damaged circular reinforced concrete columns under cyclic loading[J]. Construction and Building Materials,2012,29:548-556.

[35] 刘桂羽. 锈蚀钢筋混凝土梁节点抗震性能试验研究[D]. 长沙:中南大学,2011.

[36] Clough R W. Effect of stiffness degradation on earthquake ductility requirements[R]. Berkeley:University of California,1966.

[37] Takeda T, Sozen M A, Nielsen N N. Reinforced concrete response to simulated earthquakes[J]. Journal of the Structural Division,1970,96(12):2557-2573.

[38] Ramberg W, Osgood W R. Description of steel-strain curve by three parameters[R]. Washington D C:National Advisory Committee for Aeronautics,1943.

[39] Bouc R. Forced vibration of mechanical systems with hysteresis[C]. Proceedings of the 4th International Conference on Nonlinear Oscillations,Prague,1967.

[40] Wen Y K. Method for random vibration of hysteretic systems[J]. ASCE Journal of Engineering Mechanics,1976,102:249-263.

[41] Park Y J, Reinhorn A M, Kunnath S K. IDARC:Inelastic damage analysis of reinforced concrete frame-shear-wall structures[R]. Buffalo:State University of New York at Buffalo, 1987.

[42] Dowell R K, Seible F, Wilson E L. Pivot hysteresis model for reinforced concrete members[J]. ACI Structural Journal,1998,95(5):607-617.

[43] Ibarra L F, Medina R A, Krawinkler H. Hysteretic models that incorporate strength and stiffness deterioration[J]. Earthquake Engineering & Structural Dynamics,2005,34(12): 1489-1511.

[44] 朱伯龙,吴明舜,张琨联. 在周期荷载作用下,钢筋混凝土构件滞回曲线考虑裂面接触效应的研究[J]. 同济大学学报,1980,(1):66-78.

[45] 沈聚敏,翁义军,冯世平. 周期反复荷载下钢筋混凝土压弯构件的性能[J]. 土木工程学报, 1982,(2):55-66.

[46] 郭子雄,吕西林. 高轴压比框架柱恢复力模型试验研究[J]. 土木工程学报,2004,37(5): 32-38.

[47] Holling C S. Resilience and stability of ecological systems[J]. Annual Review of Ecology and Systematics,1973,4(1):1-23.

[48] Bruneau M,Chang S E,Eguchi R T,et al. A framework to quantitatively assess and enhance the seismic resilience of communities[J]. Earthquake Spectra,2003,19(4):733-752.

[49] May P J. Societal implications of performance-based earthquake engineering [R]. Berkeley: Pacific Earthquake Engineering Research Center,University of California at Berkeley,2005.

[50] Krawinkler H. Van N. Hotel building tested report: Exercising seismic performance assessment[R]. Berkeley:Pacific Earthquake Engineering Research Center, University of California at Berkeley,2005.

[51] Moehle J,Deierlein G G. A framework methodology for performance-based earthquake engineering[C]. Proceedings of the 13th World Conference on Earthquake Engineering. 2004:679.

[52] Aslani H,Miranda E. Probabilistic earthquake loss estimation and loss disaggregation in buildings [R]. Stanford:Blume Earthquake Engineering Center,Stanford University,2005.

[53] 国家市场监督管理总局,国家标准化管理委员会. 建筑抗震韧性评价标准(GB/T 38591— 2020)[S]. 北京:中国标准出版社,2020.

[54] 温傲寒. 考虑不同修复路径的 RC 框架结构工程韧性评估[D]. 哈尔滨:哈尔滨工业大学,2018.

[55] Cimellaro G P,Piqué M. Resilience of a hospital emergency department under seismic event [J]. Advances in Structural Engineering,2016,19(5):825-836.

[56] Cimellaro G P,Reinhorn A M. Multidimensional performance limit state for hazard fragility functions[J]. Journal of Engineering Mechanics,2011,137(1):47-60.

第 2 章 锈蚀箍筋约束混凝土棱柱体抗压试验研究

2.1 引 言

RC 构件中的混凝土受压破坏是由其受压后横向变形产生的裂缝非稳定发展所引起的,而构件中配置的横向箍筋能够约束混凝土的横向变形并使混凝土处于三向应力状态,从而显著提高混凝土的抗压强度和变形性能,并改善 RC 构件的力学性能和抗震性能。为揭示箍筋约束混凝土力学性能的变化规律及其对 RC 构件力学性能和抗震性能的影响规律,自 20 世纪 50 年代开始,国内外学者基于试验研究和理论分析方法就箍筋约束混凝土本构模型及其参数表征进行了大量研究,并取得了丰硕的成果[1-7]。然而,这些研究成果大多是基于未锈蚀箍筋约束混凝土提出的,受一般大气环境侵蚀作用影响的箍筋约束混凝土本构模型方面的研究则鲜见报道。已有研究[8-13]表明,一般大气环境中的 CO_2 以及酸雨中的 SO_4^{2-}、NO_3^- 等腐蚀介质不仅直接造成混凝土材料力学性能的劣化,同时也引起混凝土内部箍筋锈蚀,并导致钢筋有效截面面积削弱、力学性能退化和约束混凝土作用降低,进而严重影响箍筋约束混凝土的力学性能。

一般大气环境下锈蚀箍筋约束混凝土力学性能的准确描述与表征是对该环境下在役 RC 结构进行抗震性能研究的基础,因此开展该环境下箍筋约束混凝土力学性能研究十分必要和迫切。鉴于此,本章采用人工气候模拟技术模拟一般大气环境,对 48 个 RC 棱柱体试件进行加速腐蚀试验,继而进行轴压性能试验,深入系统地研究腐蚀程度和配箍特征值变化对箍筋约束混凝土力学性能的影响规律,并结合既有研究成果,建立锈蚀箍筋约束混凝土材料本构模型。

2.2 试 验 研 究

2.2.1 试验设计参数

本章共设计制作了 24 组(每组 2 榀)不同腐蚀程度、配箍特征值和混凝土强度等级的 RC 棱柱体试件,各试件的设计参数如下:试件几何尺寸均为 150mm×150mm×450mm,保护层厚度为 12mm,纵筋和箍筋分别采用 HRB335 钢筋和

HPB300 钢筋,混凝土强度等级采用 C30 和 C40。通过钢材和标准立方体试块材料性能试验得到 HRB335 钢筋的屈服强度平均值为 352MPa、直径为 6mm 和 8mm 的 HPB300 钢筋屈服强度平均值分别为 319MPa 和 313MPa、C30 和 C40 混凝土立方体抗压强度平均值分别为 36.1MPa 和 42.2MPa。各试件几何尺寸及钢筋布置如图 2.1 所示,具体设计参数如表 2.1 所示。

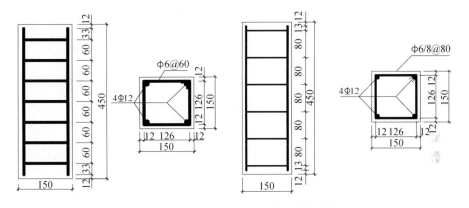

图 2.1　试件尺寸及纵筋、箍筋布置示意图(单位:mm)

表 2.1　箍筋约束混凝土棱柱体试件设计参数

试件编号	混凝土强度等级	配箍形式	配箍特征值 λ_v	侵蚀环境		腐蚀循环次数
				pH	SO_4^{2-} 浓度/(mol/L)	
L-1	C30	φ6@60	0.195	—		—
L-2	C30	φ6@60	0.195	3.0	0.06	60
L-3	C30	φ6@60	0.195	3.0	0.06	120
L-4	C30	φ6@60	0.195	3.0	0.06	240
L-5	C30	φ6@60	0.195	3.0	0.06	320
L-6	C30	φ6@60	0.195	3.0	0.06	360
L-7	C40	φ6@80	0.125	—		—
L-8	C40	φ6@80	0.125	3.0	0.06	60
L-9	C40	φ6@80	0.125	3.0	0.06	120
L-10	C40	φ6@80	0.125	3.0	0.06	240
L-11	C40	φ6@80	0.125	3.0	0.06	320
L-12	C40	φ6@80	0.125	3.0	0.06	360

试件编号	混凝土强度等级	配箍形式	配箍特征值 λ_v	侵蚀环境		腐蚀循环次数
				pH	SO_4^{2-} 浓度/(mol/L)	
L-13	C40	Φ6@60	0.167	—		—
L-14	C40	Φ6@60	0.167	3.0	0.06	60
L-15	C40	Φ6@60	0.167	3.0	0.06	120
L-16	C40	Φ6@60	0.167	3.0	0.06	240
L-17	C40	Φ6@60	0.167	3.0	0.06	320
L-18	C40	Φ6@60	0.167	3.0	0.06	360
L-19	C40	Φ8@80	0.219	—		—
L-20	C40	Φ8@80	0.219	3.0	0.06	60
L-21	C40	Φ8@80	0.219	3.0	0.06	120
L-22	C40	Φ8@80	0.219	3.0	0.06	240
L-23	C40	Φ8@80	0.219	3.0	0.06	320
L-24	C40	Φ8@80	0.219	3.0	0.06	360

2.2.2　一般大气环境模拟试验

试件浇筑养护脱模后将其移入标准养护室内养护 28 天,继而将其放入人工气候实验室内(图 2.2)模拟一般大气环境,对试件进行加速腐蚀试验。由于我国《普通混凝土长期性能和耐久性能试验方法标准》(GB/T 50082—2009)[14]中对一般大气环境下混凝土材料的腐蚀试验方案未做出明确规定,因此,本研究参考文献[15]中所采用的周期喷淋腐蚀试验方案对试件进行酸雨侵蚀模拟,并同时在实验室中恒通 CO_2 以模拟实际环境中的混凝土碳化。其中,模拟酸雨的喷淋溶液的配制方案参考我国西南地区的气象资料以及相关文献[1,16-25]确定,具体的配制方案为:考虑到我国的酸雨类型主要为硫酸型酸雨,在配制腐蚀溶液时,首先在普通自来水中添加浓度为 $1.84g/cm^3$ 的硫酸(H_2SO_4)溶液,直至腐蚀溶液中的 SO_4^{2-} 浓度达到 $0.06mol/L$(在 RC 框架节点腐蚀试验中,还配制了硫酸根离子浓度为 $0.002mol/L$ 和 $0.01mol/L$ 的腐蚀溶液),继而在腐蚀溶液中添加浓度 $1.42g/cm^3$ 的硝酸(HNO_3)溶液,以调节腐蚀溶液的 pH 至 3.0。

人工气候模拟实验室通过控制室内温度、湿度以及喷淋时长实现试件的加速腐蚀。为加速试件的腐蚀速率并模拟干湿循环的实际环境,本研究采用了间断喷淋腐蚀溶液并恒通 CO_2 的腐蚀方案,循环制度如图 2.3 所示。具体腐蚀方案为:

①将实验室温度调整至(25 ± 5)℃,喷淋腐蚀溶液 240min;②以 3℃/min 的速度对实验室进行升温,直至实验室内温度达到(60 ± 5)℃,充分烘干试件;③以 3℃/min 的速度对实验室进行降温,直至实验室内温度降至(25 ± 5)℃,继而开始下一腐蚀循环。单个腐蚀循环周期时长为 6h,喷淋试验的同时,在实验室内恒通 CO_2 以模拟实际环境中的混凝土碳化过程。

在对 RC 棱柱体试件进行腐蚀试验时,通过腐蚀循环次数控制各试件的腐蚀程度,其中,试件 L-1、L-7、L-13 和 L-19 作为对比试件,未进行腐蚀试验。各试件的设计腐蚀循环次数如表 2.1 所示。

图 2.2　ZHT/W2300 气候模拟试验系统

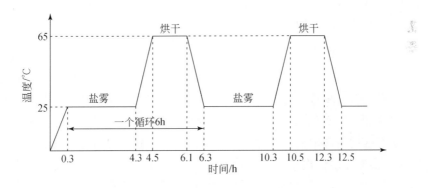

图 2.3　干湿循环示意图

2.3　轴压试验加载方式

腐蚀试验完成后,采用 YAW-5000 计算机控制电液伺服压力试验机对各试件进行轴压性能试验,试验装置如图 2.4 所示。试验过程中采用加载速率为

0.3mm/min 的等速位移控制加载方式对各试件施加轴向压力,直至试件发生明显受压破坏后,停止对其加载。具体加载程序为:①加载前对试件进行几何对中,即将试件轴线对准作用力中心线;②将箍筋和混凝土应变片以及千分表与应变采集仪连接并编号;③启动压力试验机对试件进行预加载,以检查试验装置以及仪表是否正常工作;④照设定好的加载制度和数据采集方案,对试件进行正式加载和数据采集,直至试件破坏。

图 2.4　轴压试验装置

2.4　试验结果与分析

2.4.1　环境模拟试验现象

待各试件的实际腐蚀循环次数达到表 2.2 所示的设定值后,停止对其进行腐蚀并将其从人工气候实验室移出,观测腐蚀后各试件的表观形态,不同腐蚀循环次数下 RC 棱柱体试件的表观形态如图 2.5 所示。观测各试件的腐蚀过程,可以看出试件的表观形态变化大致经历了如下四个阶段。①第一阶段:混凝土中含有的碱性物质与酸雨溶液中的 H^+ 发生中和反应,这一阶段混凝土表观颜色未发生明显变化,但混凝土表面出现大量白色泡沫;②第二阶段:试件表面有黄褐色结晶体析出,且随腐蚀循环次数增加该晶体的颜色逐渐加深;③第三阶段:黄褐色晶体逐渐变成灰黑色,此时试件表面出现起砂现象,用手触摸,即有许多细骨料脱落;④第四阶段:试件表面颜色变为淡黄色,且伴有粗骨料颗粒外露现象出现,此时试件表面孔洞和粗糙度均较大。

2.4.2　轴压试验现象

对比不同腐蚀程度和设计参数下各棱柱体试件的破坏过程可以发现,其破坏

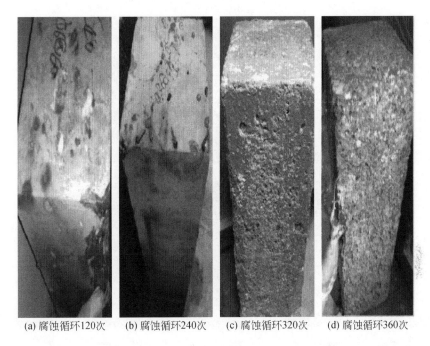

(a) 腐蚀循环120次　　(b) 腐蚀循环240次　　(c) 腐蚀循环320次　　(d) 腐蚀循环360次

图 2.5　不同腐蚀循环次数下试件的表观形态

形态具有一定的相似性,即均经历了内部微裂缝产生、裂缝发展与贯通、破坏斜面形成和试件最终受压破坏等几个阶段。不同之处在于,腐蚀试件在承受轴向荷载之前,由于其腐蚀产物的膨胀作用已使试件内部产生微裂缝,因此在整个受压过程中,试件的破坏主要以原有微裂缝持续发展为主,最后受压破坏时的斜面基本是在原有微裂缝的基础上发展形成的,且随腐蚀程度的增加,该破坏特征更加明显。试件典型破坏形态如图 2.6 所示。

同时,由于腐蚀程度、配箍特征值和混凝土抗压强度的不同,各试件的破坏特征表现出一定的差异性,具体表现为:其他参数相同时,腐蚀程度较小的 RC 棱柱体试件承载能力较强、破坏时变形性能较好,腐蚀程度较大的试件承载能力较弱、破坏时变形性能较差,这表明随着腐蚀程度的增加,RC 棱柱体试件的承载能力和变形性能逐渐降低;其他参数相同时,随着配箍特征值的增加,RC 棱柱体试件的承载能力和变形性能逐渐提高。此外,对比不同混凝土强度试件的破坏特征可以发现,混凝土强度较高的 RC 棱柱体试件,承载能力较强,但破坏时变形性能较差;混凝土强度较低的 RC 棱柱体试件,承载能力较弱,破坏时变形性能较好。这表明,随着混凝土强度的提高,RC 棱柱体试件的承载能力逐渐提高,但破坏时变形性能逐渐降低。

图 2.6　各棱柱体试件破坏形态

2.4.3　钢筋锈蚀率

一般大气环境中的 CO_2、SO_4^{2-} 和 NO_3^- 会导致混凝土内部钢筋发生锈蚀,为测得不同腐蚀程度下各试件内部钢筋的实际锈蚀率,待轴压试验完成后,截取各试件内部的箍筋和纵筋各 3 根,参考《普通混凝土长期性能和耐久性能试验方法标准》(GB/T 50082—2009)所述方法,刮去截取钢筋上黏附的混凝土,用 12% 的盐酸进行酸洗,经清水漂净后用石灰水中和,最后用清水洗净,擦干后在干燥器中存放 4～6h,用分析天平称重,进而按照式(2-1)计算其实际锈蚀率。由于同一试件中相同类别钢筋的实际锈蚀率之间存在一定的离散性,因此本节以所截取纵筋和箍筋的实际锈蚀率均值作为试件相应类别钢筋的实际锈蚀率,相应的量测结果如表 2.2 所示。

$$\eta = \frac{G_0 - G}{G_0} \times 100\% \tag{2-1}$$

式中,η 为钢筋锈蚀率(%);G_0 和 G 分别为箍筋锈蚀前后的重量。从表中可以看出,不同腐蚀程度下各试件的箍筋锈蚀率为 0%～19.0%,纵筋锈蚀率为 0%～7.6%,且随腐蚀循环次数的增加,试件内部钢筋的锈蚀率不断增大;相同腐蚀循环次数下,箍筋锈蚀率明显大于纵筋锈蚀率。

表 2.2　钢筋锈蚀率

试件编号	设计腐蚀循环次数	钢筋锈蚀率/%		试件编号	设计腐蚀循环次数	钢筋锈蚀率/%	
		箍筋	纵筋			箍筋	纵筋
L-1	—	0	0	L-13	—	0	0
L-2	60	0	0	L-14	60	0	0
L-3	120	3.1	0	L-15	120	4.2	0
L-4	240	9.2	4.1	L-16	240	8.8	4.0
L-5	320	16.5	6.3	L-17	320	16.0	6.2
L-6	360	19.0	7.6	L-18	360	18.7	7.2
L-7	—	0	0	L-19	—	0	0
L-8	60	0	0	L-20	60	0	0
L-9	120	4.3	0	L-21	120	3.2	0
L-10	240	9.4	4.1	L-22	240	8.6	3.9
L-11	320	16.7	6.4	L-23	320	15.5	5.9
L-12	360	18.6	7.2	L-24	360	18.3	7.0

2.4.4　箍筋约束混凝土应力-应变曲线

箍筋约束混凝土的应力-应变曲线是其力学性能的综合反映,本章依据试验中所测相关试验数据计算得到各箍筋约束混凝土的应力-应变曲线,如图 2.7 所示。其中,箍筋约束混凝土在各受力过程下的应力 σ 和应变 ε 分别按式(2-2)和式(2-3)计算确定。

$$\sigma = \frac{N}{A} \tag{2-2}$$

$$\varepsilon = \frac{\Delta L}{L} \tag{2-3}$$

式中,σ 为试件的压应力;N 为试件的轴向压力;A 为试件的截面面积;ε 为试件的纵向压应变;ΔL 为试件的纵向变形值;L 为试件纵向变形的量测标距。基于计算得到的箍筋约束混凝土的应力-应变曲线确定其相应的峰值压应力 σ_c、峰值压应变 ε_c 以及极限压应变 ε_u,如表 2.3 所示。

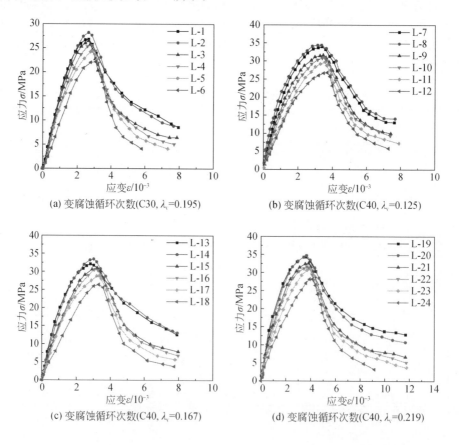

(a) 变腐蚀循环次数(C30, λ_v=0.195)

(b) 变腐蚀循环次数(C40, λ_v=0.125)

(c) 变腐蚀循环次数(C40, λ_v=0.167)

(d) 变腐蚀循环次数(C40, λ_v=0.219)

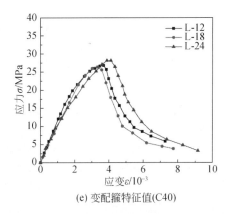

(e) 变配箍特征值(C40)

图 2.7　一般大气环境下箍筋约束混凝土应力-应变曲线

表 2.3　一般大气环境侵蚀下约束混凝土应力-应变曲线参数

试件编号	混凝土强度等级	配箍参数	腐蚀循环次数	峰值压应变	峰值压应力/MPa	极限压应变
L-1	C30	φ6@60(0.195)	—	2.59×10^{-3}	26.32	7.51×10^{-3}
L-2	C30	φ6@60(0.195)	60	2.67×10^{-3}	28.16	6.85×10^{-3}
L-3	C30	φ6@60(0.195)	120	2.62×10^{-3}	26.01	5.44×10^{-3}
L-4	C30	φ6@60(0.195)	240	2.80×10^{-3}	25.48	5.31×10^{-3}
L-5	C30	φ6@60(0.195)	320	2.82×10^{-3}	24.29	5.00×10^{-3}
L-6	C30	φ6@60(0.195)	360	3.05×10^{-3}	22.10	4.45×10^{-3}
L-7	C40	φ6@80(0.125)	—	3.34×10^{-3}	33.94	7.40×10^{-3}
L-8	C40	φ6@80(0.125)	60	3.13×10^{-3}	34.38	7.10×10^{-3}
L-9	C40	φ6@80(0.125)	120	3.41×10^{-3}	31.56	6.58×10^{-3}
L-10	C40	φ6@80(0.125)	240	3.43×10^{-3}	30.79	5.94×10^{-3}
L-11	C40	φ6@80(0.125)	320	3.54×10^{-3}	29.67	5.94×10^{-3}
L-12	C40	φ6@80(0.125)	360	3.64×10^{-3}	26.80	5.59×10^{-3}
L-13	C40	φ6@60(0.167)	—	2.86×10^{-3}	32.35	7.90×10^{-3}
L-14	C40	φ6@60(0.167)	60	3.06×10^{-3}	33.86	7.50×10^{-3}
L-15	C40	φ6@60(0.167)	120	3.01×10^{-3}	31.11	6.03×10^{-3}
L-16	C40	φ6@60(0.167)	240	3.33×10^{-3}	30.47	5.79×10^{-3}
L-17	C40	φ6@60(0.167)	320	3.47×10^{-3}	28.36	5.45×10^{-3}
L-18	C40	φ6@60(0.167)	360	3.56×10^{-3}	25.92	5.04×10^{-3}
L-19	C40	φ8@80(0.219)	—	3.46×10^{-3}	34.30	11.68×10^{-3}
L-20	C40	φ8@80(0.219)	60	3.63×10^{-3}	34.69	9.90×10^{-3}
L-21	C40	φ8@80(0.219)	120	3.75×10^{-3}	32.50	7.73×10^{-3}

试件编号	混凝土强度 等级	配箍参数	腐蚀循环次数	峰值压应变	峰值压应力 /MPa	极限压应变
L-22	C40	Φ8@80(0.219)	240	3.64×10^{-3}	31.53	7.75×10^{-3}
L-23	C40	Φ8@80(0.219)	320	3.88×10^{-3}	30.77	6.76×10^{-3}
L-24	C40	Φ8@80(0.219)	360	3.88×10^{-3}	28.17	6.20×10^{-3}

由图 2.7 和表 2.3 可以看出,当混凝土强度等级和配箍特征值相同时,不同腐蚀程度下箍筋约束混凝土的应力-应变全曲线形状基本保持一致,但由于腐蚀程度的不同,其应力-应变全曲线存在一定差异,表现为,当腐蚀程度较轻时,箍筋约束混凝土应力-应变曲线的峰值压应力、初始弹性模量以及极限压应变较未腐蚀试件有所提高,下降段也较平缓;而当腐蚀程度较重时,箍筋约束混凝土应力-应变曲线的峰值压应力、初始弹性模量以及极限压应变均小于未腐蚀试件,且随腐蚀程度的增加而不断降低,下降段逐渐变陡。这表明,随腐蚀程度的增加,锈蚀箍筋约束混凝土的抗压能力和变形性能均呈先增大而后降低的变化趋势,其原因为:轻度腐蚀下,混凝土内部碱性物质与 CO_2、SO_4^{2-}、NO_3^- 反应生成的腐蚀产物阻塞了混凝土内部的孔隙,增加了混凝土的密实性,从而提高了混凝土的抗压性能和变形性能,而当腐蚀程度较严重时,腐蚀产物导致混凝土膨胀开裂,同时上述化学反应还引起箍筋锈蚀,降低其对混凝土的约束作用,因而降低了箍筋约束混凝土的抗压能力和变形性能。

同时,由图 2.7 和表 2.3 还可以看出,混凝土强度和腐蚀程度相同时,不同配箍特征值下箍筋约束混凝土的应力-应变全曲线形状也基本保持一致,但配箍特征值较大试件应力-应变曲线的峰值压应力较高,初始弹性模量较大,下降段较平缓,破坏时变形性能较好;而配箍特征值较小试件应力-应变曲线的峰值压应力较低,初始弹性模量较小,下降段较陡峭,破坏时变形性能较差,表明随着配箍特征值的减小,锈蚀箍筋约束混凝土应力-应变曲线的抗压能力和变形性能呈下降趋势。

2.4.5　箍筋约束混凝土强度与变形表征

锈蚀箍筋约束混凝土的峰值压应力 $\sigma_{cc,c}$、峰值压应变 $\varepsilon_{cc,c}$ 和极限压应变 $\varepsilon_{uc,c}$ 如式(2-4)~式(2-6)所示。

$$\sigma_{cc,c} = f(\eta_{sv}, \lambda_v)\sigma_c \tag{2-4}$$

$$\varepsilon_{cc,c} = g(\eta_{sv}, \lambda_v)\varepsilon_c \tag{2-5}$$

$$\varepsilon_{uc,c} = h(\eta_{sv}, \lambda_v)\varepsilon_u \tag{2-6}$$

式中,$f(\eta_{sv}, \lambda_v)$、$g(\eta_{sv}, \lambda_v)$、$h(\eta_{sv}, \lambda_v)$ 分别为峰值压应力 σ_c、峰值压应变 ε_c 和极限压应变 ε_u 的修正函数。将试验所得相同混凝土强度和配箍特征值下各试件的峰值压应力、峰值压应变和极限压应变分别除以该条件下未腐蚀试件的相应特征值,可得到相应的修正系数。分别以箍筋锈蚀率 η_{sv} 和配箍特征值 λ_v 为横坐标，以该修正系数为纵坐标，得到修正函数随箍筋锈蚀率 η_{sv} 和配箍特征值 λ_v 的变化关系，如图 2.8 和图 2.9 所示。

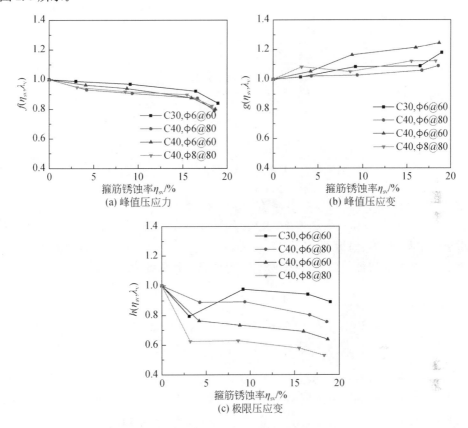

图 2.8　应力、应变修正函数随箍筋锈蚀率的变化

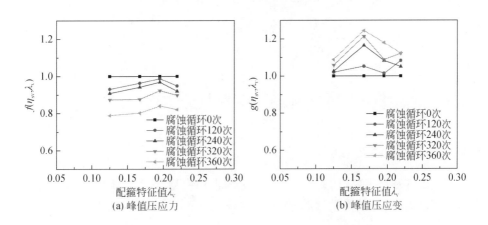

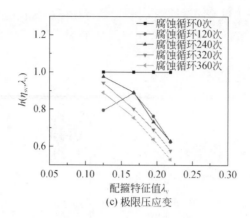

(c) 极限压应变

图 2.9　应力、应变修正函数随配箍特征值的变化

由图 2.8 和图 2.9 可以看出,峰值压应力的修正函数 $f(\eta_{sv},\lambda_v)$、峰值压应变的修正函数 $g(\eta_{sv},\lambda_v)$ 和极限压应变的修正函数 $h(\eta_{sv},\lambda_v)$ 随箍筋锈蚀率和配箍特征值均近似呈线性变化;因此,本节将 $f(\eta_{sv},\lambda_v)$、$g(\eta_{sv},\lambda_v)$、$h(\eta_{sv},\lambda_v)$ 假定为关于箍筋锈蚀率和配箍特征值的一次函数形式,得到修正函数的表达式如下:

$$f(\eta_{sv},\lambda_v)=a\eta_{sv}+b\lambda_v+c \tag{2-7}$$

$$g(\eta_{sv},\lambda_v)=a\eta_{sv}+b\lambda_v+c \tag{2-8}$$

$$h(\eta_{sv},\lambda_v)=a\eta_{sv}-b\lambda_v+c \tag{2-9}$$

式中,a、b、c 为拟合参数。通过 1stOpt 软件对各修正函数中的系数进行参数拟合,得到锈蚀箍筋约束混凝土的峰值压应力 $\sigma_{cc,c}$、峰值压应变 $\varepsilon_{cc,c}$ 及极限压应变 $\varepsilon_{uc,c}$ 计算公式分别如下:

$$\sigma_{cc,c}=(-0.008\eta_{sv}+0.226\lambda_v+0.96)\sigma_c \tag{2-10}$$

$$\varepsilon_{cc,c}=(0.008\eta_{sv}+0.311\lambda_v+0.952)\varepsilon_c \tag{2-11}$$

$$\varepsilon_{uc,c}=(-0.015\eta_{sv}-2.083\lambda_v+1.275)\varepsilon_u \tag{2-12}$$

2.5　锈蚀箍筋约束混凝土本构模型

2.5.1　本构模型建立

一般大气环境下锈蚀箍筋约束混凝土的本构模型是其应力-应变关系的数学表达,能够综合反映其力学性能,并能够为该环境下在役 RC 构件和结构的力学性

能和抗震性能的分析提供理论依据。因此,基于除试件 L-5、L-10、L-15 和 L-24 外的试验研究结果和过镇海等[26]建立的未锈蚀箍筋约束混凝土本构模型,通过多参数回归分析,建立一般大气环境下锈蚀箍筋约束混凝土的本构模型,其数学表达式为

$$y=\begin{cases} \alpha x+(3-2\alpha)x^2+(\alpha-2)x^3, & x\leqslant 1 \\ \dfrac{x}{\beta(x-1)^2+x}, & x>1 \end{cases} \tag{2-13}$$

$$\alpha=(8.07542\lambda_v-13.2893\lambda_v\eta_s+0.5971)\alpha_0 \tag{2-14}$$

$$\beta=[2.841-(5.816\lambda_v)^{0.8971}+(18.2514\eta_s)^{1.4479}]\beta_0 \tag{2-15}$$

式中,$x=\varepsilon/\varepsilon_0$,$\varepsilon$、$\varepsilon_0$ 分别为锈蚀试件的应变和峰值应变;$y=\sigma/\sigma_0$,σ、σ_0 分别为锈蚀试件的应力和峰值应力;α、β 分别为一般大气环境作用下锈蚀箍筋约束混凝土应力-应变曲线上升段和下降段控制参数;α_0、β_0 分别为未锈蚀箍筋约束混凝土应力-应变曲线上升段和下降段控制参数,其中,$\alpha_0=E_h\varepsilon_0'/\sigma_0'$,$\beta_0=\varphi'/(\varphi'-1)^2$,$E_h$ 为未腐蚀试件初始弹性模量,ε_0' 和 σ_0' 为未腐蚀试件的峰值应变和峰值应力,$\varphi'=\varepsilon_{0.5}'/\varepsilon_0'$,$\varepsilon_{0.5}'$ 为未腐蚀试件曲线下降段最大应力下降 50% 时的极限应变。

2.5.2　本构模型验证

为验证所建立的锈蚀箍筋约束混凝土本构模型的准确性,本章根据该本构模型计算得到了试件 L-5、L-10、L-15 和 L-24 的理论应力-应变曲线,并与试验结果进行了对比验证,验证结果如图 2.10 所示。可以看出,锈蚀箍筋约束混凝土本构模型与试验结果吻合较好,可用于一般大气环境下在役 RC 构件与结构的力学性能和抗震性能分析。

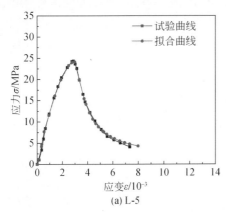

(a) L-5

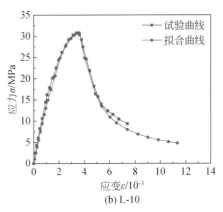

(b) L-10

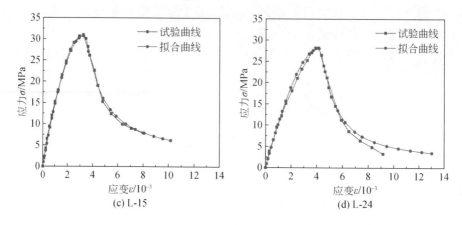

图 2.10　锈蚀箍筋约束混凝土应力-应变曲线验证

2.6　本章小结

　　为揭示一般大气环境下试件腐蚀程度和配箍特征值变化对箍筋约束混凝土力学性能的影响规律,对 48 个不同腐蚀程度、配箍特征值和混凝土抗压强度的 RC 棱柱体试件进行了轴压试验,研究了腐蚀程度、配箍特征值变化对其力学性能的影响,并在此基础上建立了一般大气环境下锈蚀箍筋约束混凝土的本构模型。基于上述研究工作得到的主要结论如下:

　　(1)混凝土强度和配箍特征值相同时,随腐蚀程度的增加,锈蚀箍筋约束混凝土的峰值压应力、初始弹性模量以及极限压应变均呈先增大后减小的变化趋势;腐蚀程度和混凝土强度相同时,随着配箍特征值的减小,锈蚀箍筋约束混凝土应力-应变曲线的峰值压应力、初始弹性模量以及极限压应变均不断降低。

　　(2)建立了可考虑箍筋锈蚀程度和配箍特征值影响的锈蚀箍筋约束混凝土本构模型,其计算结果与试验结果吻合较好,可用于一般大气环境下在役 RC 构件与结构的力学性能和抗震性能分析。

参 考 文 献

[1] Mander J B, Priestley M J N, Park R. Theoretical stress-strain model for confined concrete[J]. Journal of Structural Engineering, 1988, 114(8):1804-1826.

[2] Kent D C, Park R. Flexural members with confined concrete[J]. Journal of the Structural Division, 1971, 97(12):1969-1990.

[3] 林大炎,王传志. 矩形箍筋约束的混凝土应力-应变全曲线研究[R]. 清华大学抗震抗爆工程研究室科学研究报告集. 北京:清华大学出版社,1981:19-37.

[4] 罗苓隆,过镇海.箍筋约束混凝土的受力机理及应力-应变全曲线的计算[R].清华大学抗震抗爆工程研究室科学研究报告集(第 6 集).北京:清华大学出版社,1996.

[5] 胡海涛,叶知满.复合箍筋约束高强混凝土应力应变性能[J].工业建筑,1997,10:24-29.

[6] 张秀琴,过镇海,王传志.反复荷载下箍筋约束混凝土的应力-应变全曲线方程[J].工业建筑,1985,12:16-20.

[7] 关萍,王清湘,赵国潘.高强约束混凝土应力-应变本构关系的试验研究[J].工业建筑,1997,11:27-30.

[8] 贾锋,韩传峰.受硫酸腐蚀混凝土抗压强度的试验研究[J].山东建筑工程学院学报,1996,11(2):41-45.

[9] 陈元素,范颖芳,李昕.盐酸腐蚀条件下混凝土的应力-应变关系研究[J].建筑材料学报,2007,10(2):235-240.

[10] 梁咏宁,袁迎曙.硫酸盐侵蚀环境因素对混凝土性能退化的影响[J].中国矿业大学学报,2005,34(4):452-457.

[11] 金祖权,孙伟,张云升,等.混凝土在硫酸盐、氯盐溶液中的损伤过程[J].硅酸盐学报,2006,5:630-635.

[12] 郑山锁,关永莹,黄莺歌,等.酸雨环境下约束混凝土本构关系试验[J].建筑材料学报,2016,19(2):237-241.

[13] 牛荻涛,周浩爽,牛建刚.承载混凝土酸雨侵蚀中性化试验研究[J].硅酸盐通报,2009,28(3):411-415.

[14] 中华人民共和国住房和城乡建设部.普通混凝土长期性能和耐久性能试验方法标准(GB/T 50082—2009)[S].北京:中国建筑工业出版社,2009.

[15] 牛建刚.一般大气环境多因素作用混凝土中性化性能研究[D].西安:西安建筑科技大学,2008.

[16] Shi C,Stegemann J A. Acid corrosion resistance of different cementing materials[J]. Cement and Concrete Research,2000,30(5):803-808.

[17] 王自发,高超,谢付莹.中国酸雨模式研究回顾与所面临的挑战[J].自然杂志,2007,29(2):78-82.

[18] 唐咸燕,肖佳,陈烽.酸沉降对混凝土耐久性的影响及研究进展[J].材料导报,2006,20(10):97-101.

[19] 刘惠玲,周定,谢绍东.我国西南地区酸雨对混凝土性能影响的研究[J].哈尔滨工业大学学报,1997,29(6):101-104,89.

[20] 陈剑雄,吴建成,陈寒斌.严重酸雨环境下建筑物的耐久性调查[J].混凝土,2001,11:44-47.

[21] 张英姿,范颖芳,李宏男,等.模拟酸雨环境下混凝土抗拉性能试验研究[J].建筑材料学报,2013,15(6):857-862.

[22] 宋志刚,杨圣元,刘铮,等.昆明市区酸雨对混凝土结构侵蚀状况调查[J].混凝土,2007,11:23-27.

[23] Mehta P K. Durability of concrete—fifty years progress[C]. Proceeding of 2nd International

Conference on Durability of Concrete,Montreal,1991:1-31.

[24] 胡晓波.酸雨侵蚀混凝土的试验模拟分析[J].硅酸盐学报.2008,S1:147-152.

[25] 刘炳江,郝吉明,贺克斌,等.中国酸雨和二氧化硫污染控制区区划及实施政策研究[J].中国环境科学,1998,18(1):1-7.

[26] 过镇海,张秀琴,张达成,等.混凝土应力-应变全曲线的试验研究[J].建筑结构学报,1982,3(1):1-12.

第3章　腐蚀RC框架梁抗震性能试验研究

3.1　引　　言

　　RC框架梁作为框架结构中的主要受力构件,遭受一般大气环境侵蚀后其力学与抗震性能将发生退化。然而,国内外对一般大气环境侵蚀下RC框架梁的研究多集中于考虑二氧化碳和酸性腐蚀介质单一因素侵蚀下混凝土材料与构件损伤机理和性能退化规律等方面的研究[1-12],对其抗震性能研究相对较少。因此,为科学合理地评估一般大气环境下RC框架结构的抗震性能,本章采用人工气候加速腐蚀模拟技术,对18榀RC框架梁试件进行一般大气环境加速腐蚀模拟试验,进而对不同腐蚀程度RC框架梁试件进行拟静力试验,揭示腐蚀程度、配箍率和剪跨比对RC框架梁试件承载力、变形性能、耗能能力、刚度退化和强度退化等抗震性能指标的影响规律。研究成果将为一般大气环境下RC结构数值建模分析提供理论依据。

3.2　试验内容及过程

3.2.1　试件设计

　　参考《建筑抗震试验规程》(JGJ/T 101—2015)[13]、《混凝土结构设计规范(2016年版)》(GB 50010—2010)[14]、《建筑抗震设计规范(2016年版)》(GB 50011—2010)[15],遵循"强剪弱弯"设计准则,共设计制作了18榀不同剪跨比λ及不同配箍率ρ的RC框架梁试件,对其遭受一般大气环境侵蚀后抗震性能进行深入系统的研究。各试件截面尺寸均为150mm×250mm,混凝土强度等级均为C40,试件采用对称配筋,每侧受力纵筋采用3Φ16,配筋率为1.75%,箍筋采用Φ6@60、Φ6@80和Φ6@100三种配筋形式,配箍率分别为0.63%、0.48%和0.38%,试件详细尺寸和截面配筋形式如图3.1所示,具体设计参数见表3.1。

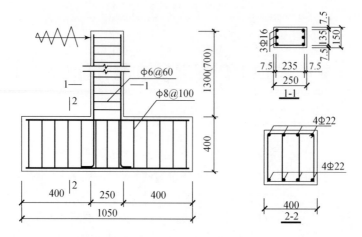

图 3.1　试件截面尺寸及配筋(单位:mm)

表 3.1　腐蚀 RC 框架梁试件设计参数

试件编号	剪跨比λ	试件高度/mm	配箍形式	配箍率/%	纵筋配筋率/%	腐蚀条件		腐蚀循环次数
						pH	SO₄²⁻浓度/(mol/L)	
CL-1	5	1300	Φ6@60	0.63	1.75	—	—	0
CL-2	5	1300	Φ6@60	0.63	1.75	3.0	0.06	120
CL-3	5	1300	Φ6@60	0.63	1.75	3.0	0.06	240
CL-4	5	1300	Φ6@60	0.63	1.75	3.0	0.06	360
CL-5	5	1300	Φ6@60	0.63	1.75	3.0	0.06	480
CL-6	4.2	1100	Φ6@60	0.63	1.75	3.0	0.06	480
CL-7	3.4	900	Φ6@60	0.63	1.75	3.0	0.06	240
CL-8	3.4	900	Φ6@60	0.63	1.75	3.0	0.06	360
CL-9	3.4	900	Φ6@60	0.63	1.75	3.0	0.06	480
DL-1	2.5	700	Φ6@60	0.63	1.75	—	—	0
DL-2	2.5	700	Φ6@60	0.63	1.75	3.0	0.06	120
DL-3	2.5	700	Φ6@60	0.63	1.75	3.0	0.06	240
DL-4	2.5	700	Φ6@60	0.63	1.75	3.0	0.06	360
DL-5	2.5	700	Φ6@60	0.63	1.75	3.0	0.06	480
DL-6	2.5	700	Φ6@80	0.48	1.75	3.0	0.06	480
DL-7	2.5	700	Φ6@100	0.38	1.75	—	—	0
DL-8	2.5	700	Φ6@100	0.38	1.75	3.0	0.06	360
DL-9	2.5	700	Φ6@100	0.38	1.75	3.0	0.06	480

3.2.2　材料力学性能

试验中各试件所采用的混凝土设计强度等级为 C40,在浇筑 RC 框架梁试件的同时,浇筑尺寸为 150mm×150mm×150mm 的标准立方体试块,以测定混凝土 28 天抗压强度,试验符合《普通混凝土力学性能试验方法标准》(GB/T 50081—2002)[16]①相关规定,混凝土材料的力学性能参数如表 3.2 所示。梁纵筋采用 HRB335 钢筋,箍筋采用 HPB300 钢筋,按照《金属材料 拉伸试验 第 1 部分:室温试验方法》(GB/T 228.1—2010)[17]对试件所用纵向钢筋和箍筋进行材料力学性能试验,纵筋及箍筋的材料力学性能试验结果分别如表 3.2 和表 3.3 所示。

表 3.2　混凝土材料力学性能

立方体平均抗压强度 f_u/MPa	轴心平均抗压强度 f_c/MPa	弹性模量 E_c/MPa
46.88	35.63	$3.25×10^4$

表 3.3　钢筋材料力学性能

钢材种类	型号	屈服强度 f_y/MPa	极限强度 f_u/MPa	弹性模量 E_s/MPa
梁纵筋	Φ16	373	537	$2.0×10^5$
梁箍筋	Φ6	270	470	$2.1×10^5$

3.2.3　加速腐蚀试验方案

为真实有效地模拟自然条件下的环境作用,并加速钢筋锈蚀过程,采用人工气候加速腐蚀技术对 RC 框架梁试件进行加速腐蚀试验,人工气候模拟实验室的参数设定、试件加速腐蚀方案和钢筋锈蚀的测定均与第 2 章 RC 棱柱体试件相同,此处不再赘述。各试件的设计腐蚀循环次数如表 3.1 所示。

3.2.4　试验加载及量测方案

1. 试验加载装置

参照《建筑抗震试验规程》(JGJ/T 101—2015)[13]相关规定,采用悬臂梁式加载方法对 RC 框架梁试件进行拟静力试验。试验中,采用地脚螺栓将框架梁基础梁固定于槽道上,水平低周往复荷载通过 MTS 电液伺服试验系统作动器施加,并通过作动器端部荷载和位移传感器实时测试和监控梁顶水平位移和荷载。试验加

---

①　该标准已废止,替代标准是《混凝土物理力学性能试验方法标准》(GB/T 50081—2019)。下同。

载装置如图3.2所示。

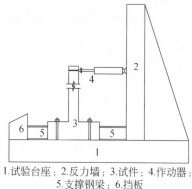

1.试验台座；2.反力墙；3.试件；4.作动器；
5.支撑钢梁；6.挡板

图 3.2　试验加载装置

2.试验加载程序

当试件达到表3.1所示腐蚀循环次数时,将其从人工气候实验室取出并对其进行拟静力加载试验。参照《建筑抗震试验规程》(JGJ/T 101—2015)[13],正式加载前,对各试件进行预加反复荷载两次,以检验并校准加载装置及量测仪表。正式加载时,采用位移控制加载制度,加载制度如图3.3所示,具体加载方案为:在试件屈服前,选取较小水平位移级差进行加载,控制位移幅值为通过有限元软件分析所得预估屈服位移的20%,每级往复循环1次;试件屈服后,以屈服时梁顶水平位移为级差进行控制加载,每级循环3次;当试件荷载下降到峰值荷载的85%以下或试件发生明显破坏而不能继续承受水平荷载时,即认为试件完全破坏并停止试验。

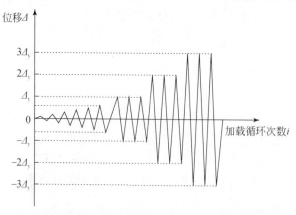

图 3.3　位移控制加载制度示意图

3.2.5　测点布置及测试内容

考虑到钢筋锈蚀产物使体积膨胀可能导致应变片脱落,本试验在布置电阻应变片的同时,结合外部测量仪器(位移传感器、百分表等)对 RC 框架梁各力学性能参数进行量测。本次试验主要测试内容如下。

1. 水平荷载与位移

拟静力加载过程中,在梁顶端布置水平拉压传感器和位移传感器量测梁顶水平往复荷载与位移,同时在固定端布置位移传感器,用于量测固定端相对地面的滑动位移,并对梁顶端水平位移进行修正,如图 3.4(a)所示。

2. 弯曲和剪切变形

在梁底部塑性铰区布置竖向位移传感器量测试件塑性铰区的弯曲变形。塑性铰区的转动能力采用截面平均曲率 φ 表示,截面平均曲率近似为平均转角除以截面高度,即

$$\varphi = \theta/l \tag{3-1}$$

式中,φ 为截面平均曲率;l 为测点的竖向高度;θ 为截面平均转角,按式(3-2)计算:

$$\theta = (\Delta S - \Delta N)/h \tag{3-2}$$

式中,θ 为截面平均转角;ΔN 和 ΔS 分别为框架梁塑性铰区左右两侧的垂直位移变量;h 为框架梁水平方向两位移测点之间的距离。ΔN、ΔS 通过塑性铰区两侧垂直于基础梁布置的百分表测量,如图 3.4(b)所示。

通过在梁底部塑性铰区布置交叉位移传感器(正立面斜向 45°交叉布置两个位移传感器,如图 3.4(c)所示)测量试件塑性铰区的剪切变形,平均剪应变的计算简图如图 3.4(d)所示,计算公式为

$$\gamma = \frac{\sqrt{h^2+l^2}}{2hl} \times (\delta_1 + \delta_1' + \delta_2 + \delta_2') \tag{3-3}$$

式中,γ 为截面平均剪应变;δ_1、δ_1'、δ_2、δ_2' 分别为梁测试区域两对角线顶点的位移,$\delta_1 + \delta_1' = \Delta D_1$ 和 $\delta_2 + \delta_2' = \Delta D_2$ 分别为梁测试区域两对角线位移。

3. 塑性铰和裂缝的发展过程

在梁底部一定范围内的纵筋和箍筋内埋电阻应变片量测其受力全过程中塑性铰区应变发展情况,并通过观测试件表面裂缝分布形态和发展情况,考察试件地震损伤破坏过程。

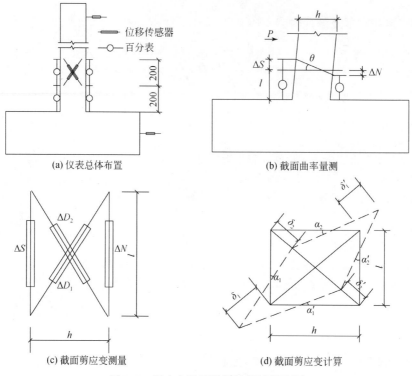

(a) 仪表总体布置　　　　　　　　　　(b) 截面曲率量测

(c) 截面剪应变测量　　　　　　　　　(d) 截面剪应变计算

图 3.4　仪表布置及数据处理计算简图

3.3　试验现象与分析

3.3.1　腐蚀效果及表观现象描述

1. 试件表观现象

待各试件的实际腐蚀循环次数达到表 3.1 所示的设定值后,停止对其进行腐蚀试验,并将其从人工气候实验室移出,观测腐蚀后各试件的表观现象,如图 3.5 所示。从图中可以看出,不同腐蚀循环次数下 RC 框架梁试件表面表观形态存在明显差异。试件经腐蚀循环 120 次后,表面泛黄,伴有少量结晶物析出(包括饱和析出的硫酸钠 Na_2SO_4 和膨胀性物质石膏 $CaSO_4 \cdot 2H_2O$),同时可观察到试件表面有细微蚀洞;试件经腐蚀循环 240 次、360 次后,表面粗糙不平,混凝土骨料外露,白色结晶物增厚,剥落后观察到试件表面蚀洞增多增大;试件经腐蚀循环 480 次后,混凝土表面粗糙程度增加,混凝土骨料外露更加明显,白色结晶覆盖物继续增厚,形成鼓皮,清除后麻面明显,形成蜂窝状孔洞。

图 3.5　RC 框架梁试件腐蚀表观现象

2.内部钢筋锈蚀形态

为获得各腐蚀试件内部钢筋的实际锈蚀率,待拟静力试验加载完成后,将混凝土敲碎,取出各腐蚀试件节点核心区内的箍筋及纵筋各3根,按《普通混凝土长期性能和耐久性能试验方法标准》(GB/T 50082—2009)[18]所述方法,用稀释的盐酸溶液除去钢筋表面的锈蚀产物,用清水漂净、石灰水中和,再用清水洗净,待其完全干燥后用电子天平称重,同时量测其长度,并据此计算锈蚀后钢筋单位长度的重量,进而按照式(2-1)计算其实际锈蚀率。由于同一试件中相同类别钢筋的实际锈蚀率之间存在一定的离散性,因此,以所截取纵筋和箍筋的锈蚀率均值作为试件相应类别钢筋的实际锈蚀率,其结果如表3.4所示。

表3.4　RC框架梁试件钢筋实际锈蚀率

钢筋类别	CL-1	CL-2	CL-3	CL-4	CL-5	CL-6	CL-7	CL-8	CL-9
纵筋/%	0	0	3.2	3.4	6.9	5.6	3.3	3.6	6.5
箍筋/%	0	0	6.2	9.4	13.1	12.8	6.4	9.3	13.4
钢筋类别	DL-1	DL-2	DL-3	DL-4	DL-5	DL-6	DL-7	DL-8	DL-9
纵筋/%	0	0	3.2	3.4	6.8	5.6	0	4.6	6.9
箍筋/%	0	0	6.3	9.5	12.6	12.9	0	9.3	13.4

由表3.4可以看出,腐蚀循环120次的试件CL-2和DL-2的纵筋及箍筋并未发生锈蚀,而腐蚀循环240次、360次和480次的试件依次发生越来越严重的锈蚀现象。拟静力加载试验后通过对试件混凝土取芯并进行酚酞溶液滴定试验发现,试件CL-2和DL-2混凝土中性化深度均未达到保护层厚度,即钢筋仍处于碱性环境中尚未脱钝,而其余试件混凝土中性化深度均大于保护层厚度。此外,由表3.4还可以发现,在相同腐蚀循环次数下,各试件的箍筋锈蚀率明显大于纵筋锈蚀率,其中纵筋最大锈蚀率为6.9%,箍筋最大锈蚀率为13.4%。分析其原因为箍筋距离混凝土外表面较近,混凝土中性化深度达到箍筋外表面并引起箍筋锈蚀时,纵筋还未开始锈蚀。

3.3.2　试件破坏特征分析

1.剪跨比为5、4.2、3.4的RC框架梁试件破坏特征

剪跨比为5、4.2及3.4的RC框架梁试件在往复荷载作用下的破坏过程基本相似:加载初期,梁顶水平位移较小,试件表面基本无裂缝产生;随着梁顶水平位移增大,在距梁根部100mm、300mm处出现第一批水平裂缝,试件进入弹塑性阶段。梁顶水平位移进一步增大,梁底裂缝数量与宽度均不断增加,并在距梁底部250～

300mm 范围形成一条水平贯通裂缝,受拉钢筋屈服,之后梁塑性变形显著,多条裂缝斜向发展并形成交叉裂缝,混凝土受压区面积迅速减小。此后,随着加载位移继续增大,梁根部受压区出现竖向裂缝,混凝土被压碎并脱落,钢筋外露。加载后期,在往复荷载作用下,梁底塑性铰区混凝土保护层大面积脱落,纵筋屈曲,试件宣告破坏。各试件最终破坏形态如图 3.6 所示。

此外,腐蚀程度不同的试件破坏过程呈现出一定的差异性,随着试件腐蚀程度增加,各试件开裂荷载基本无变化,且水平裂缝数量减少、间距及宽度增加,其原因是纵筋锈蚀削弱了其与混凝土间的黏结性能,钢筋应力通过黏结应力传递给混凝土时所需传力长度增大,导致裂缝间距增大,宽度也相应增大。此外,距梁下端100~300mm 的水平横向裂缝发展越来越短直至无横向水平裂缝,而弯剪斜裂缝宽度逐渐增加,试件破坏由未腐蚀的弯曲破坏转变为以弯曲变形为主的弯剪破坏。其原因是,锈蚀对箍筋的影响大于对纵筋的影响,减弱了箍筋对斜裂缝开展的约束作用,并造成试件受剪承载力的降低幅度大于受弯承载力的降低幅度。

对于腐蚀程度相近、剪跨比不同的试件,随着剪跨比的减小,试件的破坏位移减小,破坏时脆性增加,试件弯剪破坏特征明显。

2. 剪跨比 2.5 的 RC 框架梁破坏特征

剪跨比为 2.5 的 RC 框架梁试件在往复荷载下主要发生弯剪型破坏,其破坏过程为:加载初期,在距梁根部 150~200mm 处出现第一条水平裂缝,试件进入弹塑性开裂阶段;随着水平位移的增大,梁两端水平裂缝向梁中心线附近斜向发展,形成交叉弯剪斜裂缝,将混凝土分隔成网格,试件受拉钢筋屈服;继续加载,弯剪斜裂缝逐渐发展为主裂缝;进一步增大梁顶水平位移,梁端受压区出现纵向裂缝,并随着水平控制位移的增大,梁底部混凝土被压碎;加载后期,主裂缝宽度继续增大,塑性铰区混凝土保护层外鼓且大面积脱落,钢筋裸露并屈服,试件随即宣告破坏。各试件最终破坏形态如图 3.6 所示。

对于配箍率相同而腐蚀程度不同的试件,随着腐蚀程度的增加,试件开裂荷载基本无变化,且塑性铰区斜裂缝发展相对迅速,斜主裂缝宽度增大,伴随着梁端混凝土被压碎,塑性铰区混凝土被分割成网状并剥落,试件破坏速率不断加快,破坏时混凝土脆性特征明显,试件延性较差。

对于腐蚀程度相近而配箍率不同的试件,随着配箍率的减小,水平裂缝变短,交叉斜裂缝出现更早,裂缝发展速度加快,破坏特征逐渐趋于脆性破坏;配箍率最小(0.38%)的试件 DL-9 混凝土表面被分割成网格,呈龟裂状,破坏时塑性铰区混凝土成块剥落,梁沿主裂缝产生明显的劈裂现象,脆性特征更加明显,属于剪切破坏为主的弯剪破坏。

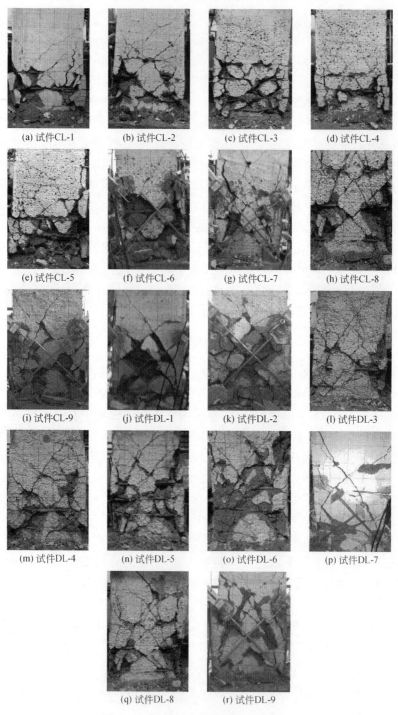

(a) 试件CL-1　　　(b) 试件CL-2　　　(c) 试件CL-3　　　(d) 试件CL-4

(e) 试件CL-5　　　(f) 试件CL-6　　　(g) 试件CL-7　　　(h) 试件CL-8

(i) 试件CL-9　　　(j) 试件DL-1　　　(k) 试件DL-2　　　(l) 试件DL-3

(m) 试件DL-4　　　(n) 试件DL-5　　　(o) 试件DL-6　　　(p) 试件DL-7

(q) 试件DL-8　　　(r) 试件DL-9

图 3.6　腐蚀 RC 框架梁试件破坏形态

3.3.3　滞回曲线

基于拟静力加载试验测得的梁顶水平荷载与位移,绘制各试件的滞回曲线,如图 3.7 所示。各试件的滞回曲线大体规律一致:加载初期,试件尚未屈服,基本处于弹性工作状态,滞回曲线近似呈直线,加载刚度基本无变化,加载和卸载点基本重合,滞回耗能较小;试件屈服后,随着循环次数的增加,试件的加载和卸载刚度逐渐退化,卸载后残余变形增大,滞回耗能亦增大;达到峰值荷载后,随着循环次数的增加,试件的加载和卸载刚度退化速率加快,残余变形继续增大。加载过程中,剪跨比为 5、4.2 和 3.4 的试件在屈服时其滞回曲线呈梭形,达到峰值荷载后逐渐转变为弓形,而剪跨比为 2.5 试件的滞回曲线形状则由屈服时的弓形转变为达到峰值荷载后的反 S 形,各试件均表现出明显的捏拢效应,耗能能力减小。

此外,各试件因设计参数和腐蚀程度的不同表现出不同的滞回特性。剪跨比和配箍率相同时,腐蚀程度较小的试件相对未腐蚀试件的承载力和同级控制位移幅值下滞回环包围面积略有增加。这是因为腐蚀初期混凝土内部生成少量膨胀性石膏填充了混凝土孔隙,使得混凝土密实度提高,从而混凝土强度提高,且腐蚀介质尚未达到钢筋表面,钢筋尚未发生锈蚀,故试件抗震能力略有增加。而腐蚀程度较大的试件承载力、极限位移和同级位移加载下滞回环面积均小于未腐蚀试件,且随着腐蚀程度的增加而不断降低,加载后期滞回曲线的捏拢效果逐渐加剧。

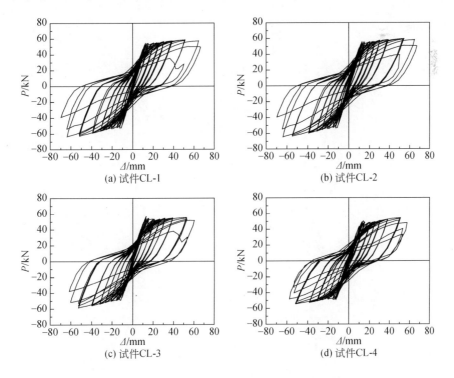

(a) 试件 CL-1　　　　　　　　　　(b) 试件 CL-2

(c) 试件 CL-3　　　　　　　　　　(d) 试件 CL-4

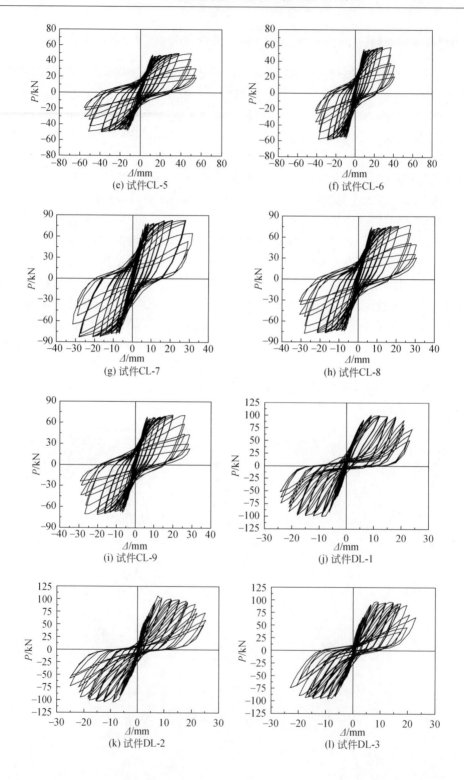

(e) 试件CL-5

(f) 试件CL-6

(g) 试件CL-7

(h) 试件CL-8

(i) 试件CL-9

(j) 试件DL-1

(k) 试件DL-2

(l) 试件DL-3

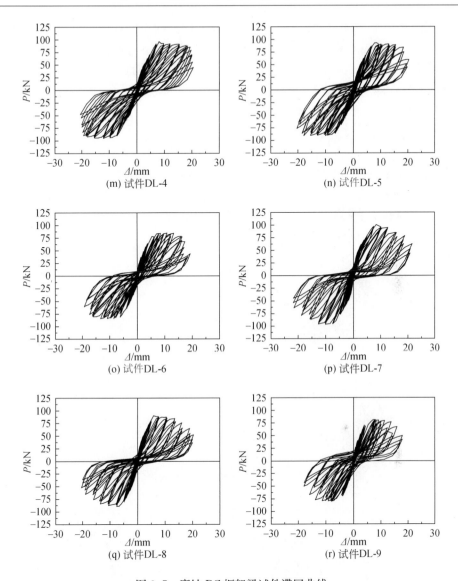

(m) 试件DL-4   (n) 试件DL-5

(o) 试件DL-6   (p) 试件DL-7

(q) 试件DL-8   (r) 试件DL-9

图 3.7　腐蚀 RC 框架梁试件滞回曲线

　　配箍率相同、腐蚀程度相近时,各试件滞回曲线的基本形状相似,剪跨比较大的试件承载力较小,滞回曲线相对较饱满,屈服平台较长,屈服后捏拢现象不明显,破坏时梁顶水平位移较大;而剪跨比较小的试件承载力较大,滞回曲线相对较为窄小,屈服平台较短,屈服后有较明显的捏拢现象,破坏时梁顶水平位移较小。这表明,配箍率相同、腐蚀程度相近的试件,随着剪跨比的减小,试件的承载能力提高,但变形和耗能能力降低。

剪跨比相同、腐蚀程度相近时,配箍率较大试件的滞回曲线较饱满,屈服平台较长,延性较好,峰值荷载后捏拢程度较小,破坏时梁顶水平位移较大;配箍率较小试件的滞回曲线较窄小,屈服平台较短,延性较差,峰值荷载后捏拢程度较大,破坏时梁顶水平位移较小。表明剪跨比相同、腐蚀程度相近的试件,随着配箍率减小,试件变形性能和耗能能力逐渐降低。

3.3.4　骨架曲线

采用"能量等值法"确定试件骨架曲线的屈服点,即取与平均骨架曲线包络面积相等的理想弹塑性二折线的转折点对应的位移作为构件的屈服位移 Δ_y,如图3.8所示;取峰值荷载 P_c 下降至85%时的荷载为极限荷载 P_u,极限位移 Δ_u 为对应于极限荷载的位移。各试件的骨架曲线如图3.9所示,相应的骨架曲线特征点参数见表3.5。

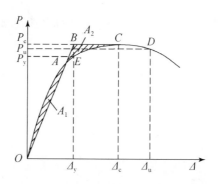

图3.8　骨架曲线特征点参数确定

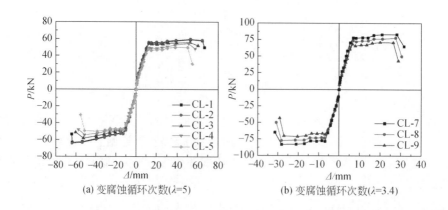

(a) 变腐蚀循环次数($\lambda=5$)　　　　(b) 变腐蚀循环次数($\lambda=3.4$)

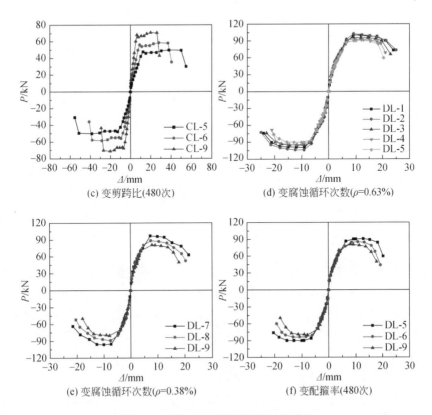

图 3.9　腐蚀 RC 框架梁试件骨架曲线

表 3.5　腐蚀 RC 框架梁试件骨架曲线特征点参数

试件编号	屈服点		峰值点		极限点	
	Δ_y/mm	P_y/kN	Δ_c/mm	P_c/kN	Δ_u/mm	P_u/kN
CL-1	17.27	53.58	53.35	60.68	65.38	49.12
CL-2	17.31	54.36	54.35	61.55	65.77	52.32
CL-3	16.07	51.85	52.29	56.95	59.89	48.41
CL-4	15.41	48.68	51.27	54.37	56.47	46.21
CL-5	14.60	46.72	38.34	49.96	52.36	42.47
CL-6	10.92	54.63	28.47	58.50	38.88	49.72
CL-7	8.22	77.47	28.05	83.14	30.38	70.67
CL-8	7.99	72.65	27.83	77.59	28.98	65.95
CL-9	7.74	66.34	20.12	71.07	27.48	60.41
DL-1	6.07	88.63	9.01	100.05	21.97	85.05

续表

试件编号	屈服点		峰值点		极限点	
	Δ_y/mm	P_y/kN	Δ_c/mm	P_c/kN	Δ_u/mm	P_u/kN
DL-2	6.12	89.74	9.12	102.21	22.18	87.73
DL-3	5.53	82.19	9.23	95.97	19.93	81.58
DL-4	5.47	80.48	12.03	93.33	19.60	79.33
DL-5	5.40	77.58	12.92	90.28	19.25	76.74
DL-6	4.87	70.81	10.84	84.32	17.33	71.67
DL-7	4.90	78.28	10.04	96.06	17.37	81.65
DL-8	4.51	75.73	8.53	88.76	16.14	75.44
DL-9	4.44	69.87	7.95	80.85	15.61	68.43

由图3.9与表3.5可以看出,剪跨比和配箍率相同而腐蚀程度不同的试件,屈服前骨架曲线基本重合,刚度变化不大;腐蚀程度较小的试件与未腐蚀试件相比,其屈服荷载、峰值荷载和极限荷载均略有提高;而腐蚀程度较大的试件,随着腐蚀程度的增加,试件骨架曲线平直段逐渐变短,下降段变陡,极限位移减小,表明剪跨比和配箍率相同时,框架梁试件的水平承载能力和变形性能均随腐蚀程度的增大呈先轻微增长后逐渐降低的趋势。

配箍率相同、腐蚀程度相近时,屈服前,各试件的骨架曲线的斜率随剪跨比的减小不断增大;屈服后,剪跨比较大试件的承载力较小,骨架曲线平台段较长,下降段较缓,极限位移较大,变形性能较好;而剪跨比较小试件的骨架曲线平台段较短,下降段较陡,极限位移较小,变形性能较差,但其承载能力较强。表明配箍率相同、腐蚀程度相近时,随着剪跨比的减小,试件的承载能力逐渐增强,但变形性能逐渐变差。

剪跨比相同、腐蚀程度相近而配箍率不同时,屈服前,各试件的骨架曲线基本重合,刚度变化不大;屈服后,试件的承载力随配箍率减小而降低,骨架曲线平直段变短;峰值荷载后,骨架曲线下降段的下降幅度随配箍率的减小而增大,峰值荷载、极限荷载和相应位移均逐渐减小,表明剪跨比相同、腐蚀程度相近试件的承载能力和变形性能均随配箍率的减小而降低。

3.3.5 变形性能

延性是度量构件与结构抗震性能的重要指标之一,采用位移延性系数 μ 衡量 RC框架梁的延性性能,其计算公式如下:

$$\mu = \Delta_u / \Delta_y \tag{3-4}$$

式中，Δ_u、Δ_y 分别为试件的极限位移和屈服位移。

依据式(3-4)，结合表 3.5 各试件骨架曲线特征点参数计算获得各框架梁试件位移延性系数，如表 3.6 所示。为便于观察腐蚀循环次数、剪跨比和配箍率对框架梁试件变形性能的影响，分别绘制不同影响参数下框架梁试件变形性能指标对比图，如图 3.10 所示。

表 3.6　腐蚀 RC 框架梁试件位移延性系数

试件编号	位移延性系数 μ	试件编号	位移延性系数 μ	试件编号	位移延性系数 μ
CL-1	3.78	CL-7	3.70	DL-4	3.58
CL-2	3.78	CL-8	3.63	DL-5	3.56
CL-3	3.73	CL-9	3.55	DL-6	3.55
CL-4	3.66	DL-1	3.62	DL-7	3.53
CL-5	3.59	DL-2	3.62	DL-8	3.53
CL-6	3.56	DL-3	3.61	DL-9	3.52

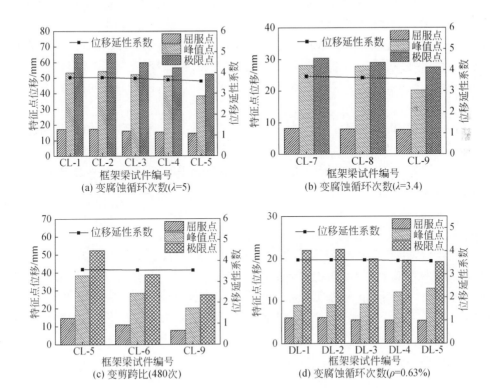

(a) 变腐蚀循环次数(λ=5)　　　　　(b) 变腐蚀循环次数(λ=3.4)

(c) 变剪跨比(480次)　　　　　(d) 变腐蚀循环次数(ρ=0.63%)

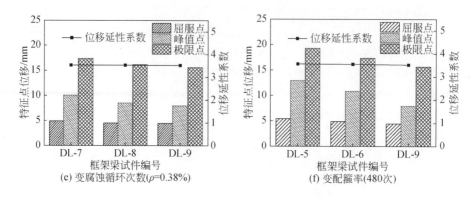

图 3.10　腐蚀 RC 框架梁试件变形性能指标

可以看出,剪跨比和配箍率相同时,腐蚀程度较小的试件与未腐蚀试件相比,其屈服位移、峰值位移和极限位移及位移延性系数均略有提高;而腐蚀程度较大的试件,随着腐蚀程度的增加,试件的屈服位移、峰值位移和极限位移及位移延性系数均呈下降趋势。这表明,剪跨比和配箍率相同时,框架梁试件的变形性能随腐蚀程度的增加呈先增长后降低的趋势。

配箍率相同、腐蚀程度相近时,剪跨比较大试件的屈服位移、峰值位移和极限位移及位移延性系数较大,剪跨比较小试件的屈服位移、峰值位移和极限位移及位移延性系数较小。这表明,配箍率相同、腐蚀程度相近时,随着剪跨比的增大,试件的变形性能增大。

剪跨比相同、腐蚀程度相近时,配箍率较大试件的屈服位移、峰值位移和极限位移及位移延性系数较大,配箍率较小试件的屈服位移、峰值位移和极限位移及位移延性系数较小。这表明,剪跨比相同、腐蚀程度相近时,随着配箍率的增大,试件的变形性能提升。

3.3.6　强度衰减

由于侵蚀环境的不均匀性,试件滞回曲线表现出一定的不对称性。为直观反映腐蚀程度对试件强度衰减的影响,取承载力正反两个方向的平均值作为强度指标。不同腐蚀程度和配箍率框架梁试件开裂后的强度衰减与加载循环次数 N 的关系如图 3.11 所示。其中,j 为加载级数,P_{ij} 为第 j 级加载级数下第 i 次循环的荷载峰值($i=1,2,3$),$P_{j\max}$ 为第 j 级加载循环级数下的最大荷载。

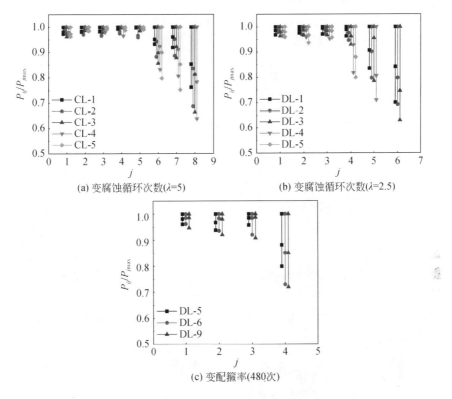

(a) 变腐蚀循环次数($\lambda=5$)　　　　　(b) 变腐蚀循环次数($\lambda=2.5$)

(c) 变配箍率(480次)

图 3.11　腐蚀 RC 框架梁试件强度衰减曲线

由图 3.11 可以看出,剪跨比和配箍率相同而腐蚀程度不同的框架梁试件,峰值位移前,各试件同级位移循环下强度衰减基本一致;峰值位移之后,随着腐蚀程度的增加,腐蚀试件在同级位移循环下的强度衰减幅度增大。这是由于腐蚀程度较大的试件内部钢筋截面削弱,纵筋与混凝土间的黏结作用降低,箍筋约束混凝土的能力减弱,导致框架梁试件水平承载力降低。

对于剪跨比为 2.5 的框架梁试件,腐蚀程度相近而配箍率不同时,峰值位移前,各试件同级位移循环下强度衰减相似;峰值位移之后,随着配箍率减小,框架梁试件强度衰减幅度逐渐增大。这是因为配箍率减小使得箍筋的抗剪作用降低,且箍筋对混凝土的约束能力减弱,导致框架梁试件水平抗剪承载力降低。

3.3.7　刚度退化

为揭示腐蚀 RC 框架梁的刚度退化规律,取各试件每级往复荷载作用下正、反方向荷载绝对值之和除以相应的正、反方向位移绝对值之和作为该试件每级循环加载的等效刚度,以各试件的加载位移为横坐标,每级循环加载的等效刚度 K_i 与

初始刚度 K_0 之比 K_i/K_0 为纵坐标,绘制腐蚀 RC 框架梁试件的刚度退化曲线,如图 3.12 所示。其中等效刚度为

$$K_i = \frac{|+P_i| + |-P_i|}{|+\Delta_i| + |-\Delta_i|} \tag{3-5}$$

式中,$+P_i$、$-P_i$ 分别为正反向第 i 次峰值点水平荷载,$+\Delta_i$、$-\Delta_i$ 分别为正反向第 i 次峰值点水平位移。

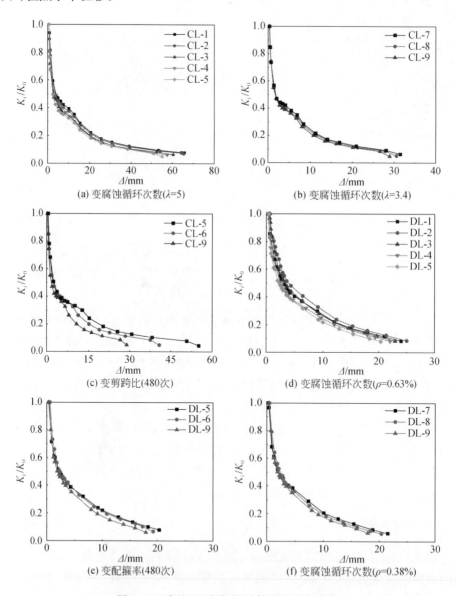

图 3.12　腐蚀 RC 框架梁试件刚度退化曲线

由图 3.12 可知,加载初期,框架梁试件尚处于弹性阶段,其刚度较大;随着控制位移的增加,试件开裂,其刚度迅速退化;超过屈服位移后,各试件的刚度退化速率降低;达到峰值位移后,试件裂缝已得到充分发展,刚度退化速率趋于稳定。此外,由于剪跨比、配箍率以及腐蚀程度的不同,各试件的刚度退化规律又表现出一定的差异性。

1)剪跨比为 5、4.2、3.4 的框架梁试件

剪跨比和配箍率相同的试件,腐蚀试件的刚度退化速率比未腐蚀试件快,且随着腐蚀程度的增加,刚度退化速率逐渐加快。

配箍率相同、腐蚀程度相近时,各试件刚度退化曲线在弹性阶段基本重合,刚度退化不明显;屈服后,各试件刚度退化曲线逐渐分离,剪跨比较大试件的刚度退化速率较小。

2)剪跨比为 2.5 的框架梁试件

剪跨比为 2.5 的各试件,当配箍率相同时,腐蚀程度较小的试件相对未腐蚀试件的刚度退化较小;而腐蚀程度较大的试件,其刚度退化速率均大于未腐蚀试件,且刚度退化速率随腐蚀程度的增加而增大。

此外,腐蚀程度相近时,配箍率较小框架梁试件的刚度退化速率较快,且随着配箍率减小,刚度退化幅度逐渐增大,其中配箍率最小的 DL-9 框架梁试件刚度退化最为显著。

3.3.8　耗能能力

耗能能力是 RC 构件与结构通过变形消耗外界输入能量的能力,是衡量其抗震性能优劣的重要参数。国内外学者提出了多种评价结构或构件耗能能力的指标,如功比指数、能量耗散系数、等效黏滞阻尼系数和累积耗能等。选取累积耗能评价腐蚀 RC 框架梁在往复荷载作用下的耗能能力。在拟静力试验中,试件累积滞回耗能等于滞回曲线各滞回环所包围的总面积,即构件在加载循环过程中消耗的总能量,其计算如下:

$$E_{\text{sum}} = \sum_{i=1}^{n} E_i \tag{3-6}$$

式中,E_i 为第 i 次加载滞回环的面积。

不同腐蚀程度各试件累积耗能曲线对比如图 3.13 所示。可以看出,腐蚀程度较小的框架梁试件 CL-2、DL-2 的累积耗能均大于未腐蚀框架梁试件 CL-1 及 DL-1,而腐蚀程度较大的试件的累积耗能较未腐蚀试件的累积耗能减小,且随着腐蚀程度的增加,试件耗能能力逐步减弱,这表明钢筋锈蚀程度对 RC 框架梁的抗震性能影响较大。

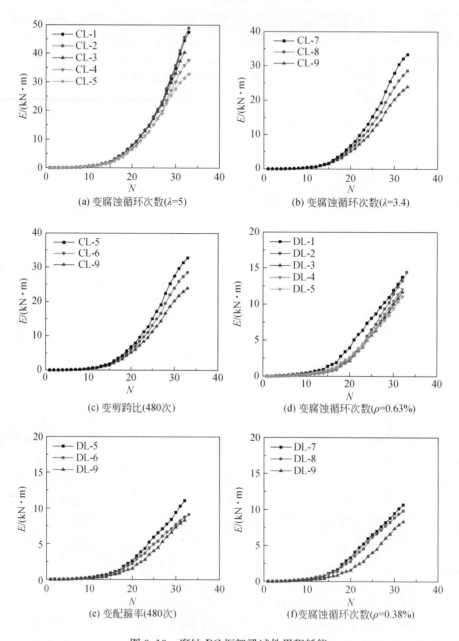

(a) 变腐蚀循环次数(λ=5)

(b) 变腐蚀循环次数(λ=3.4)

(c) 变剪跨比(480次)

(d) 变腐蚀循环次数(ρ=0.63%)

(e) 变配箍率(480次)

(f)变腐蚀循环次数(ρ=0.38%)

图 3.13　腐蚀 RC 框架梁试件累积耗能

　　配箍率相同、腐蚀程度相近时,不同剪跨比的各试件累积耗能曲线在弹性阶段基本一致,屈服后逐渐分离,剪跨比较低试件的累积耗能较小,且随着剪跨比的降低,累积耗能降低幅度不断增大。

剪跨比相同、腐蚀程度相近时,随着配箍率的减小,各试件的累积耗能逐渐减弱。

3.4　腐蚀 RC 框架梁恢复力模型的建立

3.4.1　腐蚀 RC 框架梁恢复力模型建立思路

恢复力模型是实现构件与结构弹塑性地震反应分析的基础。目前,国内外学者对 RC 框架梁的恢复力特性进行了大量研究,并在试验研究和理论分析的基础上建立了多种恢复力模型,但多数为梁端力与位移形式的,无法直接引入现有程序进行结构数值建模分析。Haselton 等[19]和 Lignos 等[20]采用基于梁柱塑性铰区弯矩-转角恢复力模型的集中塑性铰模型实现了 RC 框架结构和钢框架结构地震灾变过程的准确高效模拟。鉴于此,基于前文试验结果,借鉴文献[19]、[20]等的研究思路,建立可直接用于结构数值建模分析的 RC 框架梁塑性铰区弯矩-转角恢复力模型。

考虑到 RC 框架梁在加载过程中的强度衰减、刚度退化以及捏拢效应等滞回特性,以 Lignos 等[20]提出的修正 I-K 模型和修正 I-K-Pinch 模型为基础,建立 RC 框架梁塑性铰区弯矩-转角恢复力模型。修正 I-K 滞回模型是 Lignos 等[20]对 Ibarra 等[21]提出的 I-K 滞回模型的修正,该模型为具有峰值指向型滞回特性的三折线滞回模型,其骨架曲线如图 3.14 所示。可以看出,滞回模型骨架曲线的控制参数为屈服弯矩 M_y、初始刚度 K_e、强化系数 α_s、塑性转角 $\theta_{cap,pl}$、峰值后转角 θ_{pc} 和残余强度比 λ_{res}。当强度超过屈服弯矩 M_y 或变形超过屈服转角 θ_y 后,该滞回模型

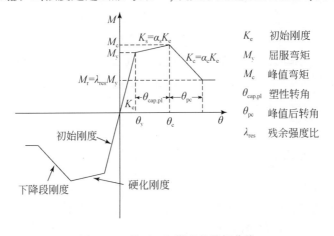

图 3.14　修正 I-K 模型的骨架曲线

进入强化阶段，强化刚度 $K_s = \alpha_s K_e$，变形性能为塑性转角 $\theta_{cap,pl}$；当强度超过峰值弯矩 M_c 或变形超过 $\theta_c = \theta_y + \theta_{cap,pl}$ 后，该滞回模型进入软化阶段；软化阶段的骨架曲线可以由残余弯矩 M_r 和峰值后转角 θ_{pc} 决定，其中 $M_r = \lambda_{res} M_y$。

修正 I-K 模型和修正 I-K-Pinch 模型除可反映构件的承载能力、变形性能等主要力学特性外，还可通过循环退化指数控制构件受力过程中表现出的基本强度退化、峰值后强度退化、卸载刚度退化以及再加载刚度退化等滞回特性。Ibarra 等基于构件加载过程中的滞回耗能能力一定且与加载路径无关这一假定，定义构件在往复荷载作用下第 i 个循环的循环退化指数 β_i 为

$$\beta_i = \left(\frac{E_i}{E_t - \sum_{j=1}^{i} E_j} \right)^c \tag{3-7}$$

式中，E_i 为构件在第 i 次正向或负向循环时的滞回耗能；$\sum_{j=1}^{i} E_j$ 为构件在第 i 次及第 i 次前所有循环下的累积滞回耗能；c 为循环退化速率，其合理取值范围为 $[1,2]$；E_t 为构件本身的滞回耗能能力，Lignos 等[20] 将其表示为屈服强度 M_y 与累积转动能力 $\Lambda = k\theta_{cap,pl}$ 的乘积，其计算公式如下：

$$E_t = \Lambda M_y = k\theta_{cap,pl} M_y \tag{3-8}$$

式中，k 为构件滞回耗能能力系数。

1. 基本强度退化

构件在加载过程中的基本强度退化模式如图 3.15(a)所示。该退化模式用于表征构件屈服后，在往复荷载作用下屈服强度和强化段刚度降低的现象。屈服强度和强化段刚度的退化规则如下：

$$M_{yi}^{\pm} = (1 - \beta_i) M_{y(i-1)}^{\pm} \tag{3-9}$$

$$K_{si}^{\pm} = (1 - \beta_i) K_{s(i-1)}^{\pm} \tag{3-10}$$

式中，$M_{yi}^{\pm}$ 为第 i 次循环加载后发生性能退化的屈服强度；$M_{y(i-1)}^{\pm}$ 为第 i 次循环加载之前已退化的屈服强度；$K_{si}^{\pm}$ 为第 i 次循环加载后发生性能退化的强化刚度；$K_{s(i-1)}^{\pm}$ 为第 i 次循环加载之前已退化的强化刚度；其中，"+"代表正向加载，"-"代表反向加载。

2. 峰值后强度退化

构件在加载过程中的峰值后强度退化模式如图 3.15(b)所示。该退化模式用于表征构件加载过程中，软化段强度的退化现象。与基本强度退化不同的是，峰值后强度退化并未改变软化段刚度，因此可以通过修正软化段反向延长与纵坐标的交点控制峰值后强度退化，其计算公式如下：

$$M^{\pm}_{\text{ref}i} = (1-\beta_i)M^{\pm}_{\text{ref}(i-1)} \tag{3-11}$$

式中，$M^{\pm}_{\text{ref}i}$ 为第 i 次循环加载后软化段反向延长与纵坐标的交点；$M^{\pm}_{\text{ref}(i-1)}$ 为第 i 次循环加载之前已退化的软化段反向延长与纵坐标的交点；其中，"＋"代表正向加载，"－"代表反向加载。

3. 卸载刚度退化

构件在加载过程中的卸载刚度退化模式如图 3.15(c)所示。该退化模式用于表征构件屈服后，在往复荷载作用下卸载刚度降低的现象。卸载刚度退化规则如下：

$$K_{\text{u}i} = (1-\beta_i)K_{\text{u}(i-1)} \tag{3-12}$$

式中，$K_{\text{u}i}$ 为第 i 次循环加载后发生性能退化的卸载刚度；$K_{\text{u}(i-1)}$ 为第 i 次循环加载之前已退化的卸载刚度。与基本强度退化和软化段强度退化不同的是，卸载刚度在两个加载方向是同步退化的，即任一方向出现卸载时，两个方向的卸载刚度均发生退化；而基本强度退化和软化段强度退化在两个加载方向互相独立，即每次构件在一个方向卸载至 0 时，只有另一个方向发生退化。

4. 再加载刚度退化

构件在加载过程中的再加载刚度退化模式如图 3.15(d)所示。以往的滞回模型大多为顶点指向型模型，即当构件在某一反向卸载后，再加载曲线指向另一反向的历史最大位移点。这种顶点指向型模型并不能考虑再加载刚度的加速退化现象，因此，Ibarra 等[21]在 I-K 滞回模型中引入目标位移来考虑试件再加载刚度加速退化现象。Lignos 等[20]提出的修正 I-K 模型中也采用了该方法，其目标位移计算公式如下：

$$\theta^{\pm}_{\text{t}i} = (1+\beta_i)\theta^{\pm}_{\text{t}(i-1)} \tag{3-13}$$

式中，$\theta^{\pm}_{\text{t}i}$ 为第 i 次循环时的目标位移；$\theta^{\pm}_{\text{t}(i-1)}$ 为第 $i-1$ 次循环时的目标位移；其中，"＋"代表正向加载，"－"代表反向加载。

修正 I-K-Pinch 滞回模型的骨架曲线和退化规则均与修正 I-K 模型一致，唯一不同之处在于：修正 I-K-Pinch 滞回模型为考虑捏拢效应，将再加载曲线由修正 I-K 模型的直线改为了双折线，并通过三个参数 \$F_{\text{prPos}}$、\$F_{\text{prNeg}}$ 和 \$A_Pinch 控制再加载曲线的转折点。该滞回模型示意如图 3.16 所示，\$F_{\text{prPos}}$ 和 \$F_{\text{prNeg}}$ 分别用于确定正负向捏拢段的刚度；\$A_Pinch 用于确定转折点的横坐标，确定规则为 $X_{\text{pinch}} = (1-\$A\_\text{Pinch})\theta^{\pm}_{\text{per}}$，其中，$\theta^{\pm}_{\text{per}}$ 为正向或负向卸载后的残余变形。

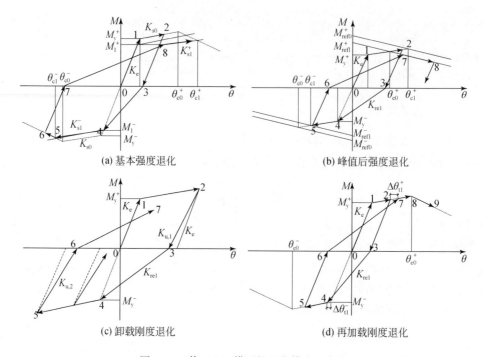

(a) 基本强度退化

(b) 峰值后强度退化

(c) 卸载刚度退化

(d) 再加载刚度退化

图 3.15　修正 I-K 模型的退化模式示意图

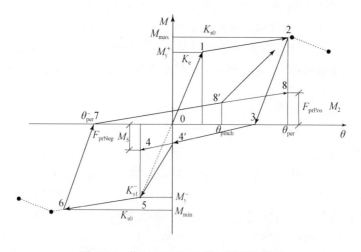

图 3.16　修正 I-K-Pinch 滞回模型示意图

3.4.2　未腐蚀构件骨架曲线参数确定

采用修正 I-K 模型确定 RC 框架梁弯矩-转角恢复力模型骨架曲线时需要六个

特征点参数:屈服弯矩、屈服转角、峰值弯矩、峰值转角、极限弯矩和极限转角,以下对各特征点参数的计算方法分别予以叙述。

1. 屈服弯矩

Haselton 等[22]根据 255 个梁柱试件的试验数据,结合 Panagiotakos 等[23]提出的理论公式,给出了压弯构件屈服弯矩的经验计算公式并验证了所给公式的准确性,因此,本书采用 Haselton 等[22]建议的公式计算未腐蚀 RC 框架梁的屈服弯矩,其计算公式如下:

$$M_y = 0.97 M_{y(Fardis)} \tag{3-14}$$

式中,$M_{y(Fardis)}$ 是 Panagiotakos[23]提出的屈服弯矩,其理论计算公式为

$$M_{y(Fardis)} = bh^3 \varphi_y \left\{ E_c \frac{k_y^2}{2} \left[0.5(1+\delta') - \frac{k_y}{3} \right] \right.$$

$$\left. + \frac{E_s}{2} \left[(1-k_y)\rho + (k_y - \delta')\rho' + \frac{\rho_v}{6}(1-\delta') \right] (1-\delta') \right\} \tag{3-15a}$$

$$\varphi_y = \frac{f_y}{E_s(1-k_y)h} \tag{3-15b}$$

$$k_y = (f^2 A^2 + 2fB)^{1/2} - nA \tag{3-15c}$$

$$A = \rho + \rho' + \rho_v + \frac{N}{bh f_y} \tag{3-15d}$$

$$B = \rho + \rho' \delta' + 0.5 \rho_v (1+\delta') \tag{3-15e}$$

式中,φ_y 为截面的屈服曲率;f_y 为受拉钢筋屈服强度;N 为构件的轴向压力,对于框架梁,可以取为 0;b 和 h 分别为框架梁横截面的宽度和高度;ρ、ρ' 分别为框架梁拉、压钢筋的配筋率;ρ_v 为分布钢筋的配筋率,对于剪力墙构件,取腹板竖向分布钢筋配筋率,对于梁柱构件,取为 0;$\delta' = h/h'$,h' 为受压区边缘到受压钢筋中心的距离;$f = E_s/E_c$,E_s 和 E_c 分别为钢筋和混凝土的弹性模量。

2. 屈服转角

Panagiotakos 等[23]在理论分析基础上,结合 963 个试件的试验研究结果,经过统计回归,建立了压弯构件的屈服转角预测公式。采用该公式计算未腐蚀 RC 框架梁的屈服转角:

$$\theta_y = L\varphi_y/3 + 0.0025 \tag{3-16}$$

式中,L 为 RC 框架梁试件的高度;φ_y 为框架梁截面的屈服曲率,可以根据式(3-15b)

进行计算。

3. 峰值弯矩

基于 Haselton 等[22]通过对 255 个梁柱构件试验结果进行统计分析,得出:压弯构件的峰值弯矩与屈服弯矩的比值均值为 1.13,鉴于此,本节参考 Haselton 等[22]的研究成果,取未腐蚀 RC 框架梁的峰值弯矩为

$$M_c = 1.13 M_y \tag{3-17}$$

式中,M_y 为 RC 框架梁的屈服弯矩,按式(3-14)计算确定。

4. 峰值转角

根据基本力学原理可知,塑性铰区的转角 θ 等于该区段内截面曲率 φ 在塑性铰长度 L_p 上的积分。本节近似取 RC 框架梁塑性铰区曲率分布模式为矩形,因此,RC 框架梁达到峰值状态时塑性铰区的转角为

$$\theta_b = L_p \varphi_b \tag{3-18}$$

式中,L_p 为塑性铰长度。采用 Priestley 提出的计算公式[24]:

$$L_p = 0.08L + 0.022 f_y d_b \tag{3-19}$$

$$\varphi_b = \frac{\varepsilon_b}{\xi_u h_0} \tag{3-20}$$

其中,L 为试件高度;d_b 为纵筋直径;ξ_u 为极限状态下 RC 框架梁截面相对受压区高度,根据文献[25],取 $\xi_u = 0.12$;h_0 为整个梁截面的有效高度;ε_b 为峰值状态下混凝土受压侧边缘最外层混凝土的压应变,文献[26]给出了不同剪跨比 λ 下 ε_b 的计算公式如下:

$$\begin{cases} \varepsilon_b = 0.003k, & \lambda \leqslant 4 \\ \varepsilon_b = 0.004k, & \lambda > 4 \end{cases} \tag{3-21}$$

式中,k 为箍筋的约束系数,

$$k = 2.254\sqrt{1 + 3.97 k_e \lambda_v} - k_e \lambda_v - 1.254 \tag{3-22}$$

其中,k_e 为截面的有效约束系数,对于矩形截面取 $k_e = 0.75$;λ_v 为梁的配箍特征值。

5. 极限弯矩

极限弯曲 M_u 取峰值弯矩的 85%,即

$$M_u = 0.85 M_c \tag{3-23}$$

6. 极限转角

基于与峰值转角相同的计算理论,建立 RC 框架梁达极限状态时塑性铰区的转角计算公式:

$$\theta_u = L_p \varphi_u \tag{3-24}$$

式中，L_p 为塑性铰长度，按式(3-19)计算确定；φ_u 为 RC 框架梁达到极限状态时的截面曲率：

$$\varphi_u = \frac{\varepsilon_u}{\xi_u h_0} \tag{3-25}$$

式中，ξ_u 为极限状态下 RC 框架梁塑性铰区截面受压区高度，参考文献[25]，取 $\xi_u = 0.12$；h_0 为整个梁截面的有效高度；ε_u 为极限状态下混凝土受压侧边缘最外层混凝土的压应变，参考文献[25]，对剪跨比 $\lambda \leqslant 4$ 的 RC 框架梁，取 $\varepsilon_u = 0.004k$，其中 k 按式(3-22)计算确定；对于剪跨比 $\lambda > 4$ 的 RC 框架梁，

$$\varepsilon_u = 0.023 + 0.0572 k_{se}^2 (s/d_b)^{-\frac{1}{4}} \tag{3-26}$$

其中，s 为箍筋间距；d_b 为纵筋直径；k_{se} 为约束箍筋有效约束系数：

$$k_{se} = \frac{\left[1 - \sum_{i=1}^{n} \frac{(w_i')^2}{6 b_{cor} h_{cor}}\right]\left(1 - \frac{s'}{2 b_{cor}}\right)\left(1 - \frac{s'}{2 h_{cor}}\right)}{1 - \rho_{cc}} \tag{3-27}$$

式中，b_{cor} 和 h_{cor} 分别为被约束核心区截面(即箍筋内侧包围的截面区域)的宽度和高度；s' 为箍筋的净间距；w_i' 为相邻纵筋的净间距；ρ_{cc} 为纵筋相对于核心区截面的配筋率。

3.4.3　腐蚀 RC 框架梁恢复力模型参数确定

1. 骨架曲线参数确定

　　本章腐蚀 RC 框架梁拟静力试验结果表明，纵向钢筋锈蚀率、配箍率和剪跨比均对 RC 框架梁的力学与抗震性能产生了一定影响。将相同配箍率和剪跨比下腐蚀 RC 框架梁试件各特征点转角和弯矩分别除以该配箍率和剪跨比下未腐蚀试件相应特征点的转角和弯矩，得到相关修正系数，并以此为纵坐标，以剪跨比为横坐标，得到骨架曲线各特征点修正系数随剪跨比的变化规律，如图 3.17 和图 3.18 所示。可以看出，剪跨比对腐蚀 RC 框架梁塑性铰区弯曲承载能力和变形性能的影响并不显著。因此，本节取纵向钢筋锈蚀率 η_s 和配箍率 ρ 为参数，结合试验结果，通过多参数回归分析，对未腐蚀 RC 框架梁恢复力模型的骨架曲线各特征点进行修正，建立腐蚀 RC 框架梁恢复力模型参数计算公式如下。

　　(1)屈服弯矩和屈服转角。

$$M_y = (0.772 - 0.024\eta_s + 0.342\rho)M_y' \tag{3-28}$$

$$\theta_y = (0.571 - 0.021\eta_s + 0.650\rho)\theta_y' \tag{3-29}$$

式中，M_y、θ_y 分别为腐蚀框架梁的屈服弯矩和屈服转角；M_y'、θ_y' 分别为未腐蚀框架梁的屈服弯矩和屈服转角；η_s 为纵筋锈蚀率；ρ 为配箍率。

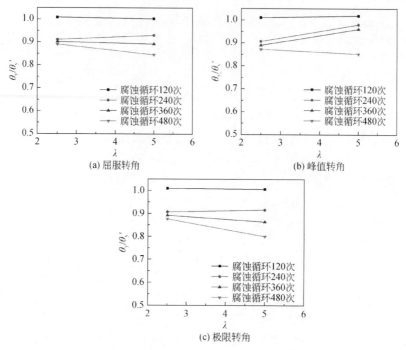

图 3.17　塑性铰区变形性能随剪跨比变化规律

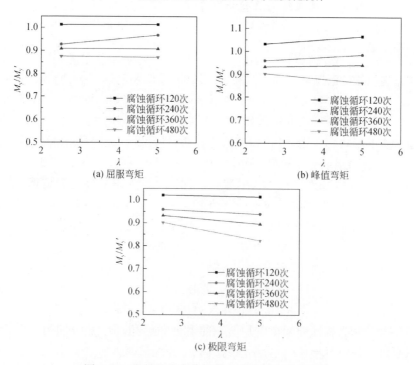

图 3.18　塑性铰区弯曲承载力随剪跨比变化规律

（2）峰值弯矩和峰值转角。

$$M_c = (0.862 - 0.971\eta_s + 0.245\rho)M_c' \tag{3-30}$$

$$\theta_c = (0.154 + 2.244\eta_s + 1.418\rho)\theta_c' \tag{3-31}$$

式中，M_c、θ_c 分别为腐蚀框架梁的屈服弯矩和屈服转角；M_c'、θ_c' 分别为未腐蚀框架梁的屈服弯矩和屈服转角；η_s 为纵筋锈蚀率；ρ 为配箍率。

（3）极限弯矩和极限转角。

$$M_u = 0.85M_c \tag{3-32}$$

$$\theta_u = (0.571 - 0.817\eta_s + 0.648\rho)\theta_u' \tag{3-33}$$

式中，M_u、θ_u 分别为腐蚀框架梁的极限弯矩和极限转角；θ_u' 为未腐蚀框架梁的极限转角；η_s 为纵筋锈蚀率；ρ 为配箍率。

2. 滞回规则参数确定

由式（3-7）和式（3-8）可以看出，修正 I-K 和修正 I-K-Pinch 滞回模型的滞回规则控制参数主要有循环退化速率 c 和累积转动能力 Λ。参考 Haselton 等[22] 的建议，取循环退化速率 $c = 1.0$；累积转动能力 Λ 则通过以下方法得到。

Haselton 等[22] 将构件的滞回耗能能力 E_t 表示为 $E_t = kM_y\theta_{cap,pl}$，并通过对 255 榀梁柱试件的试验结果进行统计回归，得到 $k = 30 \times 0.3^n$。结合 Lignos 等[20] 给出的累积耗能能力计算公式（3-8），可得到

$$\Lambda = 30 \times 0.3^n\theta_{cap,pl} \tag{3-34}$$

式中，n 为试件轴压比，对于 RC 框架梁可取 $n = 0$；$\theta_{cap,pl}$ 为 RC 框架梁的塑性转动能力，可根据峰值转角 θ_c 和屈服转角 θ_y 计算得到，即 $\theta_{cap,pl} = \theta_c - \theta_y$。

对于剪跨比大于 3 的 RC 框架梁，其滞回捏拢效应并不明显，因此采用修正 I-K 模型建立其恢复力模型，即不考虑捏拢效应。对于剪跨比小于 3 的 RC 框架梁，由于剪切斜裂缝的开展，其加载过程中出现明显的捏拢现象，采用修正 I-K-Pinch 模型建立其恢复力模型，其中捏拢控制参数 \$F$_{prPos}$、\$F$_{prNeg}$ 和 \$A_Pinch 均取为 0.25。

3.4.4　滞回曲线对比验证

为验证所建立的腐蚀 RC 框架梁恢复力模型的准确性，基于 OpenSees 有限元分析软件，采用上述弯矩-转角恢复力模型，建立腐蚀 RC 框架梁集中塑性铰模型。其中，梁中部弹性杆单元通过弹性梁柱单元（elasticbeam-column element）模拟，相关输入参数可通过构件几何尺寸及其材料力学性能参数计算得到，此处不再赘述；梁端部非线性弹簧单元通过零长度单元（zero-length element）模拟，并通过修正 I-K 模型或修正 I-K-Pinch 模型模拟梁端部塑性铰区弯曲变形性能。据此，采用上述模型，分别对腐蚀 RC 框架梁试件进行数值建模，进而对其进行拟静力模拟加

载,模型验证结果如图 3.19 所示。

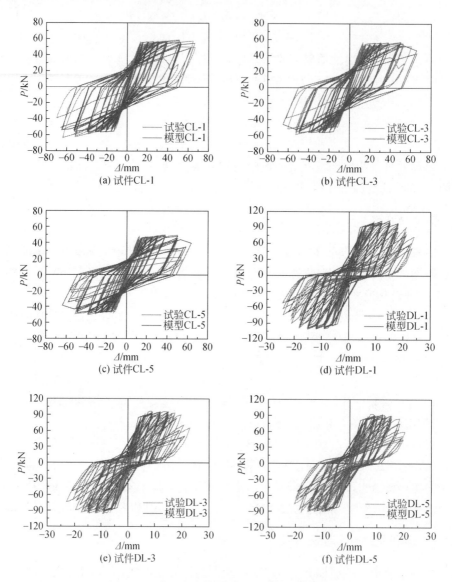

图 3.19　腐蚀 RC 框架梁试件恢复力模型验证

　　由图 3.19 可知,采用腐蚀 RC 框架梁恢复力模型计算所得滞回曲线与试验滞回曲线在承载能力、变形性能、耗能能力、刚度退化和强度退化等方面均符合较好,模型能够较准确地反映一般大气环境下腐蚀 RC 框架梁的力学性能及抗震性能。

　　基于上述数值模拟分析得到的腐蚀 RC 框架梁骨架曲线上各特征点模拟值与试验值对比如表 3.7 和表 3.8 所示。

表 3.7　腐蚀 RC 框架梁骨架曲线各特征点荷载模拟值及其与试验值之比

试件编号	屈服荷载		峰值荷载		极限荷载	
	模拟值/kN	模拟值/试验值	模拟值/kN	模拟值/试验值	模拟值/kN	模拟值/试验值
CL-1	55.32	1.03	56.54	0.93	48.06	0.98
CL-2	60.34	1.11	58.47	0.95	47.61	0.91
CL-3	52.64	1.02	56.53	0.99	48.05	0.99
CL-4	43.81	0.90	57.09	1.05	41.13	0.89
CL-5	46.33	0.99	47.99	0.96	40.79	0.96
CL-6	53.01	0.97	64.94	1.11	51.21	1.03
CL-7	64.51	0.89	76.15	0.94	48.08	1.01
CL-8	72.41	1.06	86.62	1.12	51.60	1.16
CL-9	76.95	1.16	63.96	0.90	66.45	1.10
DL-1	94.48	1.07	102.17	1.02	86.84	1.02
DL-2	99.61	1.11	105.28	1.03	89.48	1.02
DL-3	88.10	1.07	94.05	0.98	79.94	0.98
DL-4	75.65	0.94	106.40	1.14	76.16	0.96
DL-5	84.51	1.09	90.33	1.00	76.78	1.00
DL-6	74.35	1.05	91.91	1.09	70.24	0.98
DL-7	81.41	1.04	91.26	0.95	80.83	0.99
DL-8	73.46	0.97	97.64	1.10	71.67	0.95
DL-9	65.68	0.94	90.55	1.12	69.80	1.02

表 3.8　腐蚀 RC 框架梁骨架曲线各特征点位移模拟值及其与试验值之比

试件编号	屈服位移		峰值位移		极限位移	
	模拟值/kN	模拟值/试验值	模拟值/kN	模拟值/试验值	模拟值/kN	模拟值/试验值
CL-1	13.64	0.79	26.32	0.49	58.10	0.89
CL-2	18.35	1.06	62.50	1.15	67.09	1.02
CL-3	17.21	1.07	49.88	0.95	62.78	1.05

续表

试件编号	屈服位移		峰值位移		极限位移	
	模拟值/kN	模拟值/试验值	模拟值/kN	模拟值/试验值	模拟值/kN	模拟值/试验值
CL-4	14.18	0.92	49.22	0.96	60.42	1.07
CL-5	16.51	1.13	49.88	1.30	61.06	1.17
CL-6	12.56	1.15	27.62	0.97	34.60	0.89
CL-7	10.51	1.14	27.77	0.99	28.11	0.91
CL-8	7.65	0.98	21.36	1.01	30.76	1.06
CL-9	8.28	1.07	20.92	1.04	24.73	0.90
DL-1	6.08	1.00	15.01	1.67	19.29	0.88
DL-2	5.57	0.91	9.21	1.01	20.18	0.91
DL-3	5.77	1.04	12.00	1.30	18.40	0.92
DL-4	6.18	1.13	10.95	0.91	17.44	0.89
DL-5	5.78	1.07	12.00	0.93	16.42	0.85
DL-6	4.92	1.01	12.03	1.11	18.54	1.07
DL-7	5.39	1.10	11.45	1.14	17.54	1.01
DL-8	4.60	1.02	9.38	1.10	15.82	0.98
DL-9	4.71	1.06	7.08	0.89	17.64	1.13

由表 3.7、表 3.8 可以得出,各腐蚀 RC 框架梁试件屈服荷载、峰值荷载和极限荷载的模拟值与试验值之比的均值分别为 1.023、1.021、0.997,标准差分别为 0.076、0.077、0.062;屈服位移、峰值位移、极限位移的模拟值与试验值之比的均值分别为 1.036、1.051、0.978,标准差分别为 0.092、0.235、0.097。分析结果进一步表明,建立的弯矩-转角恢复力模型能够客观反映 RC 框架梁的承载能力、变形性能、耗能能力等各项抗震性能指标。

3.5　本章小结

采用人工气候加速腐蚀方法,对 18 榀 RC 框架梁试件进行腐蚀试验,进而进行拟静力试验,研究了一般大气环境下不同剪跨比和配箍率 RC 框架梁各项抗震性能指标随腐蚀程度的退化规律,并建立了腐蚀 RC 框架梁恢复力模型。主要结论如下:

(1)随着腐蚀程度增加,RC 框架梁不同受力状态下的承载能力、变形性能和耗能能力先轻微增长后逐渐降低,强度衰减和刚度退化逐渐加快;加载过程中,框架梁水平裂缝数量减少,斜裂缝数量增多,裂缝间距增大、宽度变宽,破坏时剪切变形占比增大,变形性能逐渐变差。

(2)剪跨比相同、腐蚀程度相近时,随着配箍率增加,RC 框架梁的承载能力、变形性能和耗能能力逐渐提高;配箍率相同、腐蚀程度相近时,随着剪跨比增大,锈蚀RC 框架梁的承载能力逐渐降低,但变形性能和耗能能力逐渐提高。

(3)综合考虑腐蚀程度、剪跨比和配箍率对框架梁抗震性能的影响,建立了腐蚀 RC 框架梁骨架曲线特征点参数标定理论,同时基于修正 I-K-Pinch 模型,引入基于能量耗散的循环退化参数 β_i,建立了可反映捏拢效应、基本强度退化、硬化刚度退化、卸载刚度退化及再加载刚度退化的腐蚀 RC 框架梁恢复力模型,为一般大气环境下 RC 框架结构数值建模分析奠定了理论基础。

参 考 文 献

[1] 张学元,安百刚,韩恩厚,等. 酸雨对材料的腐蚀冲刷研究现状[J]. 腐蚀科学与防护技术, 2002,14(3):157-160.

[2] Smith R A. Air and Rain: The Beginnings of a Chemical Climatology [M]. London: Longmans,Green,and Company,1872.

[3] 张新民,柴发合,王淑兰,等. 中国酸雨研究现状[J]. 环境科学研究,2010,23(5):527-532.

[4] 马连祥,周定国,徐魁梧. 酸雨对树木生长和木材材性的影响[J]. 世界林业研究,2000, 13(1):27-31.

[5] 周飞鹏. 混凝土的酸雨腐蚀模型研究[D]. 大连:大连理工大学,2005.

[6] Fan Y F,Hu Z Q,Zhang Y Z,et al. Deterioration of compressive property of concrete under simulated acid rain environment[J]. Construction and Building Materials,2010,24(10): 1975-1983.

[7] 张英姿,范颖芳,李宏男,等. 模拟酸雨环境下混凝土抗拉性能试验研究[J]. 建筑材料学报, 2012,15(6):857-862.

[8] Xie S,Qi L,Zhou D. Investigation of the effects of acid rain on the deterioration of cement concrete using accelerated tests established in laboratory[J]. Atmospheric Environment, 2004,38(27):4457-4466.

[9] 王大为. 模拟酸雨环境下钢筋混凝土梁抗弯性能试验研究[D]. 大连:大连海事大学,2011.

[10] 王文兴,洪少贤,张婉华. 酸沉降对材料破坏的损伤函数的研究[J]. 环境科学学报,1995, 15(1):23-31.

[11] Kanazu T,Matsumura T,Nishiuchi T,et al. Effect of Simulated Acid Rain on Deterioration of Concrete[M]. Dordrecht:Springer,2001:1481-1486.

[12] Okochi H,Kameda H,Hasegawa S,et al. Deterioration of concrete structures by acid deposition—An assessment of the role of rainwater on deterioration by laboratory and field exposure experiments using mortar specimens [J]. Atmospheric Environment, 2000,

34(18):2937-2945.

[13] 中华人民共和国住房和城乡建设部.建筑抗震试验规程(JGJ/T 101—2015)[S].北京:中国建筑工业出版社,2015.

[14] 中华人民共和国住房和城乡建设部.混凝土结构设计规范(2016 年版)(GB 50010—2010)[S].北京:中国建筑工业出版社,2016.

[15] 中华人民共和国住房和城乡建设部,中华人民共和国国家质量监督检验检疫总局.建筑抗震设计规范(2016 年版)(GB 50011—2010)[S].北京:中国建筑工业出版社,2016.

[16] 中华人民共和国建设部,国家质量监督检验检疫总局.普通混凝土力学性能试验方法标准(GB/T 50081—2002)[S].北京:中国建筑工业出版社,2002.

[17] 中华人民共和国国家质量监督检验检疫总局,中国国家标准化管理委员会.金属材料 拉伸试验 第 1 部分:室温试验方法(GB/T 228.1—2010)[S].北京:中国标准出版社,2010.

[18] 中华人民共和国住房和城乡建设部.普通混凝土长期性能和耐久性能试验方法标准(GB/T 50082—2009)[S].北京:中国建筑工业出版社,2009.

[19] Haselton C B,Goulet C A,Mitrani-Reiser J,et al. An assessment to benchmark the seismic performance of a code-conforming reinforced-concrete moment-frame building [R]. Berkeley:Pacific Earthquake Engineering Research Center,2008.

[20] Lignos D G,Krawinkler H. Development and utilization of structural component databases for performance-based earthquake engineering[J]. Journal of Structural Engineering ASCE, 2013,139(8):1382-1394.

[21] Ibarra L F,Krawinkler H. Global collapse of frame structures under seismic excitations[R]. Stanford:The John A. Blume Earthquake Engineering Center,Stanford University,2005.

[22] Haselton C B, Liel A B, Lange S T, et al. Beam-column element model calibrated for predicting flexural response leading to global collapse of RC frame buildings[R]. Berkeley: Pacific Earthquake Engineering Research Center,2008.

[23] Panagiotakos T B,Fardis M N. Deformation of reinforced concrete members at yielding and ultimate[J]. ACI Structural Journal,2010,98(2):135-148.

[24] Priestley M J N. Brief comments on elastic flexibility of reinforcement concrete frames and significance to seismic design [J]. Bulletin of the New Zealand National Society for Earthquake Engineering,1998,31(4):246-259.

[25] 蒋欢军,张桦.钢筋混凝土梁对应于各地震损伤状态的变形计算[J].结构工程师,2008, 24(3):87-90.

[26] 朱志达,沈参璜.在低周反复循环荷载作用下钢筋混凝土框架梁端抗震性能的试验研究(1)[J].北京工业大学学报,1985,11(1):17-38.

第4章 腐蚀 RC 框架柱抗震性能试验研究

4.1 引　言

RC 框架柱作为 RC 建筑结构中重要的竖向承重构件和抗侧力构件,在地震作用下易发生破坏,进而对整体结构的安全性及使用功能造成重大影响。国内外学者对未腐蚀 RC 框架柱的抗震性能已经开展了大量研究[1-5],并取得了诸多成果。然而,对于一般大气环境下受腐蚀介质侵蚀后 RC 框架柱抗震性能方面的研究则鲜见报道。处于该侵蚀环境下的 RC 框架柱构件受空气中二氧化碳以及酸雨等侵蚀作用的影响,发生混凝土中性化以及内部钢筋锈蚀,构件整体力学性能和抗震性能不断劣化。因此,有必要对一般大气环境下腐蚀 RC 框架柱的抗震性能进行深入系统的研究。

本章采用人工气候加速腐蚀技术模拟一般大气环境,对 16 榀 RC 框架柱进行加速腐蚀试验,进而对试件进行拟静力试验,系统地研究一般大气环境下试件腐蚀程度、轴压比及配箍率变化对腐蚀 RC 框架柱抗震性能的影响,并通过对试验研究结果进行回归分析,建立一般大气环境下腐蚀 RC 框架柱的宏观(弯曲、剪切)恢复力模型。研究成果将为一般大气环境下在役 RC 建筑结构的抗震性能分析与评估提供理论参考。

4.2　试验内容及过程

4.2.1　试验设计

在水平侧向荷载作用下,RC 框架结构中节点上下柱的反弯点可以看成沿水平方向移动的铰,因此,本章取框架节点至柱反弯点之间的柱段为研究对象,参考《建筑抗震试验规程》(JGJ/T 101—2015)[6]、《混凝土结构设计规范(2016 年版)》(GB 50010—2010)[7] 及《建筑抗震设计规范(2016 年版)》(GB 50011—2010)[8],设计制作了剪跨比 λ 为 2.5 和 5 的 RC 框架柱试件各 8 榀,试件的设计原型如图 4.1 所示。各试件具体尺寸和截面配筋形式如图 4.2 所示,其中,柱截面尺寸为 200mm×200mm,混凝土保护层厚度为 10mm,截面采用对称配筋,每边配置 3Φ16,具体设计参数详见表 4.1。

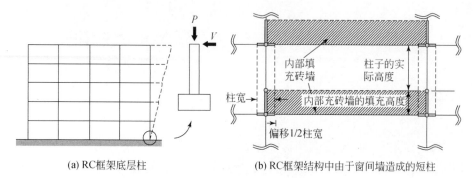

(a) RC框架底层柱　　　　(b) RC框架结构中由于窗间墙造成的短柱

图 4.1　RC框架柱设计原型

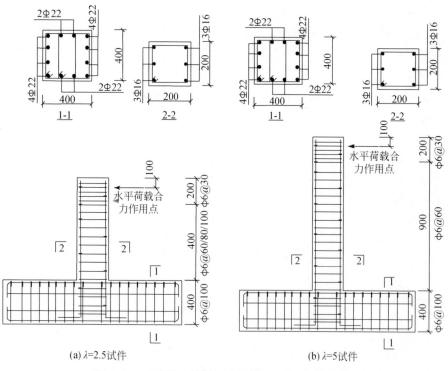

(a) λ=2.5试件　　　　(b) λ=5试件

图 4.2　RC框架柱试件尺寸及截面配筋(单位:mm)

表 4.1　RC 框架柱试件设计参数

| 试件编号 | 轴压比 | 剪跨比 | 箍筋形式 | 纵筋配筋率/% | 腐蚀条件 | | 腐蚀循环次数 |
					pH	SO₄²⁻ 浓度/(mol/L)	
CZ-1	0.3	5.0	φ6@60	1.72	—	—	0
CZ-2	0.3	5.0	φ6@60	1.72	3.0	0.06	240
CZ-3	0.3	5.0	φ6@60	1.72	3.0	0.06	360
CZ-4	0.3	5.0	φ6@60	1.72	3.0	0.06	480
CZ-5	0.4	5.0	φ6@60	1.72	—	—	0
CZ-6	0.4	5.0	φ6@60	1.72	3.0	0.06	480
CZ-7	0.5	5.0	φ6@60	1.72	—	—	0
CZ-8	0.5	5.0	φ6@60	1.72	3.0	0.06	480
DZ-1	0.3	2.5	φ6@60	1.72	—	—	0
DZ-2	0.3	2.5	φ6@60	1.72	3.0	0.06	240
DZ-3	0.3	2.5	φ6@60	1.72	3.0	0.06	360
DZ-4	0.3	2.5	φ6@60	1.72	3.0	0.06	480
DZ-5	0.4	2.5	φ6@60	1.72	3.0	0.06	480
DZ-6	0.5	2.5	φ6@60	1.72	3.0	0.06	480
DZ-7	0.3	2.5	φ6@80	1.72	3.0	0.06	480
DZ-8	0.3	2.5	φ6@100	1.72	3.0	0.06	480

4.2.2　材料力学性能

各 RC 框架柱试件的混凝土设计强度等级均为 C40,在试件浇筑的同时,浇筑尺寸为 150mm×150mm×150mm 的标准立方体试块,用于量测混凝土 28d 的抗压强度。根据标准立方体试块的材料力学性能试验和相应的计算公式,得到混凝土的力学性能参数见表 4.2。此外,为获得钢筋实际力学性能参数,按照《金属材料 拉伸试验 第 1 部分:室温试验方法》(GB/T 228.1—2010)[9]中规定,每种型号钢筋制作三个标准试件进行拉伸试验,取其平均值作为钢筋的力学性能测试结果,见表 4.3。

表 4.2　混凝土力学性能参数

设计强度等级	立方体抗压强度 f_{cu}/MPa	轴心抗压强度 f_c/MPa	弹性模量 E_c/MPa
C40	45.30	34.43	$3.25×10^4$

表 4.3　钢筋力学性能参数

型号	屈服强度 f_y/MPa	极限强度 f_u/MPa	弹性模量 E_s/MPa
Φ 16	373	537	2.0×10^5
ϕ 6	305	440	2.1×10^5

4.2.3　加速腐蚀试验方案

近年来,人工气候模拟技术不断发展并被广泛应用于 RC 结构耐久性试验研究中。我国学者袁迎曙等[10]通过对人工气候模拟技术的适用性进行研究,指出该模拟技术能够有效模拟自然环境的气候作用过程,使人工气候下混凝土内的钢筋锈蚀具有与自然环境下相同的电化学腐蚀机理以及锈蚀后表观特征,且能够达到加速腐蚀的目的。通过设定人工气候实验室内的环境参数以模拟一般大气环境,对所设计的 16 榀 RC 框架柱试件进行加速腐蚀试验。其中,人工气候实验室参数设置和腐蚀方案已在 2.2.2 节中进行了详细介绍,此处不再赘述。

通过腐蚀循环次数控制试件的腐蚀程度,各试件的设计腐蚀循环次数见表 4.1。其中,试件 CZ-1、CZ-5、CZ-7、DZ-1 作为对比试件,未进行腐蚀试验,其余试件的加速腐蚀现场如图 4.3 所示。

图 4.3　RC 框架柱试件加速腐蚀现场

4.2.4　拟静力加载及量测方案

1. 试验加载装置

采用悬臂柱式加载方法对所设计的 RC 框架柱试件进行拟静力加载试验。加载过程中,试件通过地脚螺杆固定于地面,竖向恒定荷载通过 100t 液压千斤顶施加,水平往复荷载通过固定于反力墙上的 500kN 电液伺服作动器施加,并通过作

动器端设置的荷载和位移传感器实时测控,整个试验加载过程由 MTS 电液伺服
试验系统与计算机联机实施程控加载。试验加载装置示意图如图 4.4 所示。

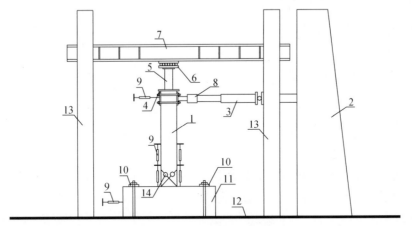

图 4.4　试验加载装置示意图

1. 试件;2. 反力墙;3. 作动器;4. 垫板;5. 千斤顶＋传感器;6. 平面滚轴系统;

7. 反力梁;8. 传感器;9. 位移计;10. 螺栓;11. 底座;12. 地面;13. 门架;14. 百分表

2. 加载制度

参考《建筑抗震试验规程》(JGJ/T 101—2015)[6],在对各试件进行正式加载
前,首先对其进行两次预加往复荷载,之后按照位移控制的加载方式对各试件进行
正式加载,具体的加载方法为:加载时,首先将柱顶轴压力 N 施加至设定轴压比,
试验中始终保持恒定;然后在柱上端分级施加水平往复荷载 P,具体加载制度见
表 4.4 和表 4.5。

表 4.4　剪跨比为 5 的 RC 框架柱试件的加载制度

控制参数	Δ_1	Δ_2	Δ_3	Δ_4	Δ_5	Δ_6	Δ_7	Δ_8	Δ_9
位移/mm	0.5	1.5	2.5	3.5	4.5	5.5	6.5	9.0	11.0
加载循环次数	1	1	1	1	1	1	1	1	3
控制参数	Δ_{10}	Δ_{11}	Δ_{12}	Δ_{13}	Δ_{14}	Δ_{15}	Δ_{16}	Δ_{17}	
位移/mm	13.0	15.0	18.0	22.0	26.0	33.0	43.0	54.0	
加载循环次数	3	3	3	3	3	3	3	3	

表 4.5 剪跨比为 2.5 的 RC 框架柱试件的加载制度

控制参数	Δ_1	Δ_2	Δ_3	Δ_4	Δ_5	Δ_6	Δ_7	Δ_8	Δ_9
位移/mm	0.3	0.6	0.9	1.2	1.5	1.8	2.4	3.3	3.9
加载循环次数	1	1	1	1	1	1	1	3	3
控制参数	Δ_{10}	Δ_{11}	Δ_{12}	Δ_{13}	Δ_{14}	Δ_{15}	Δ_{16}	Δ_{17}	Δ_{18}
位移/mm	4.5	5.0	6.5	8.0	10.0	13.0	16.0	19.0	22.0
加载循环次数	3	3	3	3	3	3	3	3	3

3. 测点布置及测试内容

拟静力加载试验过程中的主要测试内容包括作用力量测、应变量测、位移量测及裂缝观测。①作用力量测:在柱顶设置竖向压力传感器和水平拉压传感器,以测定作用在柱顶的轴向压力 N 及水平荷载 P。②应变量测:柱底一定范围内的纵筋及箍筋上设置电阻应变片,以记录其在试件整个受力过程中应变发展情况。③位移量测:通过设置的位移计和百分表量测柱底塑性铰区的剪切变形、弯曲变形以及柱顶与基础梁水平位移,位移计和百分表布置如图 4.4 所示。④裂缝观测:为研究往复荷载作用下试件表面裂缝随循环次数和加载路径变化的发展规律,精确记录裂缝出现的时间、类型和分布规律,同时考察构件的破坏形式,为理论分析提供数据资料。

拟静力加载试验过程中,将所布置的电阻应变片、电子位移计、拉压传感器等与 TSD 数据自动采集仪连接,进行实时跟踪记录。此外,水平荷载和水平位移数据也同时传输到 X-Y 函数记录仪中,用以绘制荷载-位移曲线(P-Δ 滞回曲线)。

4.3 试验现象与分析

4.3.1 腐蚀效果及表观现象描述

1. 腐蚀表观现象

待各试件的实际腐蚀循环次数达到表 4.1 所示的设定值后,停止对其进行腐蚀并将其从人工气候实验室移出,观测腐蚀后各试件的表观现象,不同腐蚀程度下 RC 框架柱试件的表观现象如图 4.5 和图 4.6 所示。可以看出,不同腐蚀循环次数下 RC 框架柱试件表面的表观形态存在明显差异。具体表现为:试件经腐蚀循环 240 次后,其表面泛黄,并伴有白色晶体析出;试件经腐蚀循环 360 次后,其表面混凝土出现起砂、蜂窝麻面、坑窝等现象,混凝土质地变酥松;试件经腐蚀循环 480 次后,其表面混凝土出现起皮现象,部分粗骨料已经外露,混凝土质地变得更加酥松。

(a) 腐蚀循环240次　　　(b) 腐蚀循环360次　　　(c) 腐蚀循环480次

图 4.5　不同腐蚀程度下 RC 框架柱试件的表观现象($\lambda=5$)

(a) 腐蚀循环240次　　　(b) 腐蚀循环360次　　　(c) 腐蚀循环480次

图 4.6　不同腐蚀程度下 RC 框架柱试件的表观现象($\lambda=2.5$)

2. 钢筋锈蚀率

各试件拟静力试验加载完成后,敲除塑性铰区混凝土,每个试件截取箍筋及纵筋各 3 根,清除钢筋上附着的混凝土,用稀释的盐酸溶液除去钢筋表面的锈蚀产物,再用清水冲洗,待其完全干燥后用电子天平称重,同时量测其长度,并据此计算锈蚀后钢筋单位长度的重量,进而按式(2-1)计算其实际锈蚀率。为减少量测结果的误差,分别取各试件纵筋和箍筋的平均锈蚀率作为其实际锈蚀率,相应的量测结果见表 4.6。

表 4.6　腐蚀 RC 框架柱试件钢筋的实际锈蚀率

钢筋类别	CZ-1	CZ-2	CZ-3	CZ-4	CZ-5	CZ-6	CZ-7	CZ-8
纵筋/%	0	2.32	4.72	6.85	0	6.53	0	6.90
箍筋/%	0	4.84	8.81	12.22	0	12.12	0	12.93
钢筋类别	DZ-1	DZ-2	DZ-3	DZ-4	DZ-5	DZ-6	DZ-7	DZ-8
纵筋/%	0	2.53	4.54	6.75	6.36	6.18	5.86	6.23
箍筋/%	0	5.32	8.13	11.46	13.04	12.33	12.77	13.17

可以看出,不同腐蚀循环次数下,RC 框架柱纵筋及箍筋的平均锈蚀率均随着腐蚀循环次数的增加而增大,且近似呈线性变化;相同腐蚀循环次数下,箍筋的平均锈蚀率明显高于纵筋,这是由于箍筋直径较小,且箍筋距离混凝土外表面的距离较短,当混凝土中性化深度达到箍筋表面,开始导致箍筋锈蚀时,纵筋还未受到外界侵蚀介质的影响。

4.3.2　试件破坏过程与特征

1. 剪跨比为 5 的 RC 框架柱试件

整个加载过程中,各剪跨比为 5 的框架柱试件破坏过程相似,均经历了弹性、弹塑性和破坏三个阶段。加载初期,试件处于弹性工作状态,当柱顶水平位移为 3.2~4.3mm 时,柱底部受拉区混凝土出现第一批水平裂缝。随着柱顶水平位移增加,在柱底大约 300mm 范围内相继出现若干条水平裂缝,并沿水平方向不断延伸,且裂缝宽度逐渐增大。当柱顶水平位移为 6.5~8.5mm 时,柱底部纵向受拉钢筋屈服,试件进入弹塑性工作状态。随着柱顶水平位移的继续增加,柱底部水平裂缝数量不再增加,但裂缝宽度增加较快,部分水平裂缝大致沿 45°斜向发展。当柱顶水平位移为 13.0~16.0mm 时,柱顶水平荷载达到峰值,此后试件进入破坏阶段。随着柱顶水平位移的进一步增加,水平荷载逐渐下降,柱底受压侧混凝土出现竖向裂缝并逐渐向上延伸,受压区混凝土破碎面积逐渐增大。最终,柱底角部混凝土受压破碎而剥落,部分纵筋屈曲,导致柱顶水平荷载显著下降,试件随即破坏。加载过程中,各试件均呈现典型的弯曲破坏特征,其最终破坏形态如图 4.7 所示。

　　此外,由于轴压比和腐蚀程度的不同,各试件的破坏过程又呈现出一定的差异,具体表现为:腐蚀程度相同时,轴压比较大的试件开裂时柱顶水平位移相对较大,且开裂后水平裂缝的发展速率较慢,长度较短,表明轴压力能够延迟试件裂缝的产生并一定程度延缓裂缝开展;轴压比相同时,腐蚀程度较大的试件开裂时其柱顶水平位移相对较小,且随腐蚀程度的增大,开裂后柱底部水平裂缝的数量减少,水平裂缝之间的间距增大,裂缝宽度亦增大。

　　2. 剪跨比为 2.5 的 RC 框架柱试件

　　剪跨比为 2.5 的框架柱试件在往复荷载作用下主要发生弯剪型破坏。其典型破坏特征描述如下:在纵向钢筋屈服前,试件底部首先出现水平弯曲裂缝;随着往复位移幅值的增大,柱中剪切作用增强,已有的水平裂缝斜向发展,并在柱底部逐渐形成多条交叉的剪切斜裂缝;当往复位移幅值进一步增大后,纵向钢筋受拉屈服;随后,与剪切斜裂缝相交的箍筋逐渐受拉屈服;此后,试件剪切斜裂缝数量基本不再增加,但其宽度仍继续增大;最终,柱底部形成一条主剪斜裂缝,试件随即宣告破坏。破坏时柱表面呈龟裂状,保护层混凝土部分剥落,各试件最终破坏形态如图 4.7 所示。

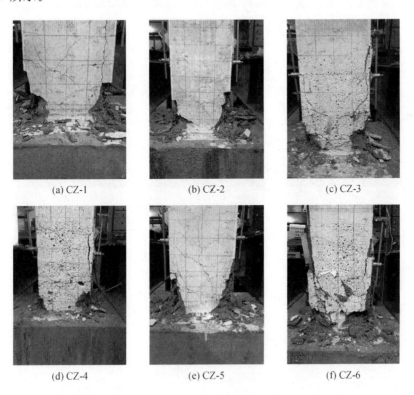

| (a) CZ-1 | (b) CZ-2 | (c) CZ-3 |
| (d) CZ-4 | (e) CZ-5 | (f) CZ-6 |

(g) CZ-7　　　　　　(h) CZ-8　　　　　　(i) DZ-1

(j) DZ-2　　　　　　(k) DZ-3　　　　　　(l) DZ-4

(m) DZ-5　　　　　　(n) DZ-6　　　　　　(o) DZ-7

(p) DZ-8

图 4.7　RC 框架柱试件最终破坏形态

此外,由于配箍率、轴压比以及腐蚀程度的不同,各试件的破坏过程与特征呈现出一定的差异性,具体表现为:①对比轴压比及配箍率相同而腐蚀程度不同的试件 DZ-1~DZ-4,未腐蚀试件 DZ-1 的破坏模式是较为典型的弯剪型破坏,而经 480 次腐蚀循环试件 DZ-4 的破坏模式为剪切破坏特征更为明显的剪弯型破坏。②对比轴压比及腐蚀程度相同而配箍率不同的试件 DZ-4、DZ-7 和 DZ-8,可以发现配箍率较小的试件 DZ-8 底部塑性铰区“X”形剪切斜裂缝数量较少,但宽度较宽,破坏模式呈剪切破坏特征明显的剪弯型破坏。上述现象表明,随着腐蚀程度的增加及配箍率的减小,剪跨比为 2.5 的 RC 框架柱试件的破坏模式均由弯剪型破坏模式逐渐向剪弯型破坏模式转变。③对比配箍率及腐蚀程度相同而轴压比不同的试件 DZ-4、DZ-5 和 DZ-6 可以看出,轴压比较大的试件 DZ-6 剪切斜裂缝出现较晚且数量较少,表明轴压力能够延缓试件剪切开裂并抑制斜裂缝的发展。

4.3.3　滞回曲线

滞回曲线是指结构或构件在低周往复荷载作用下的荷载-位移曲线,可以反映结构或构件开裂、屈服、极限、破坏的受力全过程,是表征结构或构件抗震性能的重要指标。不同腐蚀程度和设计参数下各 RC 框架柱试件的滞回曲线如图 4.8 所示。

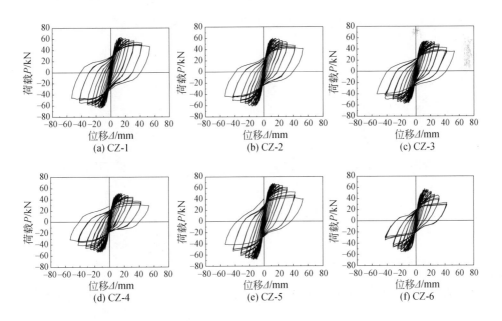

(a) CZ-1　　　　(b) CZ-2　　　　(c) CZ-3

(d) CZ-4　　　　(e) CZ-5　　　　(f) CZ-6

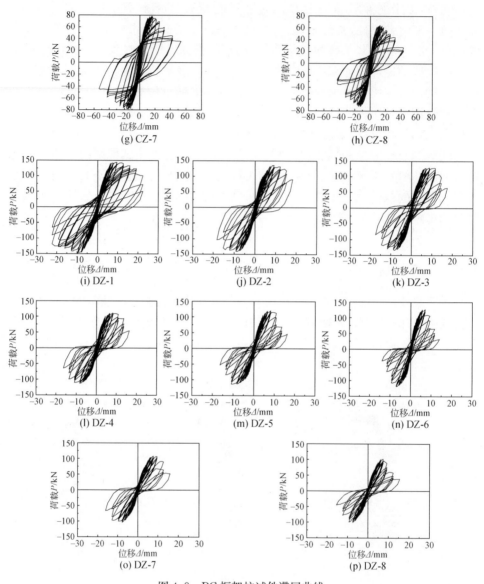

图 4.8　RC 框架柱试件滞回曲线

1. 剪跨比为 5 的 RC 框架柱试件滞回性能

剪跨比为 5 的 RC 框架柱试件的滞回曲线如图 4.8(a)～(h)所示。对比不同设计参数下各试件的滞回曲线可以看出,在整个加载过程中,各试件的滞回特性基本相同。试件屈服前,滞回曲线近似呈直线,加卸载刚度基本无退化,卸载后几乎无残余变形,滞回耗能较小;试件屈服后,随柱顶水平位移的增大,试件的加载刚度和卸载刚度逐渐减小,卸载后残余变形变大,滞回环面积亦增大,形状近似呈梭形,表明试件具有较好的耗能能力;达到峰值荷载后,随着柱顶水平位移的继续增大,试件加载刚度和卸载刚度退化更为明显,卸载后残余变形逐渐增大,但滞回环仍呈梭形,试件仍具有较好的耗能能力。

同时,由于腐蚀程度和轴压比的不同,各试件在加载过程中又表现出不同的滞回性能:相同轴压比下,随着腐蚀程度的增大,试件滞回曲线的饱满程度和滞回环面积逐渐减小;达到峰值荷载后,柱顶水平荷载的下降速率逐渐变快,最终破坏时柱顶水平位移逐渐减小。这表明,随着腐蚀程度的增大,试件的耗能能力和变形性能逐渐减小。此外,对比腐蚀程度相同而轴压比不同的试件可以看出,轴压比较小的试件滞回曲线相对丰满,耗能能力较好,达到峰值荷载后,柱顶水平荷载的下降速率较慢,滞回曲线形状相对稳定,最终破坏时柱顶水平位移相对较大,变形性能较好;而轴压比较大的试件滞回曲线相对狭窄,耗能能力较差,达到峰值荷载后,滞回曲线形状变化较大,柱顶水平荷载的下降速率较快,最终破坏时柱顶水平位移相对较小,变形性能较差,延性亦相对较差。这表明,腐蚀程度相同时,随轴压比的增大,试件的耗能和变形性能均逐渐变差。

2. 剪跨比为 2.5 的 RC 框架柱试件滞回性能

剪跨比为 2.5 的 RC 框架柱试件的滞回曲线如图 4.8(i)～(p)所示。可以看出,在加载初期,各试件的滞回曲线基本呈直线往复,刚度无明显退化,卸载后几乎无残余变形,耗能较少;随着往复荷载的增加,试件进入弹塑性工作阶段,各试件的滞回曲线由直线形转变为梭形,加载刚度和卸载刚度逐渐减小,卸载后残余变形增大,滞回环面积增大;峰值位移之后,各试件的滞回曲线出现明显的捏拢现象,滞回环形状向"Z"形发展,加载刚度和卸载刚度退化更加明显,滞回环包围的面积逐渐减小。

同时,由于腐蚀程度、配箍率以及轴压比的不同,各试件在加载过程中表现出不同的滞回性能:当轴压比及配箍率相同时,随着腐蚀程度的增大,各试件屈服平台逐渐变短,滞回环的丰满程度和面积逐渐减小,滞回环的捏拢现象更加明显,柱顶水平荷载下降速率逐渐加快,表明随着腐蚀程度的增大,试件的耗能能力和变形性能逐渐减小。当轴压比及腐蚀程度相同时,配箍率较高试件的屈服平台较长,滞回环包围的面积也相对较大,表明随着配箍率减小,试件的耗能和变形性能亦逐渐变差。当腐蚀程度及配箍率相同时,轴压比较小的试件,滞回曲线形状相对稳定,耗能能力较强,变形性能较好。

4.3.4　骨架曲线

剪跨比 λ 为 5 和 2.5 的 RC 框架柱试件骨架曲线如图 4.9 和图 4.10 所示。由于钢筋锈蚀的不均匀性,所得骨架曲线表现出较为明显的不对称性,因此取同一循环下正负方向荷载和位移的平均值得到试件的平均骨架曲线,并据此得到各试件骨架曲线的特征点,见表 4.7 和表 4.8。

1. 剪跨比为 5 的 RC 框架柱试件

由图 4.9(a)～(c)和表 4.7 可以看出,腐蚀后各试件的屈服荷载、峰值荷载和极限荷载均低于未腐蚀试件的,且随着腐蚀程度的增加,试件的各荷载特征值均呈降低趋势,其中腐蚀程度较大试件 CZ-4 的峰值荷载较未腐蚀试件 CZ-1 降低了约17.8%。水平荷载达到屈服荷载前,各试件的刚度相差不大;水平荷载超过屈服荷载后,腐蚀后各试件刚度及承载力显著退化;水平荷载超过峰值荷载后,随着腐蚀程度的增大,骨架曲线下降段逐渐变陡,试件的变形性能变差。

此外,由图 4.9(d)、(e)和表 4.7 可以看出,当腐蚀程度相同时,随着轴压比的增大,各试件的承载力以及初始刚度均有所增大,但骨架曲线的强化段变短,下降段变陡,试件的变形性能逐渐变差。

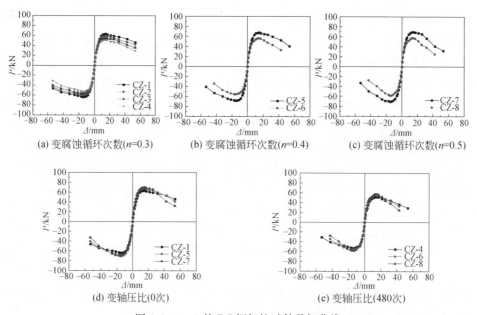

(a) 变腐蚀循环次数(n=0.3)　(b) 变腐蚀循环次数(n=0.4)　(c) 变腐蚀循环次数(n=0.5)

(d) 变轴压比(0次)　　　　　　(e) 变轴压比(480次)

图 4.9　λ=5 的 RC 框架柱试件骨架曲线

表 4.7　λ=5 的 RC 框架柱试件的骨架曲线特征点参数

试件	屈服点		峰值点		极限点		位移延性 系数 μ
	荷载/kN	位移/mm	荷载/kN	位移/mm	荷载/kN	位移/mm	
CZ-1	55.35	7.13	63.50	15.41	53.98	41.67	5.84
CZ-2	52.27	6.75	59.63	15.20	50.68	38.44	5.69
CZ-3	48.92	6.61	55.76	14.92	47.40	35.52	5.37
CZ-4	46.43	6.57	52.17	14.66	44.34	33.65	5.12
CZ-5	58.78	7.02	67.90	14.97	57.72	36.08	5.14
CZ-6	47.42	6.35	55.21	14.09	46.92	28.26	4.45
CZ-7	60.45	6.91	70.10	14.33	59.58	30.60	4.43
CZ-8	48.81	6.23	56.68	13.26	48.18	23.61	3.79

2. 剪跨比为 2.5 的 RC 框架柱试件

对比图 4.10(a)～(c) 和表 4.8 中各试件的骨架曲线可以发现,相同轴压比及配箍率下,腐蚀试件的骨架曲线基本被未腐蚀试件所包含,即腐蚀试件的屈服荷载、峰值荷载及极限荷载均低于未腐蚀试件的,且随着腐蚀程度的增大,腐蚀试件各荷载特征值逐渐降低;当柱顶水平位移小于屈服位移时,各试件的刚度相差不大;当水平位移超过屈服位移后,腐蚀后试件的刚度、承载力及平台段长度明显退化,且随着腐蚀程度的增大,其退化程度增大;水平位移超过峰值位移后,随着腐蚀程度的增加,试件骨架曲线的下降速率逐渐增加,表明试件的延性逐渐变差。

由图 4.10(d)～(f) 和表 4.8 可以看出,当轴压比及腐蚀程度相同时,配箍率较小试件的屈服荷载、峰值荷载及极限荷载均小于配箍率较大试件的,且随着配箍率的减小,各试件骨架曲线的平直段逐渐减小,下降段逐渐变陡。当腐蚀程度与配箍率相同时,轴压比较大试件各荷载特征值均大于轴压比较小试件,但其骨架曲线的平直段较短,下降段较陡,表明其变形性能较差。

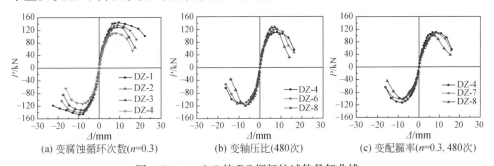

(a) 变腐蚀循环次数(n=0.3)　　(b) 变轴压比(480次)　　(c) 变配箍率(n=0.3,480次)

图 4.10　λ=2.5 的 RC 框架柱试件骨架曲线

表 4.8　λ＝2.5 框架柱试件的骨架曲线特征点参数

试件	屈服点		峰值点		极限点		位移延性系数 μ
	荷载/kN	位移/mm	荷载/kN	位移/mm	荷载/kN	位移/mm	
DZ-1	122.33	5.34	145.53	9.59	123.70	20.60	3.86
DZ-2	116.11	5.03	138.37	9.12	117.61	15.92	3.17
DZ-3	113.53	4.76	131.89	8.73	112.11	14.02	2.95
DZ-4	95.70	4.72	112.22	8.21	95.39	13.52	2.86
DZ-5	100.83	4.26	116.53	8.16	99.05	11.90	2.79
DZ-6	104.91	3.91	123.06	7.00	104.60	9.44	2.41
DZ-7	89.04	4.70	105.63	7.70	89.79	13.09	2.78
DZ-8	85.26	4.61	100.84	7.43	85.71	10.20	2.21

4.3.5　变形性能

RC 框架柱试件的变形性能可以通过屈服位移、峰值位移、极限位移及位移延性系数等指标进行衡量。其中,位移延性系数 μ 可以表示为

$$\mu = \frac{\Delta_u}{\Delta_y} \tag{4-1}$$

式中,Δ_u、Δ_y 分别为试件的极限位移和屈服位移,其中极限位移取平均骨架曲线上荷载值下降至峰值荷载 85% 时对应的柱顶水平位移,屈服位移按照 3.4.3 节所述的能量等效法确定。表 4.7、图 4.11 和表 4.8、图 4.12 给出了各试件在不同受力状态下的柱顶水平位移以及位移延性系数。

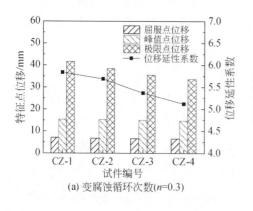

(a) 变腐蚀循环次数(n=0.3)

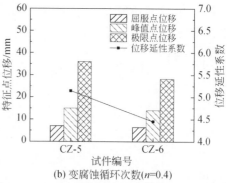

(b) 变腐蚀循环次数(n=0.4)

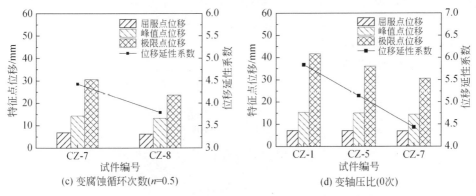

(c) 变腐蚀循环次数(n=0.5)　　　　　(d) 变轴压比(0次)

图 4.11　λ＝5 的 RC 框架柱试件变形性能特征点参数

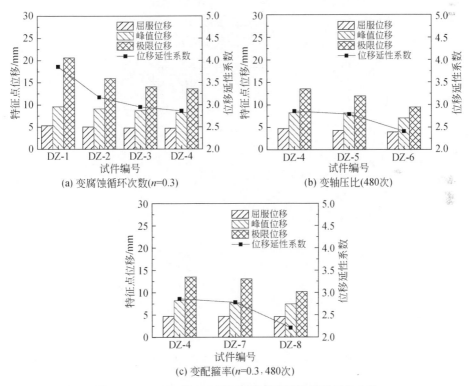

(a) 变腐蚀循环次数(n=0.3)　　　　　(b) 变轴压比(480次)

(c) 变配箍率(n=0.3,480次)

图 4.12　λ＝2.5 的 RC 框架柱试件变形性能特征点参数

　　由表 4.7 和图 4.11 可以看出,在相同的轴压比下,随着腐蚀程度的增加,试件的屈服位移、峰值位移、极限位移以及延性系数都呈降低趋势;对于经腐蚀循环240 次的试件 CZ-2,不同受力状态下的柱顶水平位移及位移延性系数相对未腐蚀试件 CZ-1 降低程度较小,而对于经腐蚀循环 480 次的试件 CZ-4,各受力状态下的位移及位移延性系数降低程度较大,其中极限位移已下降为未腐蚀试件 CZ-1 的 65.6%。对比腐蚀程度相同而轴压比不同的试件可以发现,随着轴压比的增大,试件在不同受力状态下的柱顶位移及位移延性系数亦呈降低趋势。

由表 4.8 和图 4.12 可以看出,随着腐蚀程度和轴压比的增加以及配箍率的减小,试件的屈服位移、峰值位移、极限位移以及位移延性系数均呈现降低趋势,其中轴压比为 0.5、配箍率为 0.471%、经腐蚀循环 480 次的试件 DZ-6 试件的极限位移已下降为未腐蚀试件 DZ-5 的 60%。

4.3.6　强度衰减

考虑到钢筋锈蚀不均匀引起的试件滞回曲线不对称性,强度衰减描述中取同一加载位移下正反向水平荷载平均值,给出强度衰减随加载循环次数的关系曲线,如图 4.13 和图 4.14 所示。其中,j 为加载级数,P_{ij} 为第 j 级加载级数下第 i 次循环的荷载峰值($i=1,2,3$),$P_{j\max}$ 为第 j 级加载循环级数下的最大荷载。

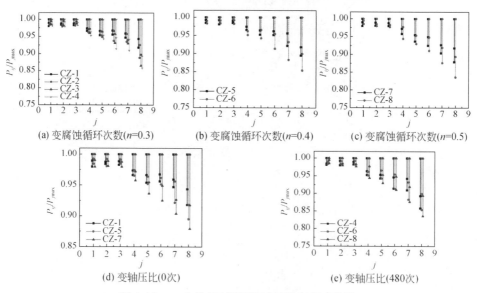

图 4.13　$\lambda=5$ 的 RC 框架柱试件强度衰减曲线

轴压比和配箍率相同而腐蚀程度不同时,与未腐蚀试件相比,峰值位移前,同一位移幅值下的三次循环加载中,腐蚀试件未见明显的强度衰减加快;峰值位移后,同一位移幅值下的三次循环加载中,腐蚀试件的强度衰减明显加快。这表明腐蚀程度对 RC 框架柱下降段强度衰减影响显著。

此外,腐蚀程度相同而轴压比和配箍率不同时,峰值位移前,各个试件同级强

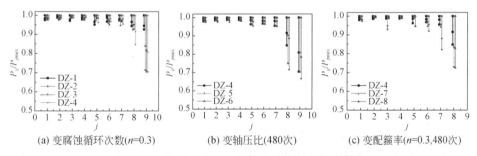

(a) 变腐蚀循环次数($n=0.3$)　　(b) 变轴压比(480次)　　(c) 变配箍率($n=0.3,480$次)

图 4.14　$\lambda = 2.5$ 的 RC 框架柱试件强度衰减曲线

度衰减相似;峰值位移之后,随着轴压比的增大和配箍率的减小,试件强度衰减幅度逐渐增大。

4.3.7　刚度退化

选取 RC 框架柱的等效刚度表征试件的刚度退化情况,其计算公式如下:

$$K_i = \frac{|+P_i|+|-P_i|}{|+\Delta_i|+|-\Delta_i|} \tag{4-2}$$

式中,K_i 为试件每级循环加载的等效刚度;P_i 为第 i 次加载的峰值荷载;Δ_i 为第 i 次加载峰值荷载对应的位移。

以各试件的加载位移为横坐标,每级循环加载的等效刚度为纵坐标,给出不同剪跨比下各 RC 框架柱试件的刚度退化曲线,如图 4.15 和图 4.16 所示。可以看出,不同设计参数下各 RC 框架柱试件的刚度退化曲线具有一定的相似性:加载初期,试件处于弹性工作阶段,刚度较大,之后随加载循环次数的增加迅速退化;超过屈服位移后,试件的刚度退化速率降低;达到峰值位移后,刚度退化速率趋于平缓,此时,试件裂缝已完全开展。此外,由于轴压比、配箍率及腐蚀程度的不同,各试件的刚度退化规律又表现出一定的差异性,分别介绍如下。

1. $\lambda = 5$ 的 RC 框架柱试件

由图 4.15 可以看出,当轴压比相同而腐蚀程度不同时,各试件的初始刚度相差不大,但随着加载位移的增大,腐蚀后试件的刚度退化速率较快,且随着腐蚀程度的增加,相同加载位移下各试件的刚度逐渐减小,表明腐蚀程度的增加会加剧 RC 框架柱的刚度退化。当腐蚀程度相同而轴压比不同时,轴压比较大试件的初始刚度较大,且刚度退化速率较快,表现为其刚度退化曲线与轴压比较小试件的刚度退化曲线出现交点。

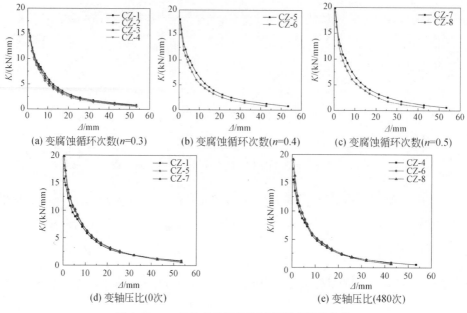

图 4.15　λ＝5 的 RC 框架柱试件刚度退化曲线

2. λ＝2.5 的 RC 框架柱试件

由图 4.16 可以看出,当轴压比和配箍率相同而腐蚀程度不同时,各试件的初始刚度相差不大,但随着柱顶水平位移的增加,腐蚀程度较大试件的刚度退化更加明显,且退化幅度随腐蚀程度的增加而增大。不同配箍率下,各试件的初始刚度相差不大,但当柱顶水平位移超过屈服位移后,配箍率较小的试件刚度退化速率更快,即相同加载位移下,配箍率较小的试件刚度明显小于配箍率较大试件的刚度。此外,腐蚀程度和配箍率相同时,轴压比较大的试件初始刚度较大,且刚度退化速率较快,表现为轴压比较大试件的刚度退化曲线与轴压比较小试件的刚度退化曲线出现交点。

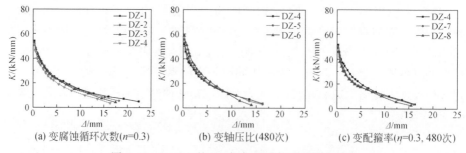

图 4.16　λ＝2.5 的 RC 框架柱试件刚度退化曲线

4.3.8　耗能能力

在对 RC 结构进行抗震设计时,要求该结构及其内部构件具有一定的耗能能力,以便其在遭遇地震作用时能够消耗地震能量,不至于立即破坏甚至倒塌。目前,国内外学者提出了多种评价结构或构件耗能能力的指标,如功比指数、能量耗散系数、等效黏滞阻尼系数以及累积耗能等。本节选取累积耗能为指标,以评价腐蚀 RC 框架柱在往复荷载作用下的耗能能力。

累积耗能为试件在加载过程中所累积的总能量值,可表示为 $E = \sum E_i$,其中 E_i 为每一次循环加载滞回环的面积。不同剪跨比下各试件累积耗能 E 与加载循环次数的关系曲线如图 4.17 和图 4.18 所示。

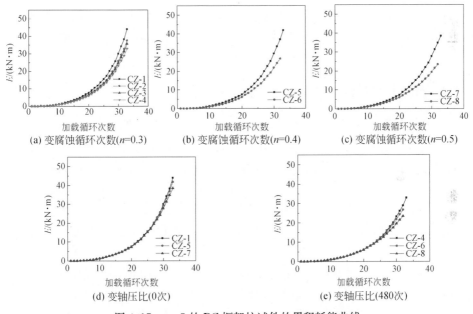

图 4.17　$\lambda = 5$ 的 RC 框架柱试件的累积耗能曲线

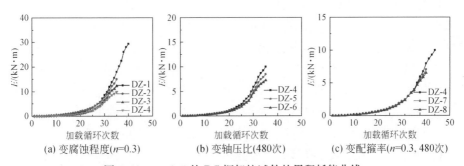

图 4.18　$\lambda = 2.5$ 的 RC 框架柱试件的累积耗能曲线

由图 4.17 和图 4.18 可以看出，腐蚀 RC 框架柱试件的累积耗能与加载循环次数、腐蚀程度、配箍率以及轴压比均有一定的相关性，具体表现为：随着加载循环次数的增加，各试件的累积耗能逐渐增大；轴压比和配箍率相同时，腐蚀试件的累积耗能总是小于未腐蚀试件的，且随着腐蚀程度的增加，累积耗能逐渐降低；腐蚀程度相同时，随着轴压比的增大和配箍率的减小，累积耗能亦逐渐降低。

4.4　腐蚀 RC 框架柱恢复力模型的建立

近年来，国内外学者基于大量试验研究结果提出了多种 RC 框架柱的恢复力模型[11,12]。然而，所建立的恢复力模型大都为 RC 框架柱柱顶水平位移与水平荷载之间的关系，难以与主流有限元分析软件结合进行 RC 结构地震反应分析。因此，有必要提出一种便于数值模型建立，并能考虑一般大气侵蚀作用影响的腐蚀 RC 框架柱恢复力模型，以期为一般大气环境下 RC 结构的抗震性能分析提供理论支持。

4.4.1　腐蚀 RC 框架柱恢复力模型建立思路

Haselton 等[13] 和 Lignos 等[14] 在研究 RC 框架结构的地震易损性时，采用了基于梁柱塑性铰区弯矩－转角恢复力模型的集中塑性铰模型，实现了 RC 框架柱恢复力模型在结构或构件数值分析中的应用。该模型仅需确定 RC 框架柱端部塑性铰区弯矩与转角间的关联关系，就能较准确地模拟框架柱构件的非线性行为，且能够在保证模拟精度的前提下，降低计算成本。鉴于此，本节拟建立一般大气环境下腐蚀 RC 框架柱塑性铰区弯矩－转角恢复力模型，以便将其代入梁柱单元的集中塑性铰模型中，实现结构数值建模与分析。

RC 框架柱集中塑性铰模型建立的基本思路如图 4.19 所示。在强烈地震作用下，RC 框架柱端部一定范围内的纵向钢筋屈服，混凝土压碎剥落，使得该范围内各截面的曲率显著增大，形成塑性铰；而柱中部截面仍处于线弹性工作状态。因此，可取框架节点至柱反弯点之间的柱段为研究对象，并按照该柱段的受力特点和简化需求，将其简化为弹性杆单元和位于柱端部的非线性转动弹簧单元，即该柱段的集中塑性铰模型，其力学模型示意如图 4.19(e) 所示。

需要指出的是：上述集中塑性铰模型中仅考虑了 RC 框架柱弯曲变形性能，而未考虑其剪切变形性能。既往研究表明，RC 框架柱在地震作用下将会发生弯曲型破坏、弯剪型破坏和剪切型破坏三种破坏模式。对于发生弯曲型破坏的 RC 框架柱，由于剪切变形在其整体变形中所占的比例较小，因此可以忽略剪切变形的影响。但是，对于弯剪型破坏柱和剪切型破坏柱，剪切变形在构件整体变形中所占的

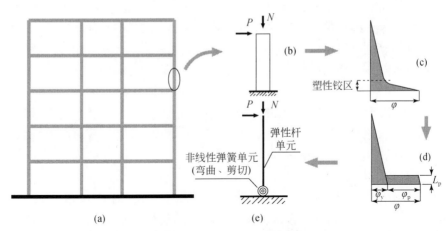

图 4.19　RC 框架柱集中塑性铰模型建立思路

比例已不能忽略,因此本节在建立 RC 框架柱塑性铰区弯矩—转角恢复力模型的同时,也建立了 RC 框架柱的剪切恢复力模型,并将其引入塑性铰模型的非线性弹簧单元中(图 4.19(e)),使其与弯曲弹簧单元串联,以考虑剪切变形对结构抗震性能的影响。现分别就腐蚀 RC 框架柱弯曲和剪切恢复力模型的建立方法予以叙述。

4.4.2　RC 框架柱的弯曲恢复力模型

建立恢复力模型的方法有理论方法和试验拟合方法等。对于未腐蚀 RC 框架柱,可以通过理论方法建立其柱底塑性铰区弯曲恢复力模型。但是,对于一般大气环境下的腐蚀 RC 框架柱,由于其塑性铰区抗弯性能的劣化不仅受钢筋截面面积减小和力学性能劣化的影响,还受到钢筋与混凝土间黏结性能退化、锈蚀箍筋约束作用减小等诸多因素的影响,通过理论方法建立其弯曲恢复力模型较为困难。而试验拟合方法能够在保证一定精度的条件下,综合考虑上述各因素对腐蚀 RC 框架柱抗震性能的影响。因此,本节首先通过理论方法建立了未腐蚀 RC 框架柱塑性铰区弯曲恢复力模型,进而根据前文腐蚀 RC 框架柱试验结果,拟合得到考虑一般大气环境侵蚀作用影响的骨架曲线特征点修正函数,并据此对未腐蚀 RC 框架柱的弯曲恢复力模型骨架曲线进行修正,得到腐蚀 RC 框架柱的弯曲恢复力模型。

1. 未腐蚀 RC 框架柱的弯曲恢复力模型

RC 框架柱集中塑性铰模型中的弯曲恢复力模型是描述柱端塑性铰区弯矩 M 与转角 θ 滞回关系的数学模型,主要包括骨架曲线和滞回规则两部分。由试验研究结果可知,RC 框架柱在加载过程中,其柱端塑性铰区的弯矩—转角滞回曲线大致呈梭形,无明显的捏拢现象,因此,本节采用修正 I-K 模型建立其恢复力模型。I-K 模型的骨架曲线是带有下降段的三折线,各转折点分别对应柱端塑性铰区弯矩转角关系的屈服点(M_y, θ_y)、峰值点(M_c, θ_c)以及极限点(M_u, θ_u),因此,仅需确定上述各特征点对应的弯矩 M 和转角 θ 就能够确定该弯曲恢复力模型的骨架曲线。根据基本力学原理可知,塑性铰区的转角 θ 等于该区段内截面曲率 φ 在塑性铰长度 L_p 上的积分,而弯矩 M 则近似等于柱端部截面的弯矩。因此,为确定弯曲恢复力模型的骨架曲线,需要确定 RC 框架柱塑性铰区长度 L_p 以及截面弯矩曲率关系中各特征点的弯矩 M 与曲率 φ。

1)塑性铰长度

对于塑性铰长度 L_p,目前国内外学者已经提出了多种计算方法[15,16]。其中,Paulay 和 Priestley 将塑性铰区的曲率分布模式简化为梯形(图 4.19(d)),并给出了塑性铰长度计算公式,由于该分布模式便于塑性区转角 θ 的计算,且塑性铰长度计算公式简便,因此,本节采用其塑性铰长度计算公式,即[16]

$$L_p = 0.08L + 0.022 f_y d_b \tag{4-3}$$

式中,L_p 为塑性铰长度;L 为构件高度,对于 RC 框架柱可取柱反弯点到柱端的距离;f_y 为纵筋屈服强度;d_b 为纵筋直径。

2)各特征点的弯矩与曲率

根据已有研究成果[17],本节分别取截面受拉区纵向钢筋应变达到屈服应变 ε_y、受压区非约束混凝土应变达到极限压应变 ε_{cu} 和受压区约束混凝土应变达到极限压应变 ε_{ccu} 时的曲率作为截面屈服曲率 φ_y、峰值曲率 φ_c 及极限曲率 φ_u。在此基础上,以截面曲率 φ 为未知量,结合平截面假定(几何关系)及钢筋、混凝土材料的单轴本构关系,可得到以曲率 φ 表示的截面轴力平衡方程,如式(4-4)所示。通过求解该平衡方程得到各特征点的曲率 φ,进而由式(4-5)得到各特征点所对应的弯矩 M。

$$N = \int_A \sigma_c(\varphi)\,dA + \sum_i^n \sigma_{si}(\varphi) A_{si} \tag{4-4}$$

$$M = \int_A \sigma_c(\varphi)\,y\,dA + \sum_i^n \sigma_{si}(\varphi) A_{si} y_i \tag{4-5}$$

式中,N 为截面上作用的轴向压力;A、A_{si} 分别为混凝土截面面积和纵筋截面面积;$\sigma_c(\varphi)$、$\sigma_{si}(\varphi)$ 分别为以曲率 φ 表示的混凝土应力和纵筋应力;y、y_i 分别为混凝土纤维和纵筋到截面形心轴的距离。

然而,由于钢筋、混凝土本构关系的非线性以及纵向钢筋布置的非确定性,使得由式(4-4)直接得到截面各特征曲率的解析解变得较为困难。因此,参考文献[18],编制了 MATLAB 程序,通过数值分析方法对各特征点弯矩曲率进行求解,具体求解步骤如图 4.20 所示。其中,混凝土本构关系采用 Mander 模型[19],且不考虑混凝土受拉作用;钢筋本构关系采用 Dhakal 模型[20],以考虑钢筋受压屈曲对截面力学性能的影响,其本构关系如图 4.21 所示。

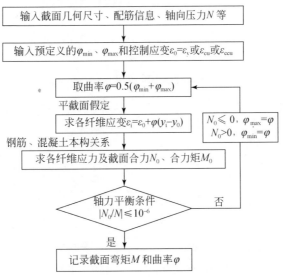

图 4.20　各特征点弯矩-曲率分析流程图

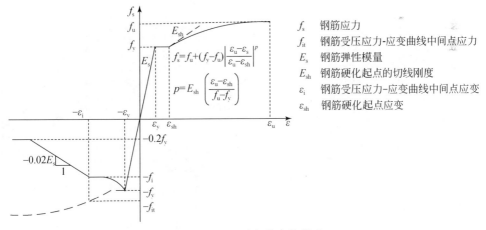

图 4.21　Dhakal 钢筋本构模型

3)骨架曲线各特征点计算

根据已确定的塑性铰长度 L_p 以及截面弯矩曲率关系中各特征点的弯矩 M 与曲率 φ,并近似取塑性铰区曲率分布模式为矩形,则可由式(4-6)、式(4-7)得到柱端塑性铰区弯曲恢复力模型骨架曲线中各特征点的弯矩 M 和转角 θ。

$$M_i = M_{\varphi i} \tag{4-6}$$

$$\theta_i = L_{pi}\varphi_i \tag{4-7}$$

式中，M_i、θ_i 分别为特征点 i 的柱端塑性铰区弯曲弯矩和转角；$M_{\varphi i}$、φ_i 分别为特征点 i 的弯矩和截面曲率；L_{pi} 为特征点 i 的塑性铰长度，由式(4-3)计算确定，当计算屈服转角时，由于柱端塑性区发展并不充分，因此，近似取 $L_{py} = 0.5L_p$。

4)滞回规则

对于未腐蚀 RC 框架柱，其弯曲恢复力模型的滞回规则控制参数循环退化速率 c 和累积转动能力 Λ 参考 Haselton 等[21]的建议，取 $c = 1.0$，且

$$\Lambda = 30 \times 0.3^n \times \theta_{cap,pl} \tag{4-8}$$

式中，n 为 RC 框架柱构件的轴压比；$\theta_{cap,pl}$ 为 RC 框架柱的塑性转动能力，其依据式(4-6)得到的峰值转角 θ_c 和屈服转角 θ_y 计算得到，公式为：$\theta_{cap,pl} = \theta_c - \theta_y$。

2. 腐蚀 RC 框架柱的弯曲恢复力模型

1)骨架曲线

依据剪跨比为 5 的 RC 框架柱试验中所测相关数据，计算得到不同受力状态下柱底部塑性铰区截面弯矩 M 与转角 θ，见表 4.9。其中，截面弯矩 M 和转角 θ 分别由式(4-9)和式(4-10)计算确定。

$$M = PL + N\Delta \tag{4-9}$$

$$\theta = (\delta_1 + \delta_2)/2h \tag{4-10}$$

式中，P 为柱顶水平荷载；N 为柱顶竖向荷载；L 为水平荷载 P 作用点到柱底的距离；Δ 为柱顶水平位移；h 为柱截面高度；δ_1 和 δ_2 为塑性铰区位移计读数，如图 4.22 所示。

表 4.9　剪跨比为 5 的 RC 框架柱塑性铰区受弯性能特征点参数

试件编号	屈服点		峰值点		极限点	
	荷载 M_y/(kN·m)	转角 θ_y/rad	荷载 M_c/(kN·m)	转角 θ_c/rad	荷载 M_u/(kN·m)	转角 θ_u/rad
CZ-1	58.30	7.93×10^{-3}	69.87	1.68×10^{-2}	71.20	4.46×10^{-2}
CZ-2	55.06	7.52×10^{-3}	65.91	1.61×10^{-2}	66.56	4.02×10^{-2}
CZ-3	51.65	7.22×10^{-3}	61.92	1.55×10^{-2}	62.08	3.60×10^{-2}
CZ-4	49.14	7.07×10^{-3}	58.23	1.48×10^{-2}	58.24	3.32×10^{-2}
CZ-5	62.65	7.68×10^{-3}	76.15	1.58×10^{-2}	77.59	3.66×10^{-2}
CZ-6	50.92	6.65×10^{-3}	62.97	1.37×10^{-2}	62.49	2.61×10^{-2}
CZ-7	65.21	7.36×10^{-3}	79.97	1.45×10^{-2}	80.65	2.94×10^{-2}
CZ-8	53.10	6.26×10^{-3}	65.81	1.23×10^{-2}	64.44	2.01×10^{-2}

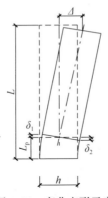

图 4.22　弯曲变形示意

　　由表 4.9 可以发现,轴压比 n 和纵向钢筋锈蚀率 η_s 均对腐蚀 RC 框架柱试件的弯曲性能产生不同程度的影响,因此选取轴压比和纵向钢筋锈蚀率为参数,对未腐蚀 RC 框架柱弯曲恢复力模型的骨架曲线各特征点进行修正,以得到腐蚀 RC 框架柱塑性铰区弯曲恢复力模型骨架曲线上的各特征点,其修正公式如下:

$$M_{di} = f_i(n, \eta_s) M_i \tag{4-11}$$

$$\theta_{di} = g_i(n, \eta_s) \theta_i \tag{4-12}$$

式中,M_{di}、θ_{di} 分别为考虑钢筋锈蚀影响的特征点 i 的柱端塑性铰区弯矩和转角;M_i、θ_i 分别为未腐蚀试件特征点 i 的柱端塑性铰区弯矩和转角;$f_i(n, \eta_s)$、$g_i(n, \eta_s)$ 分别为特征点 i 考虑钢筋锈蚀影响的弯曲承载力和转角修正函数。将相同轴压比下的 RC 框架柱试件各特征点弯矩和转角分别除以该轴压比下未腐蚀试件特征点的弯矩和转角得到相应的修正系数。分别以纵筋锈蚀率和轴压比为横坐标,以修正系数为纵坐标,得到各特征点修正函数 $f_i(n, \eta_s)$ 和 $g_i(n, \eta_s)$ 随纵筋锈蚀率和轴压比的变化规律如图 4.23~图 4.26 所示。

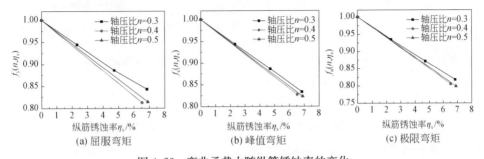

图 4.23　弯曲承载力随纵筋锈蚀率的变化

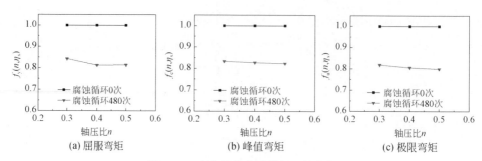

(a) 屈服弯矩　　　　　　(b) 峰值弯矩　　　　　　(c) 极限弯矩

图 4.24　弯曲承载力随轴压比的变化

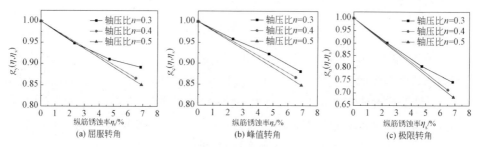

(a) 屈服转角　　　　　　(b) 峰值转角　　　　　　(c) 极限转角

图 4.25　弯曲变形性能随纵筋锈蚀率的变化

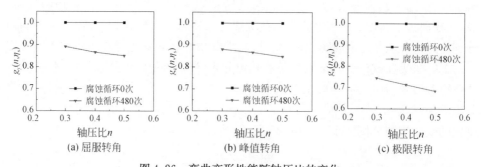

(a) 屈服转角　　　　　　(b) 峰值转角　　　　　　(c) 极限转角

图 4.26　弯曲变形性能随轴压比的变化

由图 4.23~图 4.26 可以看出,轴压比相同时,随着纵筋锈蚀率的增加,腐蚀试件各特征点的弯曲承载力修正函数 $f_i(n,\eta_s)$ 和转角修正函数 $g_i(n,\eta_s)$ 均呈下降趋势,且近似呈线性变化趋势;纵筋锈蚀程度相近时,随着轴压比的增加,屈服点、峰值点和极限点的弯曲承载力修正函数呈下降趋势,而各特征点转角修正函数也近似呈线性下降趋势。鉴于此,将弯曲承载力修正函数 $f_i(n,\eta_s)$ 和转角修正函数 $g_i(n,\eta_s)$ 假定为关于轴压比 n 及纵筋锈蚀率 η_s 的一次函数形式,同时考虑边界条件,得到修正函数的表达式如下:

$$f_i(n, \eta_s) = (an + b)\eta_s + 1 \tag{4-13}$$

$$g_i(n, \eta_s) = (an + b)\eta_s + 1 \tag{4-14}$$

式中，a、b 为拟合参数。通过 1stopt 软件对各特征点弯曲承载力和转角修正系数进行参数拟合，得到腐蚀 RC 框架柱塑性铰区弯曲恢复力模型骨架曲线中各特征点 i 的计算公式，见式(4-15)～式(4-17)。

屈服弯矩 M_{dy} 和屈服转角 θ_{dy}：

$$M_{dy} = [(-0.01814 - 0.01986n)\eta_s + 1]M_y \tag{4-15a}$$

$$\theta_{dy} = [(-0.01063 - 0.02277n)\eta_s + 1]\theta_y \tag{4-15b}$$

峰值弯矩 M_{dc} 和峰值转角 θ_{dc}：

$$M_{dc} = [(-0.02221 - 0.00791n)\eta_s + 1]M_c \tag{4-16a}$$

$$\theta_{dc} = [(-0.00986 - 0.02748n)\eta_s + 1]\theta_c \tag{4-16b}$$

极限弯矩 M_{du} 和极限转角 θ_{du}：

$$M_{du} = [(-0.02346 - 0.01254n)\eta_s + 1]M_u \tag{4-17a}$$

$$\theta_{du} = [(-0.02815 - 0.03646n)\eta_s + 1]\theta_u \tag{4-17b}$$

式中，n 为 RC 框架柱构件的轴压比；η_s 为 RC 框架柱纵向钢筋的锈蚀率；M_i、θ_i 分别为未腐蚀 RC 框架柱特征点 i 的柱端塑性铰区弯矩和转角，按式(4-6)和式(4-7)计算确定；M_{di}、θ_{di} 分别为考虑钢筋锈蚀影响的特征点 i 的柱端塑性铰区弯矩和转角。

2)滞回规则

与未腐蚀 RC 框架柱一致，本节基于修正 I-K 滞回模型建立一般大气环境下腐蚀 RC 框架柱的弯曲恢复力模型，该滞回模型通过循环退化速率 c 和累积转动能力 Λ 控制构件的强度衰减、卸载刚度退化等退化模式。对于腐蚀构件的循环退化速率 c，取其与未腐蚀构件一致，即 $c=1.0$；对于累积转动能力 Λ，虽然随着腐蚀程度的增加，构件的累积耗能能力发生不同程度劣化，但仍按未腐蚀构件计算公式(4-8)计算确定，其原因为：①构件的滞回耗能能力 E_t 为屈服弯矩 M_y 和累积转动能力 Λ 的乘积，根据式(4-15)可以看出，屈服弯矩 M_y 随着纵筋锈蚀程度增加而不断减小，从而滞回耗能能力 E_t 也不断减小；②累积转动能力 Λ 为塑性转动能力 $\theta_{cap,pl}$ 与参数 λ 的乘积，随着纵筋锈蚀程度的增加，塑性转动能力 $\theta_{cap,pl}$ 不断减小，同样反映了滞回耗能能力 E_t 随腐蚀程度增加而减小的规律。

4.4.3　RC 框架柱的剪切恢复力模型

1. 未腐蚀 RC 框架柱的剪切恢复力模型

弯剪型或剪切型破坏 RC 框架柱的最终破坏是由弯剪斜裂缝深入开展、箍筋受拉屈服、剪压区混凝土压碎剥落所导致的。此时，柱的非线性剪切变形已经充分发展,由此引起的变形在柱整体变形所占比例已不能忽略。因此,需要在 RC 框架柱的数值建模分析中考虑剪切变形的影响。

Elwood[22]建议的考虑剪切变形 RC 框架柱数值模型中,通过与弯曲变形串联的剪切弹簧单元模拟 RC 框架柱的非线性剪切变形,是目前国内外广泛使用的弯剪型破坏构件的宏观数值模型。借鉴 Elwood[22]建议的方法,将非线性剪切弹簧加入柱单元的集中塑性铰模型中,并与弯曲弹簧串联,以建立适用于弯剪型或剪切型破坏 RC 框架柱的集中塑性铰模型。

在上述分析模型中,需要确定剪切弹簧单元中的剪切恢复力模型以及剪切破坏判定准则。对于未腐蚀 RC 框架柱,已有大量学者对其剪切恢复力模型和剪切破坏准则开展了研究并取得了诸多成果[23,24]。因此,参考已有研究成果,基于 Hysteretic 模型建立未腐蚀 RC 框架柱的恢复力模型,并确定其剪切破坏判断准则。

1)骨架曲线

RC 框架柱在其发生剪切破坏之前,由于剪切斜裂缝的开展,其抗剪刚度明显降低;当剪力达到峰值剪力进入剪切破坏阶段后,其受剪承载力迅速退化。因此,将 RC 框架柱的剪切恢复力模型骨架曲线简化为带有下降段的三折线形式,如图 4.27 所示。对于未腐蚀 RC 框架柱,其开裂点、峰值点以及极限点的剪力和剪切变形,国内外学者已开展了大量研究,并取得了一定的成果。因此,参考已有研究成果[23,25],给出骨架曲线各特征点的剪力和剪切变形计算公式,见式(4-18)～式(4-22)。

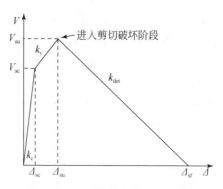

图 4.27　剪切恢复力模型骨架曲线

$$V_{sc} = v_b A_e + 0.167hN/a \tag{4-18a}$$

$$v_b = (0.067 + 10\rho_s)\sqrt{f_c} \leqslant 0.2\sqrt{f_c} \tag{4-18b}$$

$$\Delta_{sc} = 3V_{sc}L/E_c A_e \tag{4-19}$$

$$V_{su} = \frac{1.75}{\lambda+1}f_t bh_0 + \frac{A_{sv}f_{yv}h_0}{s} + 0.07N \tag{4-20}$$

$$\Delta_{\mathrm{su}} = \frac{V_{\mathrm{s}}L}{bh_0}\Big(\frac{1}{\rho_{\mathrm{sv}}E_{\mathrm{s}}} + \frac{4}{E_{\mathrm{s}}}\Big) \tag{4-21a}$$

$$V_{\mathrm{s}} = \frac{A_{\mathrm{sv}}f_{\mathrm{yv}}h_0}{s} \tag{4-21b}$$

$$\Delta_{\mathrm{sf}} = V_{\mathrm{su}}/k_{\mathrm{det}} + \Delta_{\mathrm{su}} \tag{4-22a}$$

$$k_{\mathrm{det}} = \Big(\frac{1}{k_{\mathrm{det}}^{\mathrm{t}}} - \frac{1}{k_{\mathrm{un\,load}}}\Big) - 1 \tag{4-22b}$$

$$k_{\mathrm{det}}^{\mathrm{t}} = -4.5N\Big(4.6\,\frac{A_{\mathrm{sv}}f_{\mathrm{sv}}h_0}{Ns} + 1\Big)^2/L \tag{4-22c}$$

式中，V_{sc}、V_{su} 分别为骨架曲线中的开裂剪力和峰值剪力；v_{b} 为混凝土的贡献；Δ_{sc}、Δ_{su}、Δ_{sf} 分别为开裂剪切变形、峰值剪切变形以及极限剪切变形；N 为柱轴向压力；b、h、h_0 分别为柱截面宽度、沿加载方向截面高度以及有效截面高度；a 为柱剪跨段长度，对于悬臂柱可取其柱高 L，对于框架柱可近似取柱高 L 的一半；A_{e}、A_{sv} 分别为柱截面有效面积、同一截面内全部箍筋的截面面积，取 $A_{\mathrm{e}} = 0.8A_{\mathrm{g}}$，$A_{\mathrm{g}}$ 为总截面面积；ρ_{s} 为纵向受拉钢筋配筋率；ρ_{sv}、s 分别为柱配箍率及箍筋间距；f_{c}、f_{t}、f_{yv} 分别为混凝土轴心抗压强度、抗拉强度及箍筋屈服强度，近似取 $f_{\mathrm{t}} = 0.1f_{\mathrm{c}}$；$E_{\mathrm{c}}$、$E_{\mathrm{s}}$ 分别为混凝土和箍筋的弹性模量；k_{det} 为剪切骨架曲线中的退化斜率（图 4.27）；$k_{\mathrm{det}}^{\mathrm{t}}$ 为试件整体骨架曲线的退化斜率；k_{unload} 为试件整体滞回曲线的卸载刚度，对于悬臂柱可取其初始弯曲刚度，即 $k_{\mathrm{unload}} = 3E_{\mathrm{c}}/L^3$，对于框架柱则取其抗侧刚度，即 $k_{\mathrm{unload}} = 12E_{\mathrm{c}}I/L^3$。

2）剪切破坏判定准则

随着往复荷载的不断增加，RC 框架柱的抗剪性能不断劣化，当构件位移达到某一幅值时，构件的抗剪能力低于其实际承受的剪力，构件随即发生剪切破坏。为准确捕捉 RC 框架柱剪切破坏点，采用 Elwood[22] 提出的剪切极限曲线作为 RC 框架柱剪切破坏的判定准则。该极限曲线反映了 RC 框架柱抗剪承载力 V 与柱顶水平位移 Δ 的关系，当柱顶水平位移达到某一幅值时，剪切极限曲线与未考虑抗剪性能影响时柱的骨架曲线相交（图 4.28），柱进入剪切破坏阶段，其受力性能由剪切恢复力模型主导。对于未腐蚀 RC 框架柱，剪切极限曲线由 Elwood 建议的式（4-23）确定。

$$\frac{\Delta}{L} = \frac{3}{100} + 4\rho_{\mathrm{sv}} - \frac{1}{40}\frac{v}{\sqrt{f_{\mathrm{c}}}} - \frac{1}{40}\frac{N}{A_{\mathrm{g}}f_{\mathrm{c}}} \tag{4-23}$$

式中，Δ 为柱顶水平位移；L 为构件高度，RC 框架柱取柱反弯点到柱底的距离；ρ_{sv} 为柱底塑性铰区配箍率；v 为名义剪应力，$v = V/bh$，其中 b、h 分别为柱截面宽度和高度，V 为柱顶水平位移 Δ 时柱抗剪承载力；f_{c} 为混凝土抗压强度；N 为柱顶轴力；A_{g} 为柱截面面积。

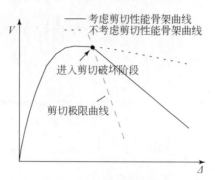

图 4.28　剪切极限曲线

需要指出的是,Elwood 建立的剪切极限曲线公式是基于 50 根弯剪型破坏柱试验结果经统计分析建立的经验公式,Setzler 等[26]采用 Elwood 等建议的剪切极限曲线公式对不同破坏模式的 RC 框架柱进行模拟,结果表明该公式对弯剪型破坏柱的模拟效果较好,但并不适用于弯曲型破坏柱。因此,在使用式(4-23)考虑柱剪切破坏影响时,应先判断柱的破坏模式。

Setzler 等[26]根据构件抗弯承载力和抗剪承载力的相对关系,将框架柱的破坏模式进行了分类,并指出:当 $V_n/V_{pc} > 1.05$ 时,构件基本发生弯曲型破坏,其中,V_n 与 V_{su} 一致,为构件的抗剪承载力,按式(4-20)计算;V_{pc} 为构件的抗弯承载力,按式(4-24)计算。因此,在对 RC 框架柱进行数值模拟时,首先根据 Setzler 等建议的分类方法,判断构件的破坏模式,进而对弯剪型破坏或剪切型破坏 RC 框架柱采用式(4-23)捕捉剪切破坏点,而对于弯曲型破坏柱则认为剪切破坏不会发生,不捕捉其剪切破坏点。

$$V_{pc} = (M_{pc} - N\theta_{pc}L)/L \tag{4-24}$$

式中,M_{pc}、θ_{pc} 分别为柱端塑性铰的峰值弯矩和峰值转角,由式(4-16)计算确定。

2. 滞回规则

滞回规则控制参数为:基于延性的强度衰减控制参数 \$Damage1、基于能量耗散的强度衰减控制参数 \$Damage2、卸载刚度退化控制参数 β、变形捏拢参数 p_x 以及力捏拢参数 p_y,现分别对上述各滞回特性的控制规则予以叙述。

1)强度衰减

该模型中的强度衰减特性可以通过基于延性和基于能量耗散的两种模式分别予以考虑。其中,基于延性的强度衰减模式通过参数 \$Damage1 按式(4-25a)计算确定;基于能量耗散的强度衰减模式通过参数 \$Damage2 按式(4-25b)计算确定。

$$F_i = \$\,\text{Damage1} \cdot mu^{-1} \cdot F_{i-1} \tag{4-25a}$$

$$F_i = \$\,\text{Damage2} \cdot \frac{E_{i-1}}{E_{ult}} \cdot F_{i-1} \tag{4-25b}$$

式中，F_i、F_{i-1} 分别为第 i、$i-1$ 个循环下的强度；\$Damage1、\$Damage2 分别为基于延性和基于能量耗散的强度衰减控制参数；$\mathrm{mu}=\gamma_i/\gamma_y$ 为最大剪切变形与屈服剪切变形之比，其中 γ_i 为第 i 个加载循环下的最大剪切变形，γ_y 为构件的屈服剪切变形，其示意图如图 4.29 所示；E_{i-1} 为第 $i-1$ 个循环下的滞回耗能；E_{ult} 为总耗能能力，可由骨架曲线包围的面积确定。

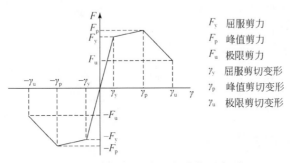

图 4.29　滞回模型的骨架曲线示意图

2）卸载刚度退化

该模型中的卸载刚度退化特性可以通过参数 β 控制，具体控制规则按式（4-26）计算确定，其中：K_i、K_e 分别为第 i 个循环下的卸载刚度和初始刚度。

$$K_i = K_e \cdot \mathrm{mu}^{-\beta} \tag{4-26}$$

3）捏拢效应

该模型通过参数 p_x 和 p_y 控制试件加载过程的捏拢效应，其示意如图 4.30 所示。其中，p_x 为变形捏拢参数，用以控制再加载曲线拐点的横坐标，按式（4-27）计算确定；p_y 为力捏拢参数，用以控制再加载曲线拐点的纵坐标按式（4-28）计算确定。

$$F_L = p_y F_{\mathrm{pi}} \tag{4-27}$$
$$\gamma_L = p_x(\gamma_N - \gamma_Q) + \gamma_Q \tag{4-28}$$

式中，F_L 为拐点剪力；F_{pi} 为第 i 个循环下目标点剪力；γ_L 为拐点剪切变形；γ_N 为卸载曲线与过拐点且平行于 x 轴的水平线的交点的剪切变形；γ_Q 为卸载曲线延长线与过拐点且平行于 x 轴的水平线的交点的剪切变形。

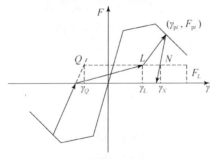

图 4.30　滞回模型捏拢效应示意图

Elwood[22]将所建立的剪切极限曲线引入到有限元分析软件 OpenSees 中,开发了极限状态材料模型(limit state material),该模型在骨架曲线及滞回规则等均与 Hysteretic 模型相同,唯一不同之处是在 Hysteretic 模型的基础上,加入了考虑剪切破坏准则的剪切极限曲线(shear limit curve),以捕捉剪切破坏点。采用该模型模拟剪切型和弯剪型破坏 RC 框架柱的剪切变形分量;而对弯曲型破坏柱,则直接采用 Hysteretic 模型,使其在捕捉弯曲破坏点的同时近似考虑剪切变形分量,即不捕捉其剪切破坏点。

极限状态材料模型和 Hysteretic 模型具有相同的滞回规则,Jeon 等[27]通过对试验数据进行统计分析,给出了通过极限状态材料模型模拟剪切变形时的捏拢效应控制参数取值:$p_x = 0.40$;$p_y = 0.35$。对于强度衰减和刚度退化控制参数,则取 \$damag1=0.0、\$damag2=0.2、\$beta=0.5,以考虑往复加载过程中剪切滞回曲线的强度衰减和刚度退化特性。

3. 腐蚀 RC 框架柱的剪切恢复力模型

1)骨架曲线

RC 框架柱抗剪性能主要受剪压区混凝土以及与斜裂缝相交的箍筋抗剪性能的影响。一般大气环境下 RC 框架柱中钢筋受酸雨和空气中 CO_2 等侵蚀作用的影响,发生锈蚀。一方面,钢筋锈蚀导致保护层混凝土胀裂、剥落,减小了剪压区混凝土面积,剪压区混凝土抗剪性能劣化;另一方面,锈蚀削弱了箍筋有效截面面积,箍筋的抗剪性能发生劣化。因此,在建立一般大气环境下腐蚀 RC 框架柱剪切恢复力模型时,应考虑上述因素的影响。然而,式(4-18)~式(4-22)给出的未腐蚀 RC 框架柱剪切恢复力模型骨架曲线各特征点的计算公式中,采用柱截面有效面积 A_e 作为其计算参数,忽略了保护层混凝土对柱斜截面抗剪性能的贡献,鉴于此,对式(4-18)~式(4-22)进行修正,以考虑箍筋锈蚀对柱斜截面抗剪性能的影响,进而建立腐蚀 RC 框架柱剪切恢复力模型的骨架曲线。

文献[28]指出,锈蚀后钢筋的实际屈服强度并未改变,其力学性能的退化主要是由钢筋锈蚀后截面面积损失而引起的。因此,在考虑箍筋锈蚀对柱斜截面抗剪性能的影响时,锈蚀箍筋屈服强度的取值与未锈蚀箍筋相同,主要通过箍筋截面面积削弱来考虑钢筋锈蚀对 RC 框架柱抗剪性能的影响。RC 框架柱同一截面内全部箍筋有效截面面积 A_{sv}^* 及有效配箍率 ρ_{sv}^* 按式(4-30)和式(4-31)计算确定。

$$A_{sv1}^* = (1 - \eta_{sv}) A_{sv1} \tag{4-29}$$

$$A_{sv}^* = \eta_{sv1} A_{sv1} + \eta_{sv2} A_{sv1}^* \tag{4-30}$$

$$\rho_{sv}^* = A_{sv}^* / (bs) \tag{4-31}$$

式中,A_{sv1}、A_{sv1}^* 分别为未锈蚀和锈蚀单根箍筋截面面积;η_{sv} 为箍筋以质量表示的平均锈蚀率；η_{sv1}、η_{sv2} 分别为同一截面内未锈蚀箍筋肢数以及锈蚀钢箍筋肢数。

将所得的 A_{sv1}^*、ρ_{sv1}^* 代入式(4-18)~式(4-22)并替换公式中的 A_{sv} 及 ρ_{sv}，得到考虑箍筋锈蚀的 RC 框架柱剪切恢复力模型的骨架曲线特征点参数。采用式(4-18b)计算剪切开裂位移时，ρ_s 取考虑纵筋锈蚀后的有效配筋率 $\rho_s^* = (1-\eta_s^*)A_s/(bh_0)$，$\eta_s^*$ 为纵筋以质量表示的平均锈蚀率。其原因为：锈蚀后受拉纵筋截面面积减小，导致腐蚀 RC 框架柱水平裂缝加宽，进而较早发展为斜截面剪切斜裂缝。

2)滞回规则

关于腐蚀 RC 框架柱滞回规则控制参数的取值，国内外相关研究成果较少，近似将其取为与未腐蚀 RC 框架柱相同，即取 $p_x = 0.40$、$p_y = 0.35$、\$damag1=0.0、\$damag2=0.2、\$beta=0.5。基于以上滞回规则的模拟结果与试验结果的对比表明，以上参数取值基本合理。

4.4.4　恢复力模型验证

通过 OpenSees 有限元分析软件，按照图 4.19(e)所示的简化力学模型，建立腐蚀 RC 框架柱考虑剪切性能的集中塑性铰模型。其中，上部弹性杆单元通过弹性梁柱单元模拟，相关输入参数通过构件尺寸及材料力学参数得到，此处不再赘述；下部非线性弹簧单元通过零长度单元模拟，并通过修正 I-K 模型和极限状态材料或 Hysteretic 模型分别模拟柱底部塑性铰区弯曲变形性能及柱的剪切变形性能。

采用所建立的恢复力模型，对 RC 框架柱进行数值建模，进而对其进行数值模拟分析，其模拟结果与试验结果的对比如图 4.31 和图 4.32 所示。

由图 4.31 可以看出：对于剪跨比为 5 的长柱试件，采用所建立的腐蚀 RC 框架柱恢复力模型，模拟所得各试件滞回曲线的骨架曲线与试验结果吻合较好，而再加载段曲线与试验结果相比，误差略大。这是由模拟柱底部塑性铰区弯曲变形性能滞回模型的滞回特性所决定的，所建模型的加载曲线为具有峰值指向性特点的直线，而试验所得各试件的再加载曲线则为较为丰满的曲线。

由图 4.32 可以看出：对于剪跨比为 2.5 的短柱试件，采用所建立的腐蚀 RC 框架柱恢复力模型模拟所得各试件滞回曲线的骨架曲线和卸载刚度与试验结果吻合较好，且能够较准确地捕捉各试件的弯剪破坏点并反映其滞回曲线的捏拢特性。

综上所述，建立的腐蚀 RC 框架柱的弯曲与剪切恢复力模型能够较好地模拟一般大气环境下腐蚀 RC 框架柱的力学性能和抗震性能。

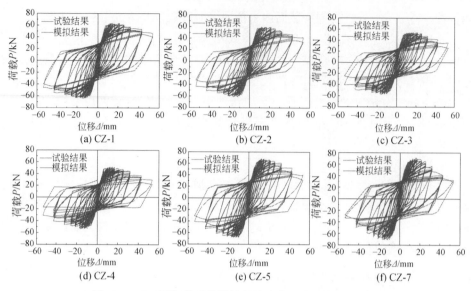

图 4.31　RC 框架柱试件模拟与试验滞回曲线对比(λ＝5)

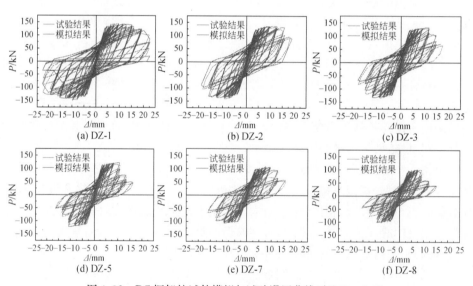

图 4.32　RC 框架柱试件模拟与试验滞回曲线对比(λ＝2.5)

4.5　本章小结

　　为研究一般大气环境下腐蚀 RC 框架柱抗震性能的劣化规律,采用人工气候加速腐蚀技术分别对 8 榀剪跨比为 5 和 8 榀剪跨比为 2.5 的 RC 框架柱试件进行了腐蚀试验,进而对其进行了拟静力加载试验,揭示并表征了腐蚀程度、轴压比和配箍率变化对 RC 框架柱试件破坏形态及各抗震性能指标的影响规律,还结合试验研究结果和理论分析建立了腐蚀 RC 框架柱的弯曲和剪切恢复力模型。主要成果与结论如下。

(1)一般大气环境下腐蚀 RC 框架柱的破坏形态将会发生变化,主要表现为:对于剪跨比为 5 的 RC 框架柱试件,随着腐蚀程度的增加,柱底部水平裂缝的数量减少,水平裂缝之间的间距增大,裂缝宽度亦增大,但其破坏模式仍为典型的弯曲型破坏;对于剪跨比为 2.5 的 RC 框架柱试件,未腐蚀试件的破坏模式是较为典型的弯剪型破坏,随着腐蚀程度的增加,试件的破坏模式由弯剪型破坏逐渐向剪切破坏特征更加明显的剪弯型破坏转变。

(2)对于剪跨比为 5 的腐蚀 RC 框架柱试件,轴压比相同时,随着腐蚀程度的增加,各试件的承载能力、变形性能和耗能能力均呈现出不同程度的退化,刚度退化速率不断加快;腐蚀程度相同时,随着轴压比的增加,试件的承载力呈增大趋势,而变形性能和耗能能力则逐渐减小;此外,随着轴压比增大,腐蚀 RC 框架柱的强度衰减和刚度退化速率不断加快。

(3)对于剪跨比为 2.5 的腐蚀 RC 框架柱试件,轴压比相同时,随着腐蚀程度的增加及配箍率的减小,试件的承载能力、变形性能和耗能能力均不断降低,强度衰减和刚度退化速率不断加快;腐蚀程度和配箍率相同时,随着轴压比的增大,试件的承载能力提高,但刚度退化速率加快,变形性能和耗能能力不断减小。

(4)基于试验结果建立了一般大气环境下腐蚀 RC 框架柱弯曲和剪切恢复力模型。采用所建立的恢复力模型,基于 OpenSees 有限元分析软件,对 RC 框架柱试件进行了数值建模分析,模拟所得各试件的滞回曲线与试验结果符合较好,表明所建恢复力模型能够较准确地反映一般大气环境下腐蚀 RC 框架柱的力学性能和抗震性能,可用于一般大气环境下在役 RC 结构的抗震性能分析与评估。

参 考 文 献

[1] Lynn A C, Moehle J P, Mahin S A, et al. Seismic evaluation of existing reinforced concrete building columns[J]. Earthquake Spectra, 1996, 12(4): 715-739.

[2] 路湛沁, 陈家夔, 崔锦, 等. 钢筋混凝土框架柱在低周反复荷载作用下的抗弯强度及延性[J]. 西南交通大学学报, 1987, (1): 5-15.

[3] 徐贱云, 吴健生, 铃木计夫. 多次循环荷载作用下钢筋混凝土柱的性能[J]. 土木工程学报, 1991, (3): 57-70.

[4] 管品武. 钢筋混凝土框架柱塑性铰区抗剪承载力试验研究及机理分析[D]. 长沙: 湖南大学, 2000.

[5] 马颖. 钢筋混凝土柱地震破坏方式及性能研究[D]. 大连: 大连理工大学, 2012.

[6] 中华人民共和国住房和城乡建设部. 建筑抗震试验规程(JGJ/T 101—2015)[S]. 北京：中国建筑工业出版社，2015.

[7] 中华人民共和国住房和城乡建设部. 混凝土结构设计规范(2016 年版)(GB 50010—2010)[S]. 北京：中国建筑工业出版社，2016.

[8] 中华人民共和国住房和城乡建设部,中华人民共和国国家质量监督检验检疫总局. 建筑抗震设计规范(2016 年版)(GB 50011—2010) [S]. 北京：中国建筑工业出版社，2016.

[9] 中华人民共和国国家质量监督检验检疫总局,中国国家标准化管理委员会. 金属材料 拉伸试验 第 1 部分:室温试验方法(GB/T 228.1—2010)[S]. 北京:中国标准出版社,2010.

[10] 袁迎曙，章鑫森，姬永生. 人工气候与恒电流通电法加速锈蚀钢筋混凝土梁的结构性能比较研究[J]. 土木工程学报，2006，39(3)：42-46.

[11] 郭子雄，吕西林. 高轴压比框架柱恢复力模型试验研究[J]. 土木工程学报，2004，37(5)：32-38.

[12] Zhang L X, Wu P C, Ni G H. Study on moment-curvature hysteretic model of steel reinforced concrete column[J]. Advanced Materials Research，2011，250：2749-2753.

[13] Haselton C B, Deierlein G G. Assessing seismic collapse safety of modern reinforced concrete frame buildings [R] . Berkeley：Pacific Earthquake Engineering Research Center，2007.

[14] Lignos D G, Krawinkler H. Development and utilization of structural component databases for performance-based earthquake engineering[J]. Journal of Structural Engineering，2013，139(8)：1382-1394.

[15] 艾庆华，王东升，李宏男，等. 基于塑性铰模型的钢筋混凝土桥墩地震损伤评价[J]. 工程力学，2009，26(4)：158-166.

[16] Paulay T, Priestley M J N. Seismic Design of Reinforced Concrete and Masonry Buildings [M]. New York：Wiley，1992.

[17] 梁兴文，赵花静，邓明科. 考虑边缘约束构件影响的高强混凝土剪力墙弯矩-曲率骨架曲线参数研究[J]. 建筑结构学报，2009，(s2)：62-67.

[18] 周基岳，刘南科. 钢筋混凝土框架非线性分析中的截面弯矩-曲率关系[J]. 土木建筑与环境工程，1984，(2)：23-38.

[19] Mander J B, Priestley M J N, Park R. Theoretical stress-strain model for confined concrete [J]. Journal of Structural Engineering，1988，114(8)：1804-1826.

[20] Maekawa K, Dhakal R P. Modeling for postyield buckling of reinforcement[J]. Journal of Structural Engineering，2002，128(9)：1139-1147.

[21] Haselton C B, Liel A B, Taylor L S, et al. Beam-column element model calibrated for predicting flexural response leading to global collapse of RC frame buildings[R].Berkeley：Pacific Earthquake Engineering Research Center，2008.

[22] Elwood K J. Modelling failures in existing reinforced concrete columns[J]. Canadian Journal of Civil Engineering，2004，31(5)：846-859.

[23] 蔡茂，顾祥林，华晶晶，等. 考虑剪切作用的钢筋混凝土柱地震反应分析[J]. 建筑结构学

报，2011，32(11)：97-108.

[24] Leborgne M R. Modeling the post shear failure behavior of reinforced concrete columns [D]. Austin：University of Texas at Austin，2012.

[25] Majid B S. Collapse assessment of concrete buildings：An application to non-ductile reinforced concrete moment frames[D]. Vancouver：The University of British Columbia，2013.

[26] Setzler E J，Sezen H. Model for the lateral behavior of reinforced concrete columns including shear deformations[J]. Earthquake Spectra，2008，24(2)：493-511.

[27] Jeon J S，Lowes L N，Desroches R，et al. Fragility curves for non-ductile reinforced concrete frames that exhibit different component response mechanisms[J]. Engineering Structures，2015，85：127-143.

[28] 孙维章，梁宋湘，罗建群. 锈蚀钢筋剩余承载能力的研究[J]. 水利水运工程学报，1993，(2)：169-179.

第5章 腐蚀 RC 框架节点抗震性能试验研究

5.1 引　言

RC 框架节点是框架梁、柱的传力枢纽,在地震荷载作用下,节点的失效意味着与之相连的梁、柱同时失效。国内外学者基于试验研究和理论分析方法就未腐蚀 RC 框架节点的受力性能与抗震性能进行了大量研究,并取得了丰硕成果[1-10]。然而,已有研究表明[11-19],节点钢筋锈蚀将引发钢筋与混凝土间黏结性能退化及构件有效截面削弱,从而导致结构整体抗震性能退化,若继续采用基于未腐蚀构件提出的抗震性能评估方法,则将高估在役 RC 构件与结构的抗震能力。处于一般大气环境中的节点在环境中 CO_2、SO_4^{2-}、NO_3^- 等腐蚀介质的长期侵蚀作用下,混凝土将发生中性化转变进而诱发内部钢筋锈蚀,致使 RC 框架节点力学性能和抗震性能发生不同程度的退化,严重影响在役 RC 结构的抗震性能。为满足结构全寿命设计对结构性能退化分析的需求,有必要对一般大气环境下腐蚀 RC 框架节点的抗震性能进行深入系统的研究。

鉴于此,本章采用人工气候加速腐蚀技术模拟一般大气侵蚀环境,对 18 榀 RC 框架节点进行加速腐蚀试验,继而进行拟静力加载试验,系统地研究一般大气环境下腐蚀循环次数、轴压比和腐蚀溶液中 SO_4^{2-} 浓度变化对 RC 框架节点破坏形态及抗震性能的影响规律,并通过对试验研究结果进行回归分析,建立了一般大气环境下可反映捏拢效应、强度衰减和刚度退化的腐蚀 RC 框架节点的剪切恢复力模型。研究成果将为一般大气环境下在役 RC 建筑结构的抗震性能分析与评估提供理论支撑。

5.2 试验内容及过程

5.2.1 试件设计

取上下柱及左右梁反弯点间的梁柱组合体为对象(图 5.1),以腐蚀循环次数和轴压比为变化参数,设计制作 18 榀锈蚀 RC 框架节点试件,以研究揭示一般大气环境下其力学与抗震性能劣化规律。参考《建筑抗震试验规程》(JGJ/T 101—

2015)[20]、《混凝土结构设计规范(2016 年版)》(GB 50010—2010)[21]、《建筑抗震设计规范(2016 年版)》(GB 50011—2010)[22],以"强构件、弱节点"作为设计原则,设计不同参数节点试件,以保证加载过程中节点核心区首先破坏。各试件设计参数如下:梁截面尺寸为 150mm×250mm,柱截面尺寸为 200mm×200mm,混凝土保护层厚度为 10mm,设计混凝土强度等级均为 C40,梁柱构件纵筋均采用HRB335,箍筋均采用 HPB300。试件详细尺寸和截面配筋形式如图 5.2 所示,具体设计参数见表 5.1。

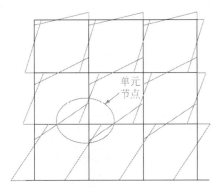

图 5.1　RC 框架结构节点组合体试验单元

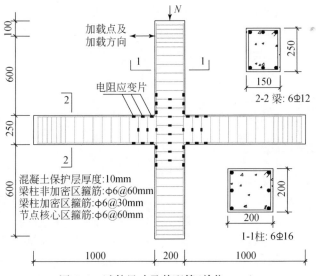

图 5.2　试件尺寸及其配筋(单位:mm)

表 5.1　RC 框架节点试件核心区设计参数

试件编号	轴压比 $N/f_cb_ch_c$	节点核心区配箍形式及实际配箍特征值		剪压比 $V_{jh}/f_cb_jh_j$	腐蚀环境		腐蚀循环次数
		配箍形式	$\rho_{sv}f_{yv}/f_c$		pH	SO_4^{2-} 浓度 /(mol/L)	
JD-1	0.2	Φ6@60	0.116	0.226	—	—	0
JD-2	0.2	Φ6@60	0.116	0.226	3.0	0.06	120
JD-3	0.2	Φ6@60	0.116	0.226	3.0	0.06	180
JD-4	0.2	Φ6@60	0.116	0.226	3.0	0.06	240
JD-5	0.2	Φ6@60	0.116	0.226	3.0	0.06	360
JD-6	0.2	Φ6@60	0.116	0.226	3.0	0.06	480
JD-7	0.05	Φ6@60	0.116	0.226	—	—	0
JD-8	0.05	Φ6@60	0.116	0.226	3.0	0.06	120
JD-9	0.05	Φ6@60	0.116	0.226	3.0	0.06	240
JD-10	0.05	Φ6@60	0.116	0.226	3.0	0.06	360
JD-11	0.05	Φ6@60	0.116	0.226	3.0	0.06	480
JD-12	0.35	Φ6@60	0.116	0.226	—	—	0
JD-13	0.35	Φ6@60	0.116	0.226	3.0	0.06	120
JD-14	0.35	Φ6@60	0.116	0.226	3.0	0.06	240
JD-15	0.35	Φ6@60	0.116	0.226	3.0	0.06	360
JD-16	0.35	Φ6@60	0.116	0.226	3.0	0.06	480
JD-17	0.2	Φ6@60	0.116	0.226	3.0	0.002	360
JD-18	0.2	Φ6@60	0.116	0.226	3.0	0.01	360

5.2.2　材料力学性能

　　试验中各试件的混凝土设计强度等级为 C40,采用 P. O 42.5R 水泥配制。试件浇筑的同时,浇筑尺寸为 150mm×150mm×150mm 的标准立方体试块,用于量测混凝土 28d 的抗压强度。根据标准立方体试块的材性试验和相应的计算公式,得到混凝土的力学性能如表 5.2 所示。此外,按照《金属材料 拉伸试验 第 1 部分:室温试验》(GB/T 228.1—2010)[23]测得试件中钢筋的力学性能参数如表 5.3 所示。基于上述材料力学性能试验结果,计算得出各试件节点核心区的配箍特征值以及剪压比参数如表 5.1 所示。

表 5.2　混凝土材料力学性能参数

混凝土设计强度 等级	立方体抗压强度 平均值 f_{cu}/MPa	轴心抗压强度 平均值 f_c/MPa	弹性模量 E_c/MPa
C40	55.08	41.86	3.25×10^4

表 5.3　钢筋材料力学性能参数

钢种	钢筋直径 /mm	屈服强度 f_y/MPa	极限强度 f_u/MPa	弹性模量 E_s/MPa
HPB300	$\phi 6$	300	470	2.1×10^5
HRB335	$\Phi 12$	409	494	2.0×10^5
HRB335	$\Phi 16$	375	504	2.0×10^5

5.2.3　加速腐蚀试验方案

对于 RC 框架节点试件,采用人工气候模拟技术模拟一般大气环境对其进行加速腐蚀试验,并通过腐蚀循环次数控制各试件的腐蚀程度,各试件的设计腐蚀循环次数见表 5.1。对于人工气候实验室的参数设定,已在 2.2.2 节进行了详细介绍,此处不再赘述。需要指出的是,为研究侵蚀介质浓度变化对试件腐蚀效果的影响,设计了以 SO_4^{2-} 浓度为 0.002mol/L 和 0.01mol/L 的溶液作为侵蚀介质的对比试件,即表 5.1 中的试件 JD-17 和 JD-18。各试件的加速腐蚀试验现场如图 5.3 所示。

图 5.3　RC 框架节点试件加速腐蚀试验现场

5.2.4　拟静力加载及量测方案

1. 试验加载装置和方案

加速腐蚀试验完成后,将各腐蚀 RC 框架节点试件从人工气候实验室取出,对其进行拟静力加载试验。节点试件通过空间球铰和梁端支撑链杆固定于地面,竖向恒定荷载通过 100t 液压千斤顶施加,水平往复荷载通过固定于反力墙上的 500kN 电液伺服作动器施加于柱上端,并通过荷载、位移传感器控制水平推拉荷载和位移,整个加载过程由 MTS 电液伺服试验系统控制。试验加载装置如图 5.4 所示。

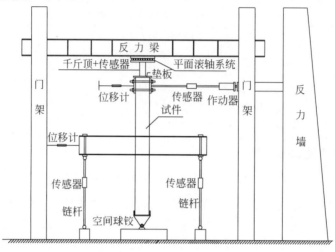

图 5.4　试验加载装置

参考《建筑抗震试验规程》(JGJ/T 101—2015)[20],各试件的加载采用柱顶荷载-位移混合控制方案。详细加载制度如图 5.5 所示,具体描述如下:加载时,首先施加柱顶轴压力 N 至设定轴压比,并使柱顶轴向力 N 在试验过程中保持不变,试件屈服前采用荷载控制并分级加载,在柱上端施加水平往复荷载 P,荷载增量为 5kN,每级控制荷载往复循环 1 次;加载至试件屈服后,按位移控制加载,第一级级差为 0.25 倍屈服位移,后续级差均为 0.5 倍屈服位移,每级位移下循环 3 次,直至试件发生明显破坏或试件水平荷载降低至峰值荷载的 85% 以下时,停止加载。

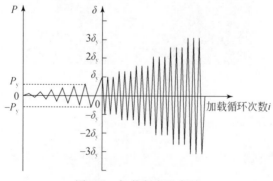

图 5.5　加载制度示意图

2. 测点布置及测试内容

根据本试验的研究目的,确定拟静力加载试验过程中的主要测试内容如下。

(1)作用力量测:在柱顶设置竖向压力传感器和水平拉压传感器,以测定作用在柱顶的轴向压力 N 及水平作用力 P。

(2)应变量测:靠近节点的梁、柱端部一定范围内的纵筋和箍筋以及节点核心区箍筋上均布置电阻应变片,以测试试件整个受力过程中其控制截面上纵筋和箍筋的应变发展情况,试件应变测点布置如图 5.6(a)所示。

(3)位移量测:如图 5.6(b)所示,通过布置位移计和百分表分别量测柱底水平位移和节点核心区的剪切变形。

(4)裂缝观测:为揭示往复荷载作用下 RC 框架节点表观裂缝随循环次数和加载路径变化的发展规律,需要精确记录裂缝出现的时间、裂缝的类型和分布规律,同时观测构件的破坏形式,为理论分析提供数据资料。

拟静力加载试验过程中,将所布置的电阻应变片、电子位移计、拉压传感器等与 TSD 数据自动采集仪连接,以采集相关试验数据。此外,水平荷载和水平位移数据同时传输到 X-Y 函数记录仪中,以绘制试件整个受力过程中荷载-位移曲线(P-Δ 滞回曲线)。

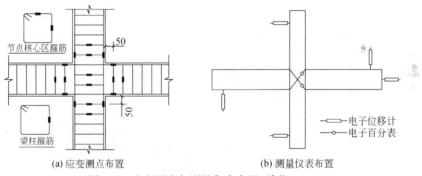

(a) 应变测点布置　　　　　　　　　(b) 测量仪表布置

图 5.6　应变测点与测量仪表布置(单位:mm)

5.3　试验现象及破坏形态

5.3.1　腐蚀结果与分析

1. 腐蚀表观现象

待各试件的腐蚀循环次数达到表 5.1 所示的设定值后,停止对其进行腐蚀并将其从人工气候实验室移出以观测其腐蚀后的表观现象,经 0 次、240 次、360 次、480 次腐蚀循环后的 RC 框架节点试件典型表观现象如图 5.7 所示。从图中可以看出,一般大气环境中的侵蚀介质会对混凝土造成较大的损害。腐蚀循环 240 次时,试件表面泛黄,出现起砂、蜂窝麻面、坑窝等现象,并伴有白色晶体析出,此时混凝土质地略有酥松;腐蚀循环 360 次后,上述现象更加明显,此时混凝土质地明显酥松,手轻碰即可脱落;腐蚀循环 480 次后,试件表面出现起皮现象,部分粗骨料已经外露,混凝土质地变得更加酥松。

  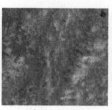 

(a) 腐蚀循环0次　　　　(b) 腐蚀循环240次　　　　(c) 腐蚀循环360次　　　　(d) 腐蚀循环480次

图 5.7　不同腐蚀程度下试件的表观形态

2. 钢筋锈蚀率

为获得各腐蚀试件内部钢筋的实际锈蚀率,待拟静力试验加载完成后,将混凝土敲碎,取出各腐蚀试件节点核心区内的箍筋及纵筋各 3 根,用稀释的盐酸溶液除去钢筋表面的锈蚀产物,再用清水洗净,待其完全干燥后用电子天平称重,同时量测其长度,并据此计算锈蚀后钢筋单位长度的重量,进而按照式(2-1)计算其实际锈蚀率。由于同一试件中相同类别钢筋的实际锈蚀率之间存在一定的离散性,因此以所截取纵筋和箍筋的实际锈蚀率均值作为试件相应类别钢筋的实际锈蚀率,相应的量测结果如表 5.4 所示。

表 5.4　腐蚀 RC 框架节点试件钢筋的实际锈蚀率

钢筋类别	JD-1	JD-2	JD-3	JD-4	JD-5	JD-6	JD-7	JD-8	JD-9
纵筋/%	0	0	0.9	1.3	3.3	6.4	0	0	1.4
箍筋/%	0	0	2.4	5.9	9.7	12.9	0	0	6.3

钢筋类别	JD-10	JD-11	JD-12	JD-13	JD-14	JD-15	JD-16	JD-17	JD-18
纵筋/%	3.5	6.6	0	0	1.3	3.2	6.3	1.0	2.7
箍筋/%	10.1	13.2	0	0	5.6	9.5	12.6	5.1	8.3

由表 5.4 可以看出,腐蚀循环 120 次后的试件 JD-2、JD-8 和 JD-13 中的钢筋并未发生锈蚀,而腐蚀循环次数大于 120 次时试件中的钢筋则发生不同程度的锈蚀。分析其原因为:腐蚀循环次数较小时,混凝土的中性化深度还未超过混凝土保护

层厚度,此时混凝土内部钢筋仍处于碱性保护环境中,无法发生锈蚀;而当腐蚀循环次数超过一定数量后,混凝土中性化深度超过混凝土保护层厚度,并引起钢筋表面钝化膜破坏,进而导致钢筋锈蚀。此外,在相同腐蚀循环次数下,各试件的箍筋锈蚀率明显大于纵筋锈蚀率,其原因为,箍筋距离混凝土外表面较近,混凝土中性化深度达到箍筋外表面并引起箍筋锈蚀时,纵筋还未开始锈蚀;另外,对比试件JD-5、JD-17 和 JD-18 的钢筋锈蚀率可以发现,腐蚀溶液中 SO_4^{2-} 浓度小的试件纵筋及箍筋锈蚀率均小于腐蚀溶液中 SO_4^{2-} 浓度大的试件。

5.3.2　试件破坏过程与特征

对比不同腐蚀程度与设计参数下各 RC 框架节点的破坏过程可以发现,各试件破坏过程基本相似,均经历了"弹性工作"、"弹塑性工作"和"破坏"三个受力阶段,各试件的破坏顺序为:梁端和节点核心区混凝土相继开裂,进而节点核心区箍筋屈服,最终节点核心区发生剪切破坏。

各试件最终破坏形态如图 5.8 所示,其具体破坏过程如下。

(a) JD-1　　　　　　　(b) JD-2　　　　　　　(c) JD-3

(d) JD-4　　　　　　　(e) JD-5　　　　　　　(f) JD-6

(g) JD-7　　　　　　　(h) JD-8　　　　　　　(i) JD-9

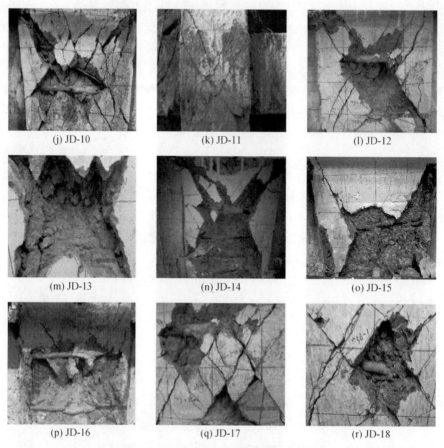

(j) JD-10　　　　　　　　　(k) JD-11　　　　　　　　　(l) JD-12

(m) JD-13　　　　　　　　　(n) JD-14　　　　　　　　　(o) JD-15

(p) JD-16　　　　　　　　　(q) JD-17　　　　　　　　　(r) JD-18

图 5.8　RC 框架节点试件最终破坏形态

　　当柱顶水平荷载达到 25～40kN 时,梁端受拉区混凝土出现第一条受弯裂缝,此后,随柱顶水平荷载的增大,梁端受拉区混凝土裂缝数量不断增多,长度延伸,宽度增加;当柱顶水平荷载达到 30～45kN 时,节点核心区混凝土出现剪切斜裂缝,此后,随柱顶水平荷载增大,梁端受弯裂缝的发展变缓,而节点核心区剪切斜裂缝的数量则不断增加,长度延伸,宽度增加。当柱顶水平荷载达到 40～60kN 时,节点进入屈服状态,此后,试件的加载方式由力控制变为由位移控制。随着柱顶水平位移的增大,梁端受弯裂缝的数量基本不再增多,宽度稍有增加,而节点核心区的剪切斜裂缝的数量和宽度仍不断发展。当柱顶水平位移达到 30～35mm 时,柱顶水平荷载达到峰值。当柱顶水平位移达到 35～65mm 时,节点核心区箍筋受拉屈服并出现一条主剪斜裂缝,且随着柱顶水平位移的进一步增大,主剪斜裂缝宽度迅速开展,水平荷载下降较快,试件宣告破坏。

对比腐蚀循环次数相同而轴压比不同的试件破坏过程发现,轴压比变化对梁端开裂荷载的影响较小,但对节点核心区剪切斜裂缝的开展具有显著影响,表现为:轴压比较大试件的节点核心区交叉斜裂缝出现较晚,斜裂缝宽度的发展速度较慢,且该裂缝与水平线的夹角较大,表明轴压比的增加能够推迟节点核心区交叉斜裂缝的出现并一定程度减缓斜裂缝的发展速度。对比轴压比相同而腐蚀程度不同的各试件的破坏过程发现,轻度腐蚀试件的破坏过程与未腐蚀试件相比差异较小,而中度腐蚀和重度腐蚀试件由于内部钢筋发生锈蚀,其破坏过程与未腐蚀试件相比差异明显,具体表现为:腐蚀程度较重试件的梁端受拉区混凝土开裂及节点核心区剪切斜裂缝出现时对应的柱顶荷载较小,核心区剪切斜裂缝开展速率较快,剪切破坏特征更加明显。

5.4　试验结果与分析

5.4.1　滞回曲线

滞回曲线为构件或结构在低周反复荷载作用下的荷载-位移曲线,是评估构件或结构抗震性能优劣的重要依据,可反映其开裂、屈服、破坏等受力全过程。图5.9 为试验所得各 RC 框架节点试件的滞回曲线。

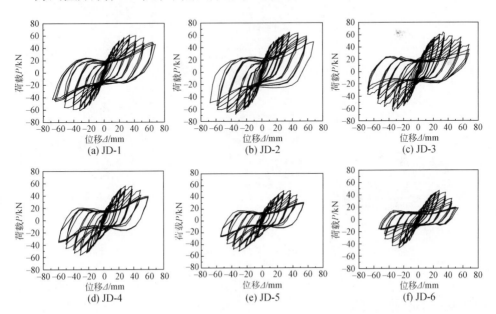

(a) JD-1　　　(b) JD-2　　　(c) JD-3

(d) JD-4　　　(e) JD-5　　　(f) JD-6

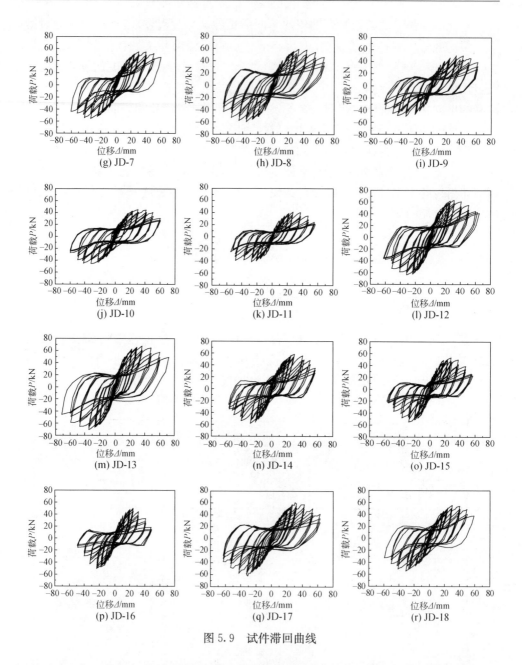

图 5.9　试件滞回曲线

对比各 RC 框架节点试件的滞回曲线可以发现,试件屈服前,其加载和卸载刚度基本无退化,卸载后几乎无残余变形,滞回曲线近似呈直线,耗能能力较小;试件屈服后,随控制位移的增加,试件的加载和卸载刚度逐渐退化,卸载后残余变形增大,滞回环面积亦增大,滞回曲线形状近似呈反 S 形,表明试件具有较好的耗能能力;达到峰值荷载后,随着控制位移的增大,试件的加载和卸载刚度退化更加明显,卸载后残余变形继续增大,滞回曲线形状由反 S 形转变为 Z 形,表明试件耗能能力变差。

由于腐蚀程度和轴压比不同,各试件的滞回曲线又表现出不同的滞回特性,具体表现如下。

轴压比相同时,腐蚀程度较小试件的滞回曲线的强化段长度、下降段斜率及滞回环的丰满程度均较未腐蚀试件略有提高,而腐蚀程度较大试件的强化段长度、下降段斜率及滞回环包围面积则小于未腐蚀试件,且随腐蚀程度的增加而不断降低。

腐蚀程度相同时,轴压比较小试件的滞回曲线相对丰满,耗能能力较好,达到峰值荷载后,柱顶水平荷载的下降速率较慢,最终破坏时柱顶水平位移相对较大,变形性能较好;轴压比较大试件的滞回曲线相对窄小,耗能能力较差,达到峰值荷载后,柱顶水平荷载的下降速率较快,最终破坏时柱顶水平位移相对较小,变形性能较差。

轴压比及腐蚀循环次数相同时,随着腐蚀酸液中 SO_4^{2-} 浓度的增加,试件滞回曲线的强化段长度、下降段斜率及滞回环的丰满程度均不断减小。

5.4.2　骨架曲线

将各节点试件试验所得的荷载-位移滞回曲线中各循环峰值点相连即可得到试件的骨架曲线,各 RC 框架节点试件的骨架曲线如图 5.10 所示。由于钢筋锈蚀的不均匀性,所得骨架曲线表现出较为明显的不对称性,因此,本节取同一循环下正负方向荷载和位移的平均值得到试件的平均骨架曲线,取平均骨架曲线上荷载下降至峰值荷载 85% 时对应的柱顶水平位移,作为该试件的极限位移,并依据能量等效法确定该试件的屈服位移,各试件骨架曲线的特征点荷载和位移计算结果详见表 5.5。

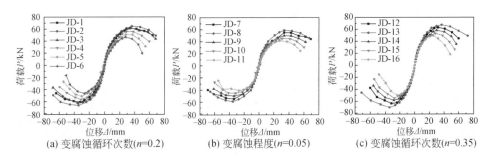

(a) 变腐蚀循环次数(n=0.2)　　　(b) 变腐蚀程度(n=0.05)　　　(c) 变腐蚀循环次数(n=0.35)

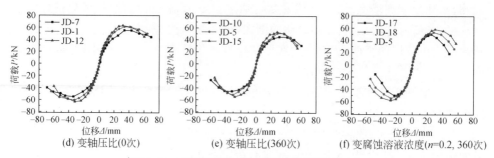

(d) 变轴压比(0次)　　　　　(e) 变轴压比(360次)　　　　　(f) 变腐蚀溶液浓度(n=0.2, 360次)

图 5.10　RC 框架节点试件骨架曲线及其对比

表 5.5　各 RC 框架节点试件骨架曲线特征点参数

节点编号	轴压比	屈服		峰值		极限		位移延性
		P_y/kN	Δ_y/mm	P_{max}/kN	Δ_{max}/mm	P_u/kN	Δ_u/mm	系数 μ
JD-1	0.2	52.17	18.67	61.04	33.08	51.88	58.08	3.111
JD-2	0.2	57.00	20.43	65.65	35.40	55.80	61.68	3.019
JD-3	0.2	54.66	20.09	62.19	35.20	52.83	56.78	2.826
JD-4	0.2	47.68	18.39	56.31	31.72	47.87	49.08	2.669
JD-5	0.2	42.27	18.05	51.15	29.24	43.47	43.77	2.425
JD-6	0.2	40.09	16.31	46.66	27.12	39.66	39.44	2.418
JD-7	0.05	46.46	19.37	55.32	35.20	46.77	63.97	3.303
JD-8	0.05	47.40	19.5	59.06	34.51	50.20	58.78	3.014
JD-9	0.05	42.12	19.15	49.99	33.64	42.51	55.8	2.914
JD-10	0.05	38.43	18.14	45.23	31.23	38.45	51.13	2.819
JD-11	0.05	34.97	16.45	41.06	27.26	34.90	43.89	2.668
JD-12	0.35	53.25	17.51	63.43	31.68	53.92	51.25	2.927
JD-13	0.35	58.62	19.55	69.03	35.40	58.68	58.41	2.988
JD-14	0.35	48.58	16.78	58.25	28.96	49.51	46.08	2.746
JD-15	0.35	46.13	16.34	53.96	27.89	45.87	39.06	2.239
JD-16	0.35	42.24	14.59	50.05	23.98	42.54	32.86	2.252
JD-17	0.2	47.99	19.28	59.57	32.18	50.64	51.64	2.678
JD-18	0.2	44.39	18.35	54.77	30.53	46.55	48.45	2.640

　　由图 5.10 和表 5.5 可以看出,一般大气环境下腐蚀 RC 框架节点的骨架曲线具有如下特征。

　　轴压比相同时,腐蚀程度较小的试件在不同受力状态下承载力特征值均略大于未腐蚀试件,而腐蚀程度较大的试件承载力特征值均小于未腐蚀试件,且随着腐蚀程度的增加而不断降低。其原因为侵蚀介质侵入后与混凝土中性化合物发生反应,生成的细颗粒盐类填充了混凝土孔隙,使混凝土更为密实,进而提高混凝土强度,故试件承载力有所增加,随着腐蚀循环次数的增加,钢筋锈蚀程度加重且保护层混凝土锈胀开裂,承载力开始呈下降趋势。

腐蚀程度相同时,随着轴压比的增加,试件的初始刚度和承载能力逐渐增大,但骨架曲线下降段变陡,极限位移减小,延性变差;轴压比和腐蚀循环次数相同时,腐蚀酸液中 SO_4^{2-} 浓度较小试件在不同受力状态下的承载力特征值均大于腐蚀酸液 SO_4^{2-} 浓度较大试件。

5.4.3　变形性能

RC 框架节点试件的变形性能可以通过屈服位移、峰值位移、极限位移以及位移延性系数等指标进行衡量,其中,位移延性系数 μ 可以表示为

$$\mu=\frac{\Delta_u}{\Delta_y} \tag{5-1}$$

式中,Δ_u、Δ_y 分别为 RC 框架节点试件的极限位移和屈服位移,表 5.5 给出了各 RC 框架节点试件在不同受力状态下的柱顶水平位移和位移延性系数。为便于观察腐蚀循环次数、轴压比和腐蚀溶液浓度对节点试件变形性能的影响,分别绘制不同影响参数下节点试件变性能指标对比图,如图 5.11 所示。

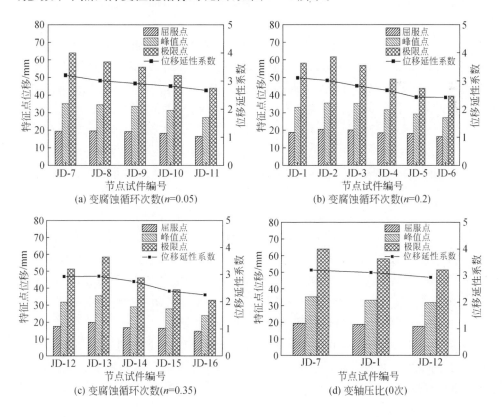

(a) 变腐蚀循环次数(n=0.05)　　(b) 变腐蚀循环次数(n=0.2)

(c) 变腐蚀循环次数(n=0.35)　　(d) 变轴压比(0次)

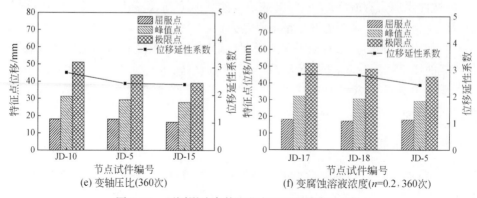

图 5.11　不同影响参数下节点变形性能指标对比

　　由图 5.11(a)、(b)、(c)和表 5.5 可以看出,轴压比相同时,腐蚀循环次数较小的试件在不同受力状态下的柱顶水平位移和位移延性系数相对未腐蚀试件略有提高,达到一定腐蚀循环次数后,各节点试件的屈服位移、峰值位移、极限位移和位移延性系数随着腐蚀循环次数的增加呈降低趋势。轴压比为 0.05、0.2 和 0.35 时,腐蚀循环 480 次后试件位移延性系数相对未腐蚀试件的分别降低了 16.7%、22.3%、23.06%。

　　由图 5.11(d)、(e)和表 5.5 可以看出,腐蚀循环次数相同时,随着轴压比的增大,试件在不同受力状态下的柱顶位移及延性系数呈降低趋势。当轴压比从 0.05增加到 0.35 时,未腐蚀试件和经腐蚀循环 480 次后的试件位移延性系数分别降低8.6%、15.6%,表明轴压比对腐蚀程度较大节点变形性能的影响更为显著。此外,由图 5.11(f)和表 5.5 可以看出,轴压比及腐蚀循环次数相同时,随着腐蚀酸液中SO_4^{2-} 浓度的增加,试件不同受力状态下的柱顶水平位移及延性不断降低,溶液中SO_4^{2-} 浓度从 0.002mol/L 增加到 0.06mol/L 时,试件位移延性系数降低 14.2%。

5.4.4　强度衰减

　　在低周反复荷载作用下,随着循环次数的增加和位移幅值的增大,损伤不断累积,从而导致试件的承载能力产生退化。为分析该退化现象,本节根据试验数据绘制不同影响参数下试件在位移控制加载后的归一化强度退化曲线,如图 5.12 所示。图中,$P_{i,j}$ 表示第 j 级位移控制循环加载下的第 i 次循环的峰值荷载($i=1,2,3$);$P_{j,max}$ 为第 j 级位移控制循环加载下的最大峰值荷载。

　　从图 5.12 可以看出,节点试件强度衰减呈如下规律:随着水平位移幅值的增加,试件强度衰减程度逐渐增大,且同一位移加载级下的三次循环加载中,第 2 次循环加载强度退化程度大于第 3 次循环加载。同一位移加载级下,其他参数相同

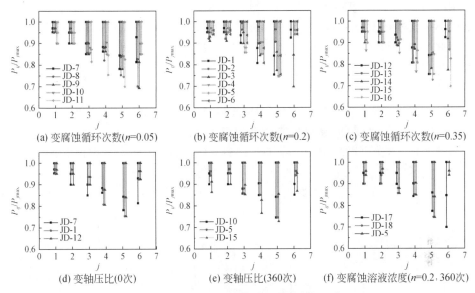

图 5.12　RC 框架节点试件强度退化曲线及其对比

时,随着腐蚀循环次数的增加,节点试件强度衰减程度呈递增趋势,三种轴压比下,试件经腐蚀循环 480 次后最大强度衰减程度分别达 30.1%、24.6%、30.2%。分析其原因为:腐蚀循环次数多的试件因混凝土开裂、钢筋截面削弱和钢筋与混凝土黏结性能降低等原因产生的初始损伤较大,反复加载过程中累积损伤亦较大,故强度退化程度较为严重。其他参数相同时,仅增大轴压比或腐蚀酸液中 SO_4^{2-} 浓度时,节点试件强度退化程度均呈增大趋势。

5.4.5　刚度退化

为了解一般大气环境下腐蚀 RC 框架节点的刚度退化规律,本节取各 RC 框架节点试件每级往复荷载作用下正、反方向荷载绝对值之和除以相应的正、反方向位移绝对值之和,作为相应试件每级循环加载的等效刚度,其计算公式如下:

$$K_i = \frac{|+P_i| + |-P_i|}{|+\Delta_i| + |-\Delta_i|} \tag{5-2}$$

式中,K_i 为 RC 框架柱试件每级循环加载的等效刚度;P_i 为该试件第 i 次加载的峰值荷载;Δ_i 为第 i 次加载峰值荷载对应的位移。

以各试件的水平位移为横坐标,每级循环加载的等效刚度为纵坐标,给出各试件的刚度退化曲线如图 5.13 所示。从图中可以看出,不同影响参数下各 RC 框架节点试件的刚度退化曲线具有一定的相似性,即各试件的刚度均随水平位移的增大而不断减小;加载初期,试件位于弹性工作阶段,其刚度较大;出现裂缝后,试件的刚度迅速退化;超过屈服位移后,各试件的刚度退化速率降低;达到峰值位移后,刚度退化速率趋于稳定,此时,试件裂缝已不再发展。

此外,由于轴压比、腐蚀循环次数和腐蚀酸液中 SO_4^{2-} 浓度不同,各试件的刚度退化规律又表现出一定的差异性。由图 5.13 可以看出,当轴压比相同而腐蚀循环次数不同时,各试件的初始刚度相差不大,但随着水平位移的增大,腐蚀后试件的刚度逐渐小于未腐蚀试件的刚度,且随着腐蚀循环次数的增加,相同水平位移下各试件的刚度逐渐减小,表明腐蚀程度的增大会加剧 RC 框架节点的刚度退化。当腐蚀循环次数相同而轴压比不同时,轴压比较大的 RC 框架柱试件的初始刚度较大但刚度退化速率较快,其刚度退化曲线与轴压比较小试件的刚度退化曲线出现交点。当其他参数相同时,随着腐蚀酸液中 SO_4^{2-} 浓度的增大,试件刚度退化程度逐渐增加。

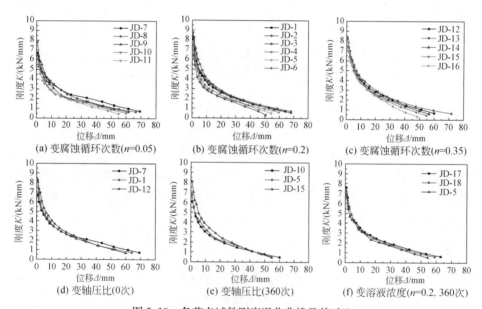

图 5.13　各节点试件刚度退化曲线及其对比

5.4.6　耗能能力

在对 RC 结构进行抗震设计时,要求该结构及其内部构件具有一定的耗能能力,以便其在遭遇地震作用时能够消耗地震能量,不至于立即破坏甚至倒塌。目前,国内外学者提出了多种评价构件或结构耗能能力的指标,如功比指数、能量耗散系数、等效黏滞阻尼系数和累积耗能等,本节选取能量耗散系数和累积耗能作为指标,以评价一般大气环境下腐蚀 RC 框架节点在往复荷载作用下的耗能能力。

1. 能量耗散系数

试件在一次循环加载过程中,由于非弹性变形形成的"耗失能量"一般以荷载-位移滞回曲线所包围的面积表示,并采用能量耗散系数 ξ 来对其进行评价。能量耗散系数 ξ 的计算公式见式(5-3),其计算示意图如图 5.14 所示。

$$\xi = \frac{S_{ABCD}}{S_{\triangle OBE} + S_{\triangle ODF}} \tag{5-3}$$

式中,S_{ABCD} 为滞回环所包围面积;$S_{\triangle OBE}$、$S_{\triangle ODF}$ 分别为三角形 OBE 和 ODF 的面积。

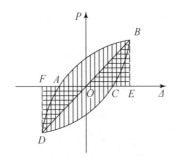

图 5.14　能量耗散系数计算示意图

根据式(5-3)可计算得到各试件在峰值点和极限状态点的能量耗散系数 ξ_p 和 ξ_u,见表 5.6。可以看出,腐蚀循环次数相同时,随着轴压比的增大,试件能量耗散系数 ξ_p 和 ξ_u 均逐渐减小;轴压比相同时,随着腐蚀循环次数的增加,试件能量耗散系数 ξ_p 和 ξ_u 则呈现先增大后减小的变化趋势,即腐蚀循环次数较小试件的能量耗散系数 ξ_p 和 ξ_u 略大于未腐蚀试件,而腐蚀循环次数较多试件的能量耗散系数则小于未腐蚀试件,且随腐蚀程度的增加而不断减小。其他参数相同时,随着腐蚀酸液中 SO_4^{2-} 浓度的增大,试件的能量耗散系数 ξ_p 和 ξ_u 均逐渐减小。

表 5.6　RC 框架节点试件的能量耗散系数

能量耗散系数	JD-1	JD-2	JD-3	JD-4	JD-5	JD-6	JD-7	JD-8	JD-9
ξ_p	1.119	1.124	1.071	1.027	0.987	0.92	1.144	1.156	1.067
ξ_u	1.415	1.446	1.389	1.354	1.315	1.279	1.458	1.486	1.419

能量耗散系数	JD-10	JD-11	JD-12	JD-13	JD-14	JD-15	JD-16	JD-17	JD-18
ξ_p	1.045	0.925	1.057	1.169	1.019	0.937	0.894	1.042	0.994
ξ_u	1.377	1.321	1.383	1.419	1.342	1.293	1.257	1.4	1.344

2. 累积耗能

累积耗能为试件在加载过程中,加载循环所累积的能量耗散值,可表示为 $E = \sum E_i$,其中 E_i 为每一级加载循环下滞回环所包围的面积。不同影响参数下各试件累积耗能与水平位移的关系曲线分别如图 5.15 所示。

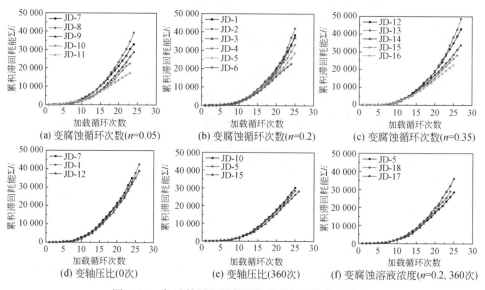

图 5.15　各试件累积耗能随加载循环次数变化曲线

由图 5.15 可以看出,腐蚀 RC 框架节点试件的累积耗能与腐蚀循环次数、轴压比和腐蚀酸液中 SO_4^{2-} 浓度均有一定的相关性,具体表现为:轴压比相同时,同一加载次数下腐蚀程度较小试件的累积耗能大于未腐蚀试件,而腐蚀程度较大试件的累积耗能则小于未腐蚀试件,且随着腐蚀程度增加,同一加载次数下试件累积耗能逐渐减小。腐蚀循环次数相同时,随着轴压比的增大,试件累积耗能逐渐减小。其他设计参数相同时,随着腐蚀酸液中 SO_4^{2-} 浓度的增大,试件累积耗能逐渐减小。

5.4.7　节点核心区抗剪性能

RC 框架节点核心区受梁和柱传来的轴力、弯矩及剪力共同作用,主要发生剪切破坏。为研究一般大气环境下腐蚀 RC 框架节点核心区的抗剪性能,根据试验所测相关数据计算得到不同受力状态下节点核心区的剪力和剪切变形,进而分析其对整个组合体抗剪性能的影响。

1. 节点核心区剪力

取柱脱离体如图 5.16 所示。图中 V_c 为柱端截面剪力，由平衡关系知其大小等于柱顶水平荷载；T_{br}、T_{bl} 为梁端受拉侧纵筋拉力；C_{cl}、C_{cr}、C_{sl} 和 C_{sr} 分别为梁端受压侧混凝土和纵筋所受压力，可近似认为梁端受压区混凝土合力作用点与受压纵筋合力作用点在同一位置。

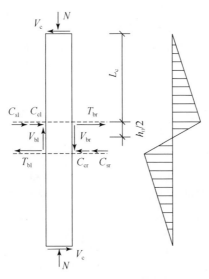

图 5.16　节点受力分析简图

由图 5.16 弯矩平衡(考虑 P-Δ 效应)条件有

$$2V_c L_c + N\Delta = (T_{br} + T_{bl})h_0 \tag{5-4}$$

根据图 5.16 所示节点上部隔离体的整体平衡关系有

$$V_{jh} = T_{br} + C_{sl} + C_{cl} - V_c \tag{5-5}$$

式中，V_{jh} 为不同受力状态下节点核心区剪力。

由梁截面平衡关系知，梁截面受压侧合力和梁截面受拉侧纵筋所受拉力相等，即

$$T_{bl} = C_{sl} + C_{cl} \tag{5-6}$$

联立式(5-4)~式(5-6)可得

$$V_{jh} = \frac{2V_c L_c + N\Delta}{h_0} - V_c \tag{5-7}$$

根据式(5-7)计算各试件在不同受力状态下节点核心区剪力，结果列于表 5.7 中。

表 5.7　不同受力状态下节点核心区水平剪力

节点编号	开裂剪力 V_{jcr}	屈服剪力 V_{jy}	峰值剪力 V_{jmax}
JD-1	211.70	247.20	305.59
JD-2	208.29	270.14	328.41
JD-3	184.92	259.77	313.53
JD-4	189.87	227.86	283.67
JD-5	166.32	204.55	258.29
JD-6	152.17	192.82	236.27
JD-7	151.77	202.99	246.12
JD-8	152.10	207.00	261.64
JD-9	130.45	184.61	223.07
JD-10	108.91	168.60	202.12
JD-11	108.76	153.40	183.09
JD-12	225.66	243.40	315.30
JD-13	246.81	268.58	345.30
JD-14	203.75	223.94	289.24
JD-15	178.30	213.60	270.43
JD-16	154.03	194.71	246.40
JD-17	192.30	236.85	289.47
JD-18	170.61	219.92	269.02

2. 节点核心区剪切变形

为研究一般大气环境下腐蚀 RC 框架节点核心区的剪切变形性能及其对整个组合体抗剪性能的影响,试验通过测量节点核心区对角线长度变化(图 5.17),计算得到节点核心区在不同受力状态下的剪切变形,其计算公式为

$$\gamma = \alpha_1 + \alpha_2 = \frac{\sqrt{b_j^2 + h_j^2}}{b_j h_j} \overline{X} \tag{5-8}$$

式中,$\overline{X}$ 为对角线方向的平均变形:

$$\overline{X} = \frac{\delta_1 + \delta_1' + \delta_2 + \delta_2'}{2} \tag{5-9}$$

假定 $\alpha_1 = \alpha_2$,则可计算出节点核心区域剪切变形引起的组合体柱顶位移 Δ_{pz} 为

$$\Delta_{pz} = 0.5H \left[\gamma_1 \left(\frac{L - b_j}{L} \right) + \gamma_2 \left(\frac{H - h_j}{H} \right) \right] = 0.5\gamma \left(2 - \frac{b_j}{L} - \frac{h_j}{H} \right) H \tag{5-10}$$

则节点核心区剪切变形所引起的柱顶水平位移占总柱顶水平位移的比例为

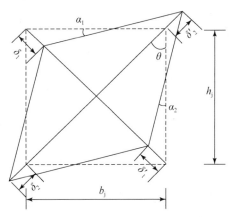

图 5.17　节点核心区剪切变形示意

$$\frac{\Delta_{\mathrm{pz}}}{\Delta}=0.5\gamma\left(2-\frac{b_{\mathrm{j}}}{H}-\frac{h_{\mathrm{j}}}{L}\right)\frac{H}{\Delta} \tag{5-11}$$

式中，b_{j}、h_{j} 为节点核心区尺寸，分别按柱和梁截面有效宽度及有效高度计算；$\delta_1+\delta_1'$、$\delta_2+\delta_2'$ 分别为核心区对角位移计的伸长及压缩量；H、L 分别为试件高度和宽度；Δ 为柱顶水平推力 P 作用下的相应水平位移。表 5.8 列出了不同受力状态下节点核心区剪切变形 γ 和节点核心区剪切变形所引起的柱顶水平位移占总柱顶水平位移的比例 $\Delta_{\mathrm{pz}}/\Delta$ 的计算结果。

表 5.8　节点核心区剪切变形计算结果

节点编号	开裂		屈服		峰值	
	$\gamma/(10^{-3}\mathrm{rad})$	$(\Delta_{\mathrm{pz}}/\Delta)/\%$	$\gamma/(10^{-3}\mathrm{rad})$	$(\Delta_{\mathrm{pz}}/\Delta)/\%$	$\gamma/(10^{-3}\mathrm{rad})$	$(\Delta_{\mathrm{pz}}/\Delta)/\%$
JD-1	0.322	2.65	0.585	4.02	1.783	6.92
JD-2	0.343	2.77	0.629	3.95	1.821	6.61
JD-3	0.329	2.57	0.594	3.80	1.795	6.55
JD-4	0.295	2.68	0.577	4.03	1.677	6.79
JD-5	0.290	3.27	0.569	4.05	1.613	7.08
JD-6	0.278	3.40	0.523	4.12	1.545	7.32
JD-7	0.328	2.63	0.601	3.98	1.838	6.70
JD-8	0.340	2.51	0.612	4.03	1.814	6.75
JD-9	0.310	2.65	0.599	4.02	1.770	6.76
JD-10	0.299	3.21	0.571	4.04	1.658	6.82
JD-11	0.291	3.35	0.525	4.10	1.550	7.30
JD-12	0.316	2.67	0.551	4.04	1.742	7.06
JD-13	0.325	2.59	0.584	3.84	1.759	6.38

续表

节点编号	开裂		屈服		峰值	
	$\gamma/(10^{-3}\text{rad})$	$(\Delta_{\text{pz}}/\Delta)/\%$	$\gamma/(10^{-3}\text{rad})$	$(\Delta_{\text{pz}}/\Delta)/\%$	$\gamma/(10^{-3}\text{rad})$	$(\Delta_{\text{pz}}/\Delta)/\%$
JD-14	0.294	2.70	0.529	4.05	1.651	7.32
JD-15	0.287	3.28	0.521	4.09	1.598	7.36
JD-16	0.247	3.54	0.475	4.18	1.511	8.09
JD-17	0.306	2.47	0.598	3.98	1.729	6.90
JD-18	0.294	2.72	0.576	4.03	1.670	7.02

3. 不同受力状态下节点核心区剪力和剪切变形对比

根据表5.7和表5.8,分别绘制各影响参数下 RC 框架节点试件在不同受力状态下的节点核心区剪切变形对比图和剪力对比图,如图5.18和图5.19所示。从图5.18中可以看出:轴压比相同时,随着腐蚀循环次数的增大,节点核心区不同受力状态下的剪切变形呈先增大后减小的变化趋势。腐蚀循环次数相同时,随着轴压比的增大,节点核心区不同受力状态下的剪切变形不断减小。同时,对比表5.8中各试件不同受力状态下的核心区剪切变形引起的柱顶水平位移占总柱顶水平位移的比例可以看出,随着腐蚀循环次数和轴压比的增加,该占比明显增大,表明随着腐蚀程度和轴压比的增大,试件破坏时节点核心区的剪切破坏程度不断加剧。其他参数相同时,随着腐蚀酸液中 SO_4^{2-} 浓度的增大,节点核心区不同受力状态下的剪切变形呈下降趋势。

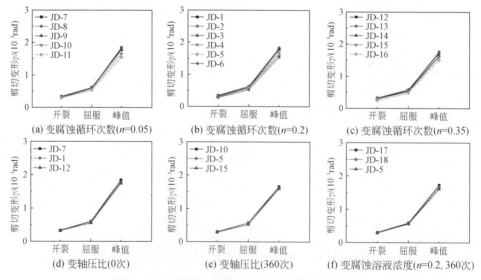

图 5.18　不同受力状态节点核心区剪切变形对比

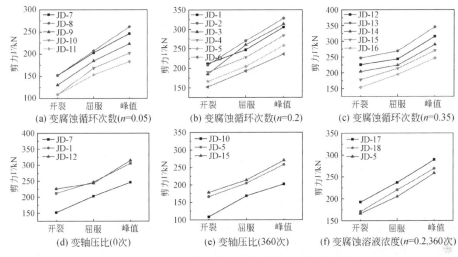

图 5.19　不同受力状态下节点核心区剪力对比

　　从图 5.19 中可以看出,节点核心区不同受力状态下的剪力表现出一致的退化规律:轴压比相同时,随着腐蚀循环次数的增加,节点核心区不同受力状态下的剪力呈先增大后减小的变化趋势;腐蚀循环次数相同时,随着轴压比的增大,节点核心区不同受力状态下的剪力均不断增加;其他参数相同时,随着腐蚀酸液中 SO_4^{2-} 浓度的增大,节点核心区不同受力状态下的剪力不断减小。

5.5　腐蚀 RC 框架节点剪切恢复力模型的建立

　　按照我国《建筑抗震设计规范(2016 年版)》(GB 50011—2010)设计的 RC 框架结构,尽管强调"强节点弱构件"设计原则,但历次地震尤其是汶川地震震害表明,RC 框架节点在强烈地震作用下,仍会发生不同程度的剪切破坏,因此,采用数值分析方法研究 RC 框架结构的地震破坏过程时,应考虑节点剪切破坏的影响。节点剪切恢复力模型是其抗震性能的综合体现,也是对其进行非线性地震反应分析的基础。鉴于此,基于上述试验研究结果,并结合国内外已有研究成果,建立一般大气环境下腐蚀 RC 框架节点的剪切恢复力模型,现就其建立方法进行详细阐述。

5.5.1　未腐蚀 RC 框架节点剪切恢复力模型特征点参数确定

　　根据 RC 框架节点的受力特点,采用 Hysteretic 三折线形模型建立节点的剪切恢复力模型,其骨架曲线如图 5.20 所示。可以看出,RC 框架节点剪切恢复力模型骨架曲线的确定需要五个特征点参数:开裂剪力、峰值剪力、弹性剪切刚度、开裂后剪切刚度和峰值后剪切刚度。各特征点参数的计算方法详述如下。

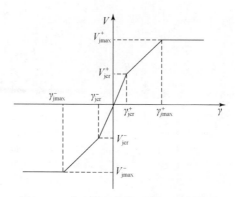

图 5.20　节点剪切恢复力模型骨架曲线

1. 节点开裂剪力

为分析节点的开裂剪力,取节点核心区的一个微元体 A 为研究对象,其受力状态如图 5.21 所示。假定节点开裂时,节点核心区混凝土主拉应力达到其抗拉强度,因此按照弹性体在双向受力作用下斜截面上的主拉应力公式计算出节点的最大剪应力为[6]

$$\tau_{max} = \sqrt{f_t^2 + f_t(\sigma_b + \sigma_c) + \sigma_b\sigma_c} \tag{5-12}$$

式中,τ_{max} 为节点的最大剪应力;f_t 为节点混凝土的抗拉强度;$\sigma_c = N/b_ch_c$ 为柱传递给节点的轴向应力,其中 N 为作用于柱端的实际轴压力,b_c、h_c 分别为柱截面的宽度和高度;σ_b 为节点核心区箍筋的约束作用对节点产生的应力。

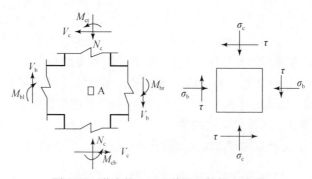

图 5.21　节点核心区及其微元体受力简图

当假定节点核心区内各微元体剪应力相同时,则节点的开裂剪力可以表示为 $V_{jcr} = \tau_{max}b_jh_j$。然而,实际上核心区内各微元体剪应力分布并不均匀,其原因是:由梁传入节点的剪力,是通过梁纵筋与节点核心区混凝土的黏结应力传递的,这一黏结应力的分布是不均匀的。此外,考虑到节点核心区箍筋及垂直钢筋的约束作用以及正交梁的约束作用也会对开裂剪应力 $\tau_{\max}$ 产生影响,因此邢国华等[24]通过一个综合影响系数 η 和正交梁约束系数 φ_c 来考虑上述各因素对开裂剪力的影响,并给出开裂剪力的计算公式为

$$V_{jcr} = \eta\varphi_c b_j h_j \sqrt{f_t^2 + f_t(\sigma_b + \sigma_c) + \sigma_b\sigma_c} \tag{5-13}$$

式中,V_{jcr} 为节点开裂剪力;b_j、h_j 分别为节点核心区截面的有效宽度及高度;η 为综合影响系数,取 $\eta=0.67$;φ_c 为正交梁约束系数,鉴于开裂时节点核心区仍处于弹性工作状态,可以取 $\varphi_c=1.0$。

此外,考虑到开裂时节点核心区箍筋应力较小,因此可以忽略箍筋对核心区混凝土的约束作用,取 $\sigma_b=0$,则式(5-13)可简化为

$$V_{jcr} = \eta\varphi_c b_j h_j f_t \sqrt{1 + \sigma_c/f_t} \tag{5-14}$$

式中,f_t 为节点混凝土的抗拉强度;σ_c 为柱传递给节点的轴向应力,当 $\sigma_c \geqslant 0.5f_c$ 时,取 $\sigma_c=0.5f_c$,f_c 为节点混凝土的抗压强度。

需要指出的是,上述计算节点开裂剪力的公式是基于节点核心区配箍率较小的情况提出的,未计入箍筋所承担的剪力。当节点配箍率较大时,虽然每根箍筋的应力较小,但是所有箍筋的应力总和也占有一定的份额,而且当节点核心区箍筋比较多时,节点区的剪应力分布也比较均匀。因此,当节点核心区的配箍率大于 1% 时,节点的开裂剪力为

$$V_{jcr} = \eta\varphi_c b_j h_j f_t \sqrt{1 + \sigma_c/f_t} + \varepsilon f_{yv} A_{svj}(h_{b0} - a_s')/s \tag{5-15}$$

式中,ε 为节点内箍筋应力发展系数,取 0.1;f_{yv} 为节点内箍筋的屈服强度;A_{svj} 为同一截面所有箍肢的截面积;s 为节点内箍筋的间距;h_{b0} 为梁截面的有效高度;a_s' 为梁的受拉钢筋的合力中心至最近截面边缘的距离。

2. 节点峰值剪力

通常以节点达到通裂状态作为节点的破坏标准,此时认为节点剪力达到峰值。节点核心区混凝土开裂后,剪力由核心区内水平箍筋及柱正、反面的纵筋承担,并由此形成“桁架机构”。参考现行规范,节点的峰值剪力为

$$V_{jmax} = \varphi_c f_t b_j h_j + 0.05\varphi_c N \frac{b_j}{b_c} + f_{yv} A_{svj}(h_{b0} - a_s')/s < 0.3\varphi_c f_c b_j h_j \tag{5-16}$$

式中,f_t 为节点混凝土的抗拉强度;σ_c 为柱传递给节点的轴向应力,当 $\sigma_c \geqslant 0.5f_c$ 时,取 $\sigma_c=0.5f_c$,f_c 为节点混凝土的抗压强度;N 为作用于柱端的实际轴压力;φ_c 为正交梁约束系数;b_j、h_j 分别为节点核心区截面的有效宽度及高度;b_c 为柱截面宽度;h_{b0} 为梁截面的有效高度;a_s' 为梁的受拉钢筋的合力中心至最近截面边缘的距离;s 为节点内箍筋的间距。

3. 弹性剪切刚度

节点开裂前的弹性剪切刚度为

$$K_1 = GA \tag{5-17}$$

式中,G 为节点的弹性剪切模量,取 $G = E_c/[2(1+\mu)]$,E_c 为节点混凝土的弹性模量,μ 为泊松比,混凝土材料取 $\mu=0.2$;A 为节点核心区的抗剪面积。

4. 强化剪切刚度

节点开裂后进入弹塑性工作阶段,此时节点的剪切刚度 K_2 可以表示为

$$K_2 = \alpha K_1 \tag{5-18}$$

式中,α 为节点刚度退化系数。已有研究结果表明,节点的轴压比以及剪压比是影响节点强化刚度的主要因素,基于此,文献[25]在试验研究的基础上,给出了节点刚度退化系数 α 的计算公式为

$$\alpha = \frac{1}{4[1+10(\lambda-0.2)\sqrt{n}]} \tag{5-19}$$

式中,λ 为节点的剪压比,取 $\lambda = V/f_c b_j h_j$;n 为节点的轴压比,取 $n = N/f_c b_c h_c$。

5. 峰值后剪切刚度

按照我国抗震设计规范设计的 RC 框架节点,当节点核心区箍筋受拉屈服后,节点仍具有一定的抗剪能力。因此,本节将节点剪切恢复力模型的峰值后剪切刚度 K_3 取为 0。

由上述刚度计算公式可计算出节点剪切恢复力模型开裂和峰值状态对应的剪切变形 γ_{jcr} 及 γ_{jmax},进而得到节点剪力—剪切变形恢复力模型的骨架曲线。

5.5.2　腐蚀 RC 框架节点剪切恢复力模型参数确定

由一般大气环境下腐蚀 RC 框架节点的试验研究结果可以发现,轴压比 n 和节点核心区的箍筋锈蚀率 η_s 均对节点的剪切性能产生不同程度的影响,因此本节选取轴压比和节点核心区的箍筋锈蚀率为参数,对未腐蚀 RC 框架节点的剪切恢复力模型的骨架曲线各特征点进行修正,以建立一般大气环境下腐蚀 RC 框架节点的剪切恢复力模型,相应的修正公式如下:

$$V'_i = f_i(n, \eta_s) V_i \tag{5-20}$$

$$\gamma'_i = g_i(n, \eta_s) \gamma_i \tag{5-21}$$

式中,V'_i、γ'_i 分别为腐蚀 RC 框架节点剪切恢复力模型骨架曲线特征点 i 的剪力和剪切变形;V_i、γ_i 分别为未腐蚀 RC 框架节点剪切恢复力模型骨架曲线特征点 i 的

剪力和剪切变形；$f_i(n, \eta_s)$ 和 $g_i(n, \eta_s)$ 分别为考虑节点核心区箍筋锈蚀率和轴压比变化影响的剪力和剪切变形修正函数。

　　将相同轴压比下 RC 框架节点骨架曲线各特征点的剪力和剪切变形分别除以该轴压比下未腐蚀试件特征点的剪力和剪切变形得到相应的修正系数，分别以箍筋锈蚀率和轴压比为横坐标，以该修正系数为纵坐标，得到各特征点修正函数 $f_i(n, \eta_s)$ 和 $g_i(n, \eta_s)$ 随箍筋锈蚀率和轴压比的变化规律，如图 5.22～图 5.25 所示。

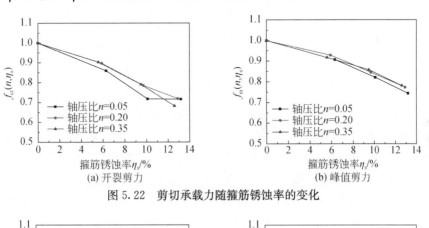

图 5.22　剪切承载力随箍筋锈蚀率的变化

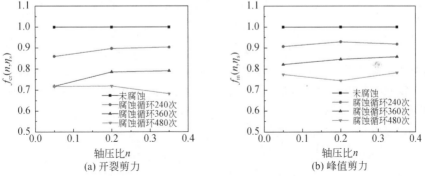

图 5.23　剪切承载力随轴压比的变化

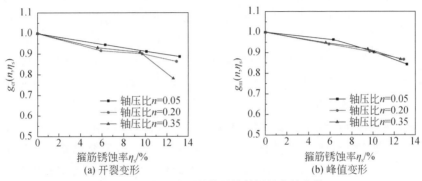

图 5.24　剪切变形性能随箍筋锈蚀率的变化

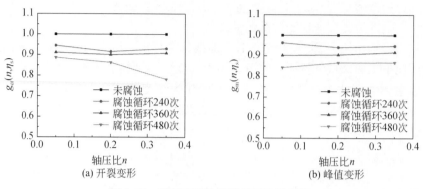

(a) 开裂变形　　　　　　　　　　(b) 峰值变形

图 5.25　剪切变形性能随轴压比的变化

由图 5.22～图 5.25 可以看出,轴压比相同时,随着箍筋锈蚀率的增大,腐蚀节点各特征点的剪切承载力修正函数 $f_i(n,\eta_s)$ 和剪切变形修正函数 $g_i(n,\eta_s)$ 均呈下降趋势,且近似呈线性变化趋势;腐蚀程度相近时,随着轴压比的增大,各特征点剪切承载力修正函数和剪切变形修正函数亦近似呈线性变化关系。鉴于此,本节将剪切承载力修正函数 $f_i(n,\eta_s)$ 和剪切变形修正函数 $g_i(n,\eta_s)$ 假定为关于轴压比 n 和箍筋锈蚀率 η_s 的一次函数形式,同时考虑边界条件,得到修正函数表征如下:

$$f_i(n,\eta_s)=(an+b)\eta_s+1 \tag{5-22}$$

$$g_i(n,\eta_s)=(an+b)\eta_s+1 \tag{5-23}$$

根据上述分析得出的修正函数形式,通过对腐蚀 RC 框架节点的试验数据进行多参数回归分析,得到腐蚀 RC 框架节点剪切恢复力模型开裂状态和峰值状态下的剪力及剪切变形计算公式如下。

开裂剪力及其对应的剪切变形为

$$V'_{jcr}=(0.00146n\eta_s-0.02308\eta_s+1)V_{jcr} \tag{5-24}$$

$$\gamma'_{jcr}=(-0.01886n\eta_s-0.0075\eta_s+1)\gamma_{jcr} \tag{5-25}$$

峰值剪力及其对应的剪切变形为

$$V'_{jmax}=(0.00674n\eta_s-0.01835\eta_s+1)V_{jmax} \tag{5-26}$$

$$\gamma'_{jmax}=(-0.00203n\eta_s-0.001053\eta_s+1)\gamma_{jmax} \tag{5-27}$$

式中,V'_{jcr}、V_{jcr} 分别为腐蚀和未腐蚀节点的开裂剪力;γ'_{jcr}、γ_{jcr} 分别为腐蚀和未腐蚀节点在开裂状态下对应的剪切变形;V'_{jmax}、V_{jmax} 分别为腐蚀和未腐蚀节点的峰值剪力;γ'_{jmax}、γ_{jmax} 分别为腐蚀和未腐蚀节点在峰值状态下对应的剪切变形。

对于腐蚀后节点剪切恢复力模型的峰值后剪切刚度,本节仍假定其为 0,并通过与试验结果进行对比,验证了该取值的合理性,相应的验证结果如图 5.27 所示。据此,即可确定一般大气环境下腐蚀 RC 框架节点剪切恢复力模型的骨架曲线。

5.5.3 腐蚀 RC 框架节点恢复力模型滞回规则

本节采用 Hysteretic 模型建立 RC 框架节点的剪切恢复力模型,该模型的滞回规则已在 4.4.3 节中进行了详细论述,在此不再赘述。对于 RC 框架节点剪切恢复力模型的滞回规则控制参数,本节采用 Almusallam[26]建议的捏拢参数取值,将捏拢点的剪力和剪切变形取值分别定义为最大历史剪力的 25% 和最大历史剪切变形的 25%,即取 $p_x=0.25$,$p_y=0.25$。对于强度退化参数和卸载刚度退化参数则基于试验研究结果,则分别取 $Damage1=0$,$Damage2=0.02$,$\beta=0.4$,分析结果与试验结果对比表明该取值基本合理(验证结果见图 5.27)。

5.5.4 腐蚀 RC 框架节点恢复力模型验证

基于 OpenSees 有限元分析软件,采用图 5.26 所示的简化力学模型建立一般大气环境下腐蚀 RC 框架节点组合体数值模型。其中,节点采用 Joint2D 单元建立,该节点转动弹簧的弯矩-转角恢复力模型,根据本节所建立的节点剪力-剪切变形恢复力模型按式(5-28)变换得到;梁柱单元采用集中塑性铰模型以考虑环境侵蚀作用对梁柱单元的影响,即将梁柱单元简化为弹性杆单元和端部非线性弹簧单元。其中,非线性弹簧单元中的相关恢复力模型采用第 3 章和第 4 章所建立的相应模型,此处不再赘述。

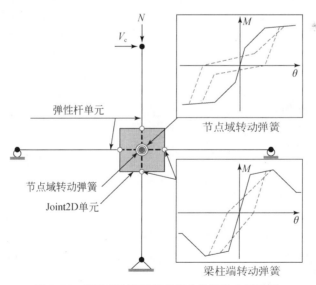

图 5.26 腐蚀 RC 框架节点组合体简化力学模型

$$M_i = \frac{V_i}{(1 - h_c/L_b)/jd_b - 1/L_c}, \quad \theta_i = \gamma_i \tag{5-28}$$

式中，M_i、θ_i分别为不同受力状态下节点转动弹簧的弯矩和转角；V_i、γ_i分别为节点各受力状态下的剪力和剪应变；h_c为柱截面高度；L_c为上下柱的总高度；d_b为梁截面高度；L_b为节点两侧梁的总长度；j为内力距系数，通常取为 0.875。

按照所述方法建立一般大气环境下腐蚀 RC 框架节点组合体的数值模型并对其进行拟静力模拟加载，计算所得滞回曲线、骨架曲线各特征点及其与试验结果对比分，别如图 5.27 和表 5.9、表 5.10 所示。

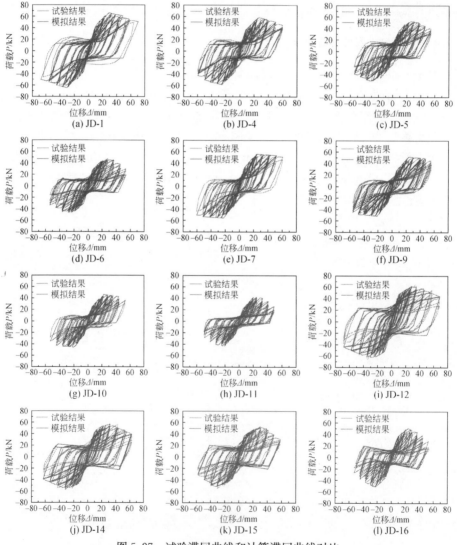

图 5.27　试验滞回曲线和计算滞回曲线对比

表 5.9　RC 框架节点试件特征点荷载计算值与试验值对比

试件编号	试验值/kN		计算值/kN		$\dfrac{计算值-试验值}{试验值}$	
	P_y	P_{max}	P_{y1}	P_{max1}	屈服荷载	峰值荷载
JD-1	52.17	61.04	57.37	65.79	0.10	0.08
JD-4	47.68	56.31	48.35	58.39	0.01	0.04
JD-5	42.27	51.15	46.15	52.79	0.09	0.03
JD-6	40.09	46.66	39.26	45.14	−0.02	−0.03
JD-7	46.46	55.32	49.33	55.52	0.06	0.00
JD-9	42.12	49.99	44.54	51.6	0.06	0.03
JD-10	38.43	45.23	35.54	45.64	−0.08	0.01
JD-11	34.97	41.06	37.63	42.09	0.08	0.03
JD-12	53.25	63.43	55.74	65.26	0.05	0.03
JD-14	48.58	58.25	50.41	59.61	0.04	0.02
JD-15	46.13	53.96	44.69	53.65	−0.03	−0.01
JD-16	42.24	50.05	44.6	51.73	0.06	0.03

表 5.10　RC 框架节点试件特征点位移计算值与试验值对比

试件编号	试验值/mm			计算值/mm			$\dfrac{计算值-试验值}{试验值}$		
	Δ_y	Δ_{max}	Δ_u	Δ_{y1}	Δ_{max1}	Δ_{u1}	屈服	峰值	极限
JD-1	18.67	33.08	58.08	19.35	31.54	55.41	0.04	−0.05	−0.05
JD-4	18.39	31.72	49.08	17.55	28.37	50.74	−0.05	−0.11	0.03
JD-5	18.05	29.24	43.77	17.16	27.42	45.56	−0.05	−0.06	0.04
JD-6	16.31	27.12	39.44	15.96	26.91	40.22	−0.02	−0.01	0.02
JD-7	19.37	35.20	63.97	18.69	33.09	61.85	−0.04	−0.06	−0.03
JD-9	19.15	33.64	55.8	18.28	32.67	53.65	−0.05	−0.03	−0.04
JD-10	18.14	31.23	51.13	17.39	29.07	49.63	−0.04	−0.07	−0.03
JD-11	16.45	27.26	43.89	17.22	25.71	42.88	0.05	−0.06	−0.02
JD-12	17.51	31.68	51.25	18.76	33.23	52.77	0.07	0.05	0.03
JD-14	16.78	28.96	46.08	17.21	29.39	49.92	0.03	0.01	0.08
JD-15	16.34	27.89	39.06	16.83	27.94	42.87	0.03	0.00	0.10
JD-16	14.59	23.98	32.86	15.31	24.19	35.83	0.05	0.01	0.09

由图5.27、表5.9和表5.10可以看出,本节建立的节点剪切恢复力模型在模拟腐蚀RC框架节点的滞回性能时有较高精度,计算滞回曲线与试验滞回曲线在承载力、变形性能、刚度退化和强度退化等方面均符合较好,其中,不同受力状态下的荷载误差与变形误差一般均可控制在10%范围内。说明本节建立的恢复力模型,能够较准确地反映一般大气环境下腐蚀RC框架节点的力学性能及抗震性能,可应用于多龄期RC结构的地震反应分析。

5.6　本章小结

本章采用人工气候加速腐蚀技术模拟一般大气环境,对18榀RC框架节点进行了腐蚀试验,并对腐蚀后各试件进行拟静力试验,系统地研究了一般大气环境下腐蚀循环次数、轴压比和腐蚀溶液中SO_4^{2-}浓度变化对RC框架节点抗震性能的影响,并通过对试验结果进行回归分析,建立了一般大气环境下腐蚀RC框架节点的剪切恢复力模型。基于以上研究工作主要得到如下结论:

(1)当轴压比相同时,轻度腐蚀RC框架节点的水平承载能力、变形性能及耗能能力等抗震性能指标均大于未腐蚀试件,而中度腐蚀和重度腐蚀节点的上述抗震性能指标则小于未腐蚀试件,且随腐蚀程度的增加而不断减小。

(2)当腐蚀循环次数相同时,各RC框架节点的水平承载能力均随着轴压比的增大而不断增大,但其变形性能以及耗能能力则不断减小。其他参数相同时,随着腐蚀酸液中SO_4^{2-}浓度的增大,RC框架节点水平承载能力、变形性能以及耗能能力等抗震性能指标均不断降低。

(3)轴压比相同时,随着腐蚀程度的增加,节点核心区不同受力状态下的剪力和剪切变形呈先增大后减小的变化趋势;腐蚀循环次数相同时,随着轴压比的增大,节点核心区不同受力状态下的剪力不断增大但剪切变形逐渐减小。其他参数相同时,随着腐蚀酸液中SO_4^{2-}浓度的增大,节点核心区不同受力状态下的剪力和剪切变形呈下降趋势。

(4)本章基于试验结果建立了一般大气环境下腐蚀RC框架节点剪切恢复力模型,基于该模型模拟所得各试件的滞回曲线和骨架曲线均能与试验结果符合较好,表明所建模型能较准确地反映一般大气环境下腐蚀RC框架节点的力学性能和抗震性能,可用于一般大气环境下在役RC结构抗震性能的评估。

参 考 文 献

[1] 赵鸿铁. 钢筋混凝土梁柱节点的抗裂性[J]. 建筑结构学报, 1990, 14(3): 79-83.
[2] 方小丹, 李少云. 钢管混凝土柱-环梁节点抗震性能的试验研究[J]. 建筑结构学报, 2002, 23(6): 10-18.

[3] 唐九如. 钢筋混凝土框架节点抗震设计[J]. 工业建筑，1988，3：44-50.

[4] Farhey D N，Yankelevsky D Z，Adin M A. Analysis of lateral load transfer by internal slab-column joints[J]. Engineering Structures，1992，6(14)：379-394.

[5] 赵大伟，石永久，陈宏. 低周往复荷载下梁柱节点的试验研究[J]. 建筑结构，2000，30(9)：33-38.

[6] 傅剑平. 钢筋混凝土框架节点抗震性能与设计方法研究[D]. 重庆：重庆大学，2002.

[7] 王崇昌，王宗哲，黄良璧. 钢筋混凝土弹塑性抗震结构的机构控制理论[J]. 西安建筑科技大学学报，1986，18(2)：27-30.

[8] 白国良，李红星，朱佳宁. 钢筋混凝土框架异型节点抗震性能试验研究[J]. 建筑结构学报，2004，25(4)：8-14，25.

[9] 柳炳康，黄慎江. 钢筋混凝土框架梁柱偏心节点抗震性能的试验研究[J]. 建筑结构学报，1999，20(5)：50-58.

[10] 张亚蕾. 考虑现浇板影响的钢筋混凝土梁柱组合件滞回反应分析[D]. 西安：长安大学，2012.

[11] 戴靠山，袁迎曙. 锈蚀框架边节点抗震性能试验研究[J]. 中国矿业大学学报，2005，34(1)：51-56.

[12] 郑山锁，孙龙飞，刘小锐，等. 近海大气环境下锈蚀 RC 框架节点抗震性能试验研究[J]. 土木工程学报，2015，48(12)：63-71.

[13] 夏玉领. 耐久性损伤钢筋混凝土柱节点反复荷载试验研究[D]. 长沙：中南大学，2014.

[14] 李兴国，苗吉军，周莹萌，等. 锈蚀钢筋混凝土框架节点高温后抗震性能试验研究[J]. 建筑结构学报，2018，39(3)：84-92.

[15] 刘桂羽. 锈蚀钢筋混凝土梁节点抗震性能试验研究[D]. 长沙：中南大学，2011.

[16] 周静海，李飞龙，王凤池，等. 锈蚀钢筋混凝土框架节点抗震性能[J]. 沈阳建筑大学学报（自然科学版），2016，(3)：428-436.

[17] 杨丹飞. 人工模拟酸雨环境下腐蚀 RC 框架节点抗震性能试验研究[D]. 西安：西安建筑科技大学，2015.

[18] Xu W，Ronggui L. Effect of steel reinforcement with different degree of corrosion on degeneration of mechanical performance of reinforced concrete frame joints[J]. Frattura ed Integrità Strutturale，2016，10(35)：481-491.

[19] Ashokkumar K，Sasmal S，Ramanjaneyulu K. Simulations for seismic performance of uncorroded and corroison affected beam column joints[C]. International Congress on Computational Mechanics and Simulation，2014.

[20] 中华人民共和国住房和城乡建设部. 建筑抗震试验规程(JGJ/T 101—2015)[S]. 北京：中国建筑工业出版社，2015.

[21] 中华人民共和国住房和城乡建设部. 混凝土结构设计规范(2016 年版)(GB 50010—2010)[S]. 北京：中国建筑工业出版社，2016.

[22] 中华人民共和国住房和城乡建设部，中华人民共和国国家质量监督检验检疫总局. 建筑抗震设计规范(2016 年版)(GB 50011—2010)[S]. 北京：中国建筑工业出版社，2016.

[23] 中华人民共和国国家质量监督检验检疫总局,中国国家标准化管理委员会. 金属材料 拉伸试验 第 1 部分:室温试验方法(GB/T 228.1—2010)[S]. 北京:中国标准出版社,2010.

[24] 邢国华,吴涛,刘伯权. 钢筋混凝土框架节点抗裂承载力研究[J]. 工程力学,2011,28(3):163-169.

[25] 唐九如,冯纪寅,庞同和. 钢筋混凝土框架梁柱节点核心区抗剪强度试验研[J]. 东南大学学报(自然科学版),1985,15(4):61-74.

[26] Almusallam A A. Effect of degree of corrosion on the properties of reinforcing steel bars [J]. Construction and Building Materials,2001,15(8):361-368.

第 6 章　腐蚀 RC 剪力墙抗震性能试验研究

6.1　引　　言

  RC 剪力墙作为高层建筑结构抵抗地震作用的第一道防线,具有承载力高、刚度大、能有效减小侧移等优点,是整个结构抗侧体系的重要组成部分,其性能的优劣将直接影响整体结构的抗震性能。目前,国内外学者针对 RC 剪力墙构件已开展了相关研究[1-12]。钱稼茹等[1]提出了基于位移延性的剪力墙构件抗震设计方法,并进行了不同轴压比剪力墙试件的抗震试验,指出了高轴压比墙与低轴压比墙受力性能的主要区别;李宏男等[2]、王立长等[3]、周广强[4]、Salonikios 等[5]分别通过对 RC 剪力墙试件进行拟静力试验,研究了高宽比、轴压比、暗支撑设置和斜向钢筋的配筋形式等对 RC 剪力墙的破坏形态、破坏机制、耗能能力和延性等的影响规律。上述研究基本揭示了 RC 剪力墙构件在地震作用下的破坏模式与机制,但大都未考虑环境侵蚀对其抗震性能的影响,因而无法准确应用于含 RC 剪力墙结构的全寿命周期抗震性能评估。事实上,RC 剪力墙与 RC 框架梁、柱、节点等类似,在遭受一般大气环境中 CO_2、SO_4^{2-}、NO_3^- 等腐蚀介质侵蚀作用后,其地震损伤破坏模式与机制及抗震性能均会发生不同程度的退化,若继续采用基于未腐蚀构件提出的抗震性能评估方法,将高估在役 RC 构件与结构的抗震能力。因此,为实现含 RC 剪力墙结构的全寿命周期抗震性能评估,开展一般大气环境下腐蚀 RC 剪力墙构件的抗震性能研究意义重大。

  鉴于此,本章采用人工气候加速腐蚀技术,对 28 榀 RC 剪力墙构件进行加速腐蚀试验,继而进行拟静力试验,研究高宽比、轴压比、腐蚀循环次数和横向分布筋间距对 RC 剪力墙试件抗震性能的影响规律,进而基于试验结果和既有 RC 剪力墙恢复力模型研究成果,分别建立一般大气环境下考虑钢筋锈蚀的 RC 剪力墙宏观恢复力模型和剪切恢复力模型。所得研究成果可为一般大气环境下以剪力墙为主要抗侧力构件的在役多龄期高层建筑结构的弹塑性时程分析奠定理论基础。

6.2　试验方案

6.2.1　剪力墙设计

高宽比大于 2 的剪力墙和高宽比小于 2 的剪力墙的破坏模式具有显著差别[1]。为充分研究一般环境侵蚀对不同破坏形式 RC 剪力墙的抗震性能影响规律,本章依据相应规范[13-16],共设计了高宽比为 1.0 和 2.0 的试件各 14 榀,其截面尺寸均为 700mm×100mm,墙体高度分别为 700mm 和 1400mm。墙体两侧设置边缘暗柱,墙体上下两端分别设置了顶梁与底梁,其长、宽、高尺寸分别为 800mm×200mm×200mm、1500mm×300mm×450mm,且均设置了足够的钢筋以防止在试验中提前破坏。其中,顶梁用于模拟实际结构中现浇楼板对剪力墙的约束作用,同时担任水平荷载与竖向荷载的加载单元,底梁则用于模拟刚性基础嵌固条件。试件混凝土全部采用 C40 细石混凝土,混凝土保护层厚度均为 15mm,纵筋采用 HRB335 钢筋,其余钢筋均采用 HPB300 钢筋,试件具体设计参数见表 6.1 和表 6.2,详细几何尺寸与配筋见图 6.1 和图 6.2。

表 6.1　低矮 RC 剪力墙试件设计参数

试件编号	轴压比	横向分布钢筋	纵向分布钢筋	暗柱纵筋	暗柱箍筋	喷淋循环次数
SW-1	0.10	Φ6@200	Φ6@150	4Φ12	Φ6@150	—
SW-2	0.10	Φ6@200	Φ6@150	4Φ12	Φ6@150	300
SW-3	0.10	Φ6@200	Φ6@150	4Φ12	Φ6@150	360
SW-4	0.20	Φ6@150	Φ6@150	4Φ12	Φ6@150	—
SW-5	0.20	Φ6@150	Φ6@150	4Φ12	Φ6@150	220
SW-6	0.20	Φ6@150	Φ6@150	4Φ12	Φ6@150	240
SW-7	0.20	Φ6@150	Φ6@150	4Φ12	Φ6@150	280
SW-8	0.20	Φ6@150	Φ6@150	4Φ12	Φ6@150	300
SW-9	0.20	Φ6@150	Φ6@150	4Φ12	Φ6@150	360
SW-10	0.20	Φ6@100	Φ6@150	4Φ12	Φ6@150	360
SW-11	0.20	Φ6@200	Φ6@150	4Φ12	Φ6@150	360
SW-12	0.30	Φ6@200	Φ6@150	4Φ12	Φ6@150	—
SW-13	0.30	Φ6@200	Φ6@150	4Φ12	Φ6@150	300
SW-14	0.30	Φ6@200	Φ6@150	4Φ12	Φ6@150	360

表 6.2　高 RC 剪力墙试件设计参数

试件编号	轴压比	横向分布钢筋	纵向分布钢筋	暗柱纵筋	暗柱箍筋	喷淋循环次数
SW-1	0.10	Φ6@200	Φ6@150	4Φ12	Φ6@150	—
SW-2	0.10	Φ6@200	Φ6@150	4Φ12	Φ6@150	300
SW-3	0.10	Φ6@200	Φ6@150	4Φ12	Φ6@150	360
SW-4	0.20	Φ6@150	Φ6@150	4Φ12	Φ6@150	—
SW-5	0.20	Φ6@150	Φ6@150	4Φ12	Φ6@150	220
SW-6	0.20	Φ6@150	Φ6@150	4Φ12	Φ6@150	240
SW-7	0.20	Φ6@150	Φ6@150	4Φ12	Φ6@150	280
SW-8	0.20	Φ6@150	Φ6@150	4Φ12	Φ6@150	300
SW-9	0.20	Φ6@150	Φ6@150	4Φ12	Φ6@150	360
SW-10	0.20	Φ6@100	Φ6@150	4Φ12	Φ6@150	360
SW-11	0.20	Φ6@200	Φ6@150	4Φ12	Φ6@150	360
SW-12	0.30	Φ6@200	Φ6@150	4Φ12	Φ6@150	—
SW-13	0.30	Φ6@200	Φ6@150	4Φ12	Φ6@150	300
SW-14	0.30	Φ6@200	Φ6@150	4Φ12	Φ6@150	360

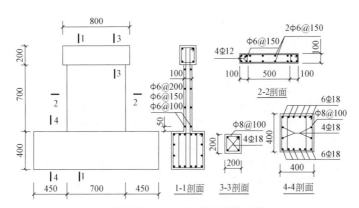

图 6.1　低矮 RC 剪力墙试件配筋(单位:mm)

6.2.2　材料力学性能

各 RC 剪力墙试件的混凝土设计强度等级均为 C40,在试件浇筑的同时,制作尺寸为 150mm×150mm×150mm 的标准立方体试块,用于量测混凝土 28d 的抗压强度。根据标准立方体试块的材料力学性能试验方法[17]和相关理论,得到混凝土的力学性能如表 6.3 所示。此外,为获得钢筋实际力学性能参数,按照《金属材

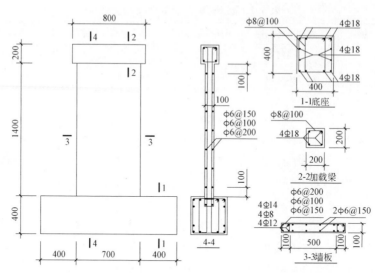

图 6.2　高 RC 剪力墙试件配筋(单位:mm)

料 拉伸试验 第 1 部分:室温试验方法》(GB/T 228.1—2010)[18] 中规定,每种标号钢筋制作三个标准试件,继而进行标准拉伸试验,取其平均值作为钢筋的力学性能最终测试结果,其值见表 6.4。

表 6.3　混凝土材料力学性能

类型	立方体抗压强度平均值 f_{cu}/MPa	轴心抗压强度平均值 f_c/MPa	弹性模量 E_c/MPa
矮墙	38.50	29.42	3.23×10^4
高墙	40.30	30.63	3.25×10^4

表 6.4　钢筋力学性能

钢筋型号	屈服强度 f_y/MPa	极限强度 f_u/MPa	弹性模量 E_s/MPa
Φ6	305	420	2.1×10^5
Φ8	310	430	2.1×10^5
Φ12	350	458	2.0×10^5
Φ14	345	465	2.0×10^5

6.2.3　加速腐蚀试验方案

　　人工气候模拟试验是通过人为设定实验室参数,使试件在较短时间内达到实际工程中较长使用龄期下的腐蚀状态。目前模拟酸雨腐蚀的方法主要有周期喷淋法、浸泡法、大气暴晒法。本试验采用室内加速试验法,以周期喷淋的方法模拟一般大气环境中的酸雨作用,以持续通入恒定CO_2方法模拟碳化作用。试件加速腐蚀方案与本书第2章RC框架棱柱体试件腐蚀试验方案相同,在此不再赘述。腐蚀RC剪力墙试件喷淋循环设置见表6.1和表6.2,试件加速腐蚀现场如图6.3所示。

图6.3　进行人工气候加速腐蚀试验中的RC剪力墙试件

6.2.4　试验加载装置与制度

1. 试验加载装置

待人工气候加速腐蚀试验完成后,将各腐蚀RC剪力墙试件取出,进行拟静力加载试验。为了尽可能准确模拟剪力墙的实际受力状况,同时考虑到实际试验加载设备与加载条件,本节采用悬臂梁式加载方案。加载过程中,试件顶端可以发生线位移和角位移,底端固定,采用500kN电液伺服作动器施加水平往复荷载。试验数据由1000通道7V08数据采集仪采集,试验全过程由MTS电液伺服结构试验系统及微机控制,低矮和高RC剪力墙试件加载装置如图6.4所示。

2. 加载制度

根据《建筑抗震试验规程》(JGJ/T 101—2015)的规定,正式加载前,所有试件均需预加反复荷载,以消除试件内部组织的不均匀性,同时检查加载设备是否安全

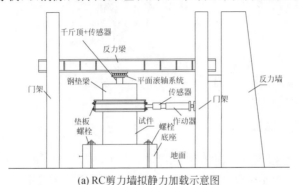

(a) RC剪力墙拟静力加载示意图

(b) 低矮RC剪力墙拟静力加载现场　　　　　(c) 高RC剪力墙拟静力加载现场

图 6.4　拟静力实验加载示意图

可靠,各测量仪表的工作状态是否正常。故本试验加载前,参考文献[16]估算试件开裂荷载,取其值的 30% 为加载级重复加载 2~3 次。

　　试验时先施加竖向荷载至试件的轴压比达到预定值,并在试验过程中保持不变。此外,千斤顶应严格对中,以防止墙体发生平面外失稳或引起偏心受压从而对试验结果产生影响。本试验采用荷载-位移混合加载制度,即试件屈服前,采用荷载控制并分级加载,每级往复循环 1 次;加载至试件边缘暗柱底部纵向钢筋屈服后,以该纵向钢筋屈服时对应的顶端位移为级差控制加载,每级往复循环 3 次,当剪力墙试件水平承载力下降至峰值荷载的 85% 或剪力墙破坏明显时停止试验。详细加载制度如图 6.5 所示。

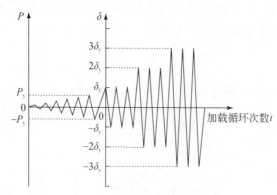

图 6.5　试验加载制度示意图

3. 测点布置与测试内容

　　试验量测内容根据试验目的预先确定,布置的应变片、应变仪、位移传感器等不但要满足精度要求,还应保证具有足够的量程,以满足构件进入非线性阶段量测大变形的要求。本次试验量测内容主要包括以下方面。

1)荷载量测

试件竖向恒载通过液压千斤顶进行施加,试验过程中,如发现轴力发生变化应及时调整。水平荷载则通过 MTS 电液伺服作动器中的荷载位移传感器实时采集记录。

2)变形量测

在试件底梁、加载梁、墙板正面和两侧均布置电测位移计,各测量仪表布置如图 6.6 所示,本次试验测量的主要内容包括 RC 剪力墙的水平顶点位移、塑性铰区的平均曲率和剪应变,其计算方法与 RC 框架梁计算方法相同,此处不再赘述。

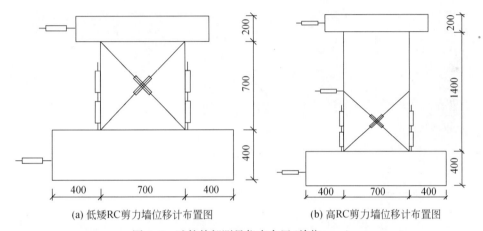

(a) 低矮RC剪力墙位移计布置图　　　　　(b) 高RC剪力墙位移计布置图

图 6.6　试件外部测量仪表布置(单位:mm)

3)裂缝观测

为了确定往复荷载作用下腐蚀 RC 剪力墙构件的破坏形态,需准确记录其开裂时间及裂缝发展规律,进而根据各试件裂缝分布特征,探究钢筋锈蚀程度对剪力墙破坏形态的影响。加载前在试件表面涂抹一层白漆,然后打上参考格线(5cm×5cm),以便于裂缝和损伤观测。

6.3　试验现象与破坏形态

6.3.1　腐蚀结果与分析

1. 试件腐蚀现象

混凝土试件遭受一般大气环境侵蚀作用过程大致分为两个阶段:第一阶段为混凝土的中性化反应阶段;第二阶段为中性化深度达到保护层厚度后,钢筋发生锈蚀阶段。剪力墙试件经腐蚀循环 0 次、240 次、300 次和 360 次后的典型表观现象如图 6.7 所示。从图中可以看出,腐蚀循环 240 次后试件表面泛黄、起砂,混凝土变酥并伴有白色晶体析出,其原因为一般大气环境中 CO_2、SO_4^{2-} 和 NO_3^- 等腐蚀介质侵入混凝土表层后,与混凝土中的 $Ca(OH)_2$ 发生中和反应,从而生成少量盐类;腐蚀循环 300 次后试件表面颜色加深,开始出现蜂窝麻面、坑洼等现象,粗骨料外露,混凝土更加酥松,其原因为侵蚀初期生成的反应产物与混凝土继续发生化学反应,生成了膨胀性盐类,进而导致试件表面混凝土产生剥落现象;腐蚀循环 360 次后试件表面出现起皮现象,坑洼现象更加严重。

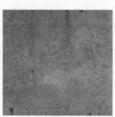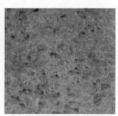

(a) 未腐蚀试件　　　　(b) 腐蚀循环240次　　　　(c) 腐蚀循环300次　　　　(d) 腐蚀循环360次

图 6.7　试件各腐蚀阶段表观现象

2. 钢筋锈蚀率

观察不同腐蚀程度 RC 剪力墙构件可以发现,各腐蚀试件表面均存在面积不同的锈迹,腐蚀循环次数越多,锈迹分布越广。待拟静力试验完成后,取出 RC 剪力墙内的箍筋及纵筋各 3 根,刮去钢筋上黏附的混凝土及锈蚀物,用 10% 盐酸溶液清洗钢筋表面铁锈,烘干称重,并根据式(2-1)分别计算各锈蚀钢筋的锈蚀率,以所截取纵筋和箍筋的实际锈蚀率均值作为试件相应类别钢筋的实际锈蚀率。因锈蚀程度变化规律类似,此处仅给出低矮 RC 剪力墙钢筋锈蚀率计算结果,如表 6.5 所示。可以看出,随腐蚀循环次数的增加,RC 剪力墙试件内部钢筋锈蚀程度均不断增大,且整体变化趋势接近线性。此外,相同腐蚀循环次数下,RC 剪力墙暗柱箍筋和分布筋的锈蚀程度高于暗柱纵筋,分析其原因为:暗柱箍筋及剪力墙分布筋混凝土保护层厚度较暗柱纵筋小,腐蚀介质较早侵入其表面并达到钢筋脱钝临界离子浓度,从而更早发生锈蚀;另外,混凝土保护层锈胀开裂后,暗柱箍筋及剪力墙分布筋更易直接暴露于侵蚀环境中,锈蚀速率加快,从而锈蚀程度相对严重。

表 6.5 　 低矮 RC 剪力墙钢筋锈蚀率

构件编号	喷淋循环次数	纵筋锈蚀率/%	箍筋锈蚀率/%	分布筋锈蚀率/%
SW-1	—	0.00	0.00	0.00
SW-2	300	6.20	10.88	14.36
SW-3	360	7.09	12.16	18.23
SW-4	—	0.00	0.00	0.00
SW-5	220	2.45	2.53	3.11
SW-6	240	3.63	6.43	11.25
SW-7	280	4.30	6.64	12.03
SW-8	300	6.08	11.47	14.33
SW-9	360	7.05	13.34	20.17
SW-10	360	7.11	13.44	19.91
SW-11	360	7.10	13.58	20.07
SW-12	—	0.00	0.00	0.00
SW-13	300	6.14	11.63	13.92
SW-14	360	7.07	13.82	19.19

6.3.2　破坏过程与特征

1. 低矮 RC 剪力墙

各低矮 RC 剪力墙试件最终破坏状态如图 6.8 所示。可以看出,各试件破坏过程相似,在往复荷载作用下主要发生剪切破坏。低矮 RC 剪力墙试件具体破坏特征为:加载初期,试件处于弹性工作状态,试件表面基本无裂缝产生;当墙顶水平荷载达到 78～100kN 时,墙体腹部出现对角斜裂缝,暗柱上随之产生水平裂缝。随着荷载的增加,墙体腹部相继出现新的剪切斜裂缝,原有水平裂缝发展成弯剪斜裂缝,不断沿对角 45°方向延伸并相互贯通,将墙体腹部分割成块状,该受力阶段试件总体变形不大,反向加载时墙体腹部斜压区剪切裂缝尚能恢复到加载前的宽度,再加载时斜压区尚能有效传递压力,承载力仍能继续提高。当荷载达到 125～266kN 时,斜裂缝迅速发展,裂缝宽度增加,与斜裂缝相交的横向钢筋屈服,此时加载方式由力控制改为位移控制。墙顶水平位移增大至 4.9～8.6mm 时,墙体腹部对角斜裂缝逐渐加宽,墙体底部剪压区混凝土受压破碎剥落,混凝土在剪压应力共同作用下达到其极限强度,水平荷载急剧下降,呈明显的剪切脆性破坏。

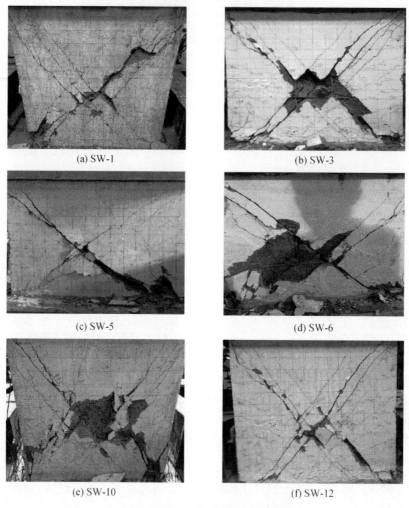

(a) SW-1　　　　　　　　　　(b) SW-3

(c) SW-5　　　　　　　　　　(d) SW-6

(e) SW-10　　　　　　　　　　(f) SW-12

图 6.8　低矮 RC 剪力墙试件破坏状态

　　此外,由于轴压比、腐蚀循环次数和横向分布筋配筋率的不同,各试件破坏过程又呈现出一定的差异,具体表现为:随着轴压比的增加,各试件墙体开裂荷载逐渐提高,开裂后暗柱水平裂缝和墙体腹部斜裂缝发展速率较慢、宽度较窄,表明轴压力能够推迟墙体水平裂缝产生并一定程度地减缓裂缝发展。随着腐蚀循环次数的增加,墙体裂缝出现较早,开裂荷载逐渐减小,斜裂缝数量增多,裂缝宽度变宽且发展速度较快,墙体变形性能逐渐变差。随着横向分布筋配筋率的增加,墙体剪切斜裂缝数量减少,裂缝发展速度与宽度亦减小,墙体抗剪能力逐渐提高。

2. 高 RC 剪力墙

各高 RC 剪力墙最终破坏状态如图 6.9 所示。可以看出,在往复荷载作用下高 RC 剪力墙试件主要发生以剪切变形为主的弯剪型破坏。其具体破坏特征为:加载初期,墙体处于弹性工作状态,其表面基本无裂缝产生,当试件顶部水平荷载达到 78～100kN 时,墙体底部受拉区混凝土出现第一条水平裂缝,表明墙体开始进入弹塑性工作阶段;随着往复荷载增大,墙体底部水平裂缝不断发展并斜向上延伸,裂缝宽度不断加宽,当水平荷载达到 90～124kN 时,墙体暗柱底部纵筋受拉屈服,墙体进入屈服阶段,此时加载方式由力控制转变为位移控制;随着位移幅值增加,墙体底部水平裂缝数量不再增加,而裂缝宽度增加较快;当位移幅值增大至 13～22mm 时,墙体底部受压混凝土在剪压应力共同作用下达到其极限强度,形成块状结构。随着墙顶水平位移进一步增大,受压区混凝土破碎面积逐渐增大。最终,由于墙体底部受压区混凝土压碎、剥落,暗柱纵筋屈曲,试件顶部水平荷载下降较快,墙体宣告破坏。

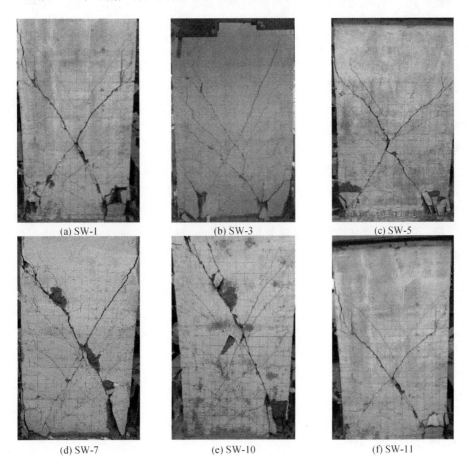

(a) SW-1　　　　　　　(b) SW-3　　　　　　　(c) SW-5

(d) SW-7　　　　　　　(e) SW-10　　　　　　　(f) SW-11

　　　　(g) SW-12　　　　　　　　　　　　(h) SW-14

图 6.9　高 RC 剪力墙试件破坏状态

　　此外,由于轴压比、腐蚀程度和横向分布筋配筋率不同,各试件破坏过程又呈现出一定的差异,具体表现为:轴压比较小试件的裂缝较为分散,分布区域较大,整个加载过程中,水平裂缝与剪切斜裂缝发展速度均较快;轴压比较大的试件墙体开裂荷载较大,水平裂缝与剪切裂缝发展速率相对较慢,表明轴压力可推迟裂缝产生并在一定程度上减缓裂缝的发展。腐蚀程度较轻的试件剪切斜裂缝数量较多,发展速率较快,宽度较宽,但墙底受弯裂缝较少、宽度较窄,塑性铰区域不明显,墙体发生以剪切变形为主的剪弯型破坏,表明轻度锈蚀对墙体抗剪能力的影响大于抗弯能力影响;对于腐蚀程度较严重试件,在整个受力过程中,墙体剪切斜裂缝数量较少、宽度较窄,发展速度较慢,墙体腹部未见明显贯通剪切斜裂缝,但墙底受弯裂缝数量较多、宽度较宽,混凝土破损区域面积较大,墙体发生以弯曲变形为主的弯剪型破坏,表明重度锈蚀对墙体抗弯能力的影响大于抗剪能力影响。随着横向分布筋配筋率增大,墙体剪切斜裂缝数量不断减少、发展速率减慢,破坏时墙底混凝土破损区域面积增大,表明墙体剪切破坏程度减轻而弯曲破坏程度加重。

6.4　试验结果与分析

6.4.1　滞回曲线

　　1. 低矮 RC 剪力墙

　　根据试验测得 14 榀低矮 RC 剪力墙的墙顶荷载与位移(P-Δ)滞回曲线,如图 6.10 所示。

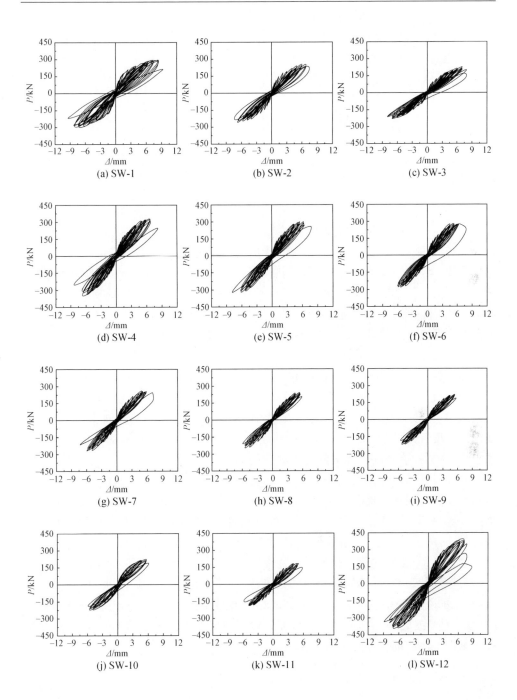

(a) SW-1　　　　　　　　(b) SW-2　　　　　　　　(c) SW-3

(d) SW-4　　　　　　　　(e) SW-5　　　　　　　　(f) SW-6

(g) SW-7　　　　　　　　(h) SW-8　　　　　　　　(i) SW-9

(j) SW-10　　　　　　　　(k) SW-11　　　　　　　　(l) SW-12

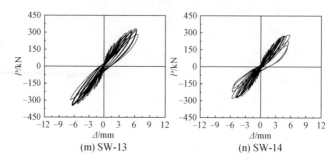

(m) SW-13　　　　　　　　　　(n) SW-14

图 6.10　低矮 RC 剪力墙滞回曲线

　　对比分析各试件滞回曲线可知,在整个加载过程中,各试件的滞回性能基本相似,即试件屈服前,加载和卸载刚度基本无退化,卸载后几乎无残余变形,滞回曲线近似呈直线,滞回耗能较小;试件屈服后,随控制位移的增大,试件的加载和卸载刚度逐渐退化,卸载后残余变形增大,滞回环面积亦增大,形状近似呈弓形,有轻微捏拢现象,表明墙体具有良好的耗能能力;达到峰值荷载后,随着控制位移的增大,墙体加载和卸载刚度退化更加明显,卸载后残余变形继续增大,同时由于加卸载过程中的剪切斜裂缝开展,滞回曲线形状由弓形转变为反 S 形,表明墙体耗能能力变差。

　　由于腐蚀程度、轴压比和横向分布筋配筋率不同,各试件表现出不同的滞回性能。其他设计参数相同时,随着腐蚀程度增加,滞回曲线丰满程度和滞回环的面积逐渐减小;屈服荷载后,屈服平台段变短,承载能力逐渐降低;峰值荷载后,滞回曲线捏拢程度逐渐增加,破坏时墙顶水平位移逐渐减小,表明 RC 剪力墙试件的水平承载力、变形性能和耗能能力随着腐蚀程度的增大逐渐降低。

　　其他设计参数相同时,随着轴压比增加,试件的初始刚度逐渐增加,滞回曲线丰满程度和滞回环的面积逐渐减小;屈服荷载后,屈服平台段变短,承载能力逐渐提高;峰值荷载后,滞回曲线捏拢程度逐渐增加,试件顶部水平荷载的下降速率加快,破坏时墙顶水平位移逐渐减小,表明随着轴压比的增大,RC 剪力墙试件承载能力逐渐提高,但变形性能和耗能能力逐渐降低。

　　其他设计参数相同时,随着横向分布筋配筋率的增大,试件的初始刚度略有增加,水平承载力亦有一定提高,变形性能逐渐增强,耗能能力增加,滞回曲线捏拢现象有所减弱,这是由于横向分布筋限制了墙体斜裂缝在往复加载中的开展,进而提高了试件整体的抗震能力。

2. 高 RC 剪力墙

　　根据试验测得 14 榀高 RC 剪力墙的墙顶荷载与位移(P-Δ)滞回曲线,如图 6.11 所示。

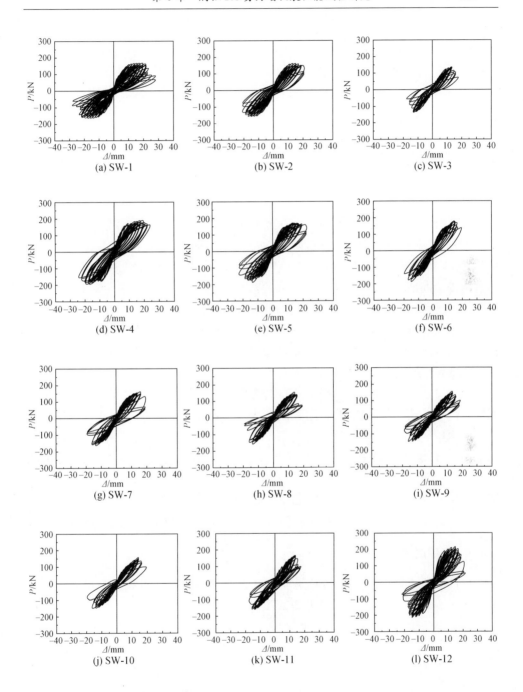

(a) SW-1

(b) SW-2

(c) SW-3

(d) SW-4

(e) SW-5

(f) SW-6

(g) SW-7

(h) SW-8

(i) SW-9

(j) SW-10

(k) SW-11

(l) SW-12

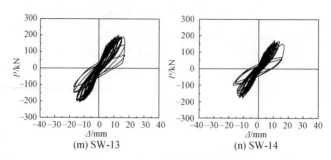

(m) SW-13　　　　　　　　　　　(n) SW-14

图 6.11　高 RC 剪力墙滞回曲线

对比分析各试件滞回曲线可知,在整个加载过程中,各试件的滞回性能基本相似,即各试件在屈服前均处于弹性阶段,加卸载曲线基本重合,滞回环面积较小;屈服后,由于暗柱纵向钢筋受拉屈服,试件塑性变形逐渐增加,加载曲线斜率随水平位移增加不断减小,同级位移幅值下刚度略有退化,滞回环形状近似呈梭形,有轻微的捏拢现象;达到峰值荷载后,加卸载刚度随位移增加均不断减小,且在同级位移幅值下刚度退化加重,残余变形不断增大,滞回环形状由梭形转变为弓形,试件耗能能力减小;随着水平位移进一步增加,滞回环捏拢现象更加明显,水平承载力不断降低,直至试件发生破坏。

由于腐蚀程度、轴压比和横向分布钢筋配筋率不同,各试件又呈现出不同的滞回性能。其他设计参数相同时,随着钢筋锈蚀程度的增大,滞回曲线丰满程度和滞回环的面积逐渐减小,滞回环捏拢现象出现提前,捏拢程度逐渐增加,刚度退化不断加快,试件破坏时极限位移逐渐减小。其他设计参数相同时,随着轴压比的增加,试件初始刚度明显增大,水平承载力增加,但试件屈服后损伤发展逐渐加剧,极限位移逐渐减小。其他设计参数相同时,随着横向分布钢筋配筋率的增加,滞回曲线捏拢现象减弱,水平承载力变化不明显,但墙体破坏时极限位移略有增大。

6.4.2　骨架曲线

将各试件墙顶水平荷载-位移滞回曲线各次循环的峰值点相连即可得到试件的骨架曲线,低矮剪力墙和高剪力墙试件的骨架曲线对比如图 6.12 和图 6.13 所示。各骨架曲线正负向并不完全对称,这是由于试件受到的腐蚀具有不均匀性,致使试件正负向的损伤程度不同。基于上述骨架曲线,取同一循环下正负向荷载和位移的平均值绘制相应试件的平均骨架曲线,并据此计算得到各试件骨架曲线特征点参数。取试件受拉区初始裂缝出现时的荷载和变形作为开裂荷载和开裂位移,根据能量等值法确定试件屈服荷载与屈服位移,以平均骨架曲线上最大荷载所对应的点标定试件峰值荷载与峰值位移。对于低矮 RC 剪力墙,各试件骨架曲线达到峰值点后迅速下降,破坏较突然,故近似将极限荷载取为峰值荷载,其对应的水平位移即为极限位移;对于高剪力墙,取荷载下降至峰值荷载 85% 时对应点的荷载和位移作为试件的极限荷载与极限位移。低矮剪力墙和高剪力墙试件的骨架曲线特征点参数见表 6.6 和表 6.7。

表 6.6　低矮 RC 剪力墙试件的骨架曲线特征点参数

试件编号	开裂点		屈服点		峰值点		位移延性系数 μ
	荷载/kN	位移/mm	荷载/kN	位移/mm	荷载/kN	位移/mm	
SW-1	181.19	1.79	232.74	3.47	297.21	8.59	2.48
SW-2	161.15	1.73	206.96	3.22	280.88	7.48	2.32
SW-3	118.58	1.66	155.59	3.16	225.91	7.07	2.24
SW-4	188.31	1.61	271.38	3.48	366.71	7.42	2.13
SW-5	180.01	1.55	260.13	3.42	343.99	7.09	2.07
SW-6	156.89	1.54	244.67	3.31	323.49	6.95	2.10
SW-7	145.43	1.48	223.46	3.07	293.71	6.41	2.09
SW-8	134.02	1.46	199.11	2.93	268.29	6.01	2.05
SW-9	121.09	1.45	184.01	2.89	241.92	5.85	2.02
SW-10	125.22	1.47	186.53	2.94	246.48	6.26	2.13
SW-11	119.86	1.42	181.59	2.67	232.91	5.32	1.99
SW-12	212.88	1.65	284.07	2.89	396.76	7.42	2.57
SW-13	180.49	1.62	235.08	2.81	340.88	6.47	2.30
SW-14	153.42	1.48	214.06	2.75	287.38	4.97	1.81

表 6.7　高 RC 剪力墙试件的骨架曲线特征点参数

试件编号	开裂点		屈服点		峰值点		极限位移/mm	位移延性系数 μ
	荷载/kN	位移/mm	荷载/kN	位移/mm	荷载/kN	位移/mm		
SW-1	99.52	2.46	123.97	5.12	181.59	19.96	26.08	5.09
SW-2	79.21	2.40	101.17	4.52	163.45	13.92	21.37	4.73
SW-3	78.53	2.23	90.01	4.01	147.74	14.19	16.44	4.10
SW-4	104.11	3.22	133.71	5.12	209.06	21.26	24.95	4.87
SW-5	98.17	3.12	130.57	5.06	199.19	18.98	22.99	4.54
SW-6	93.48	3.08	115.00	4.80	194.71	15.96	20.01	4.17
SW-7	85.37	3.01	105.21	4.43	181.76	15.21	18.17	4.10
SW-8	78.02	2.92	102.33	4.41	169.78	15.01	17.95	4.07
SW-9	75.66	2.87	97.21	4.37	164.65	14.69	17.88	4.09

续表

试件编号	开裂点		屈服点		峰值点		极限位移/mm	位移延性系数 μ
	荷载/kN	位移/mm	荷载/kN	位移/mm	荷载/kN	位移/mm		
SW-10	77.03	3.01	100.38	4.48	165.97	15.42	18.47	4.12
SW-11	88.37	2.59	105.91	4.38	159.13	13.98	17.79	4.06
SW-12	101.05	2.52	141.69	4.38	220.41	15.01	21.00	4.79
SW-13	90.56	2.68	125.63	4.09	203.01	13.28	18.38	4.49
SW-14	83.01	2.49	111.21	3.98	189.67	13.95	15.9	3.99

1. 低矮 RC 剪力墙骨架曲线

各试件骨架曲线形状相似,均无明显下降段,曲线达到峰值荷载后迅速下降,破坏较突然,表现出明显的脆性破坏特征。由于轴压比、腐蚀程度和横向分布钢筋配筋率的不同,各试件骨架曲线表现出如下差异。

由图 6.12(a)～(c)可以看出,腐蚀后各试件的屈服荷载和峰值荷载均低于未腐蚀试件;试件屈服前,骨架曲线基本重合,刚度变化不大;试件屈服后,随着腐蚀程度的增加,水平承载力逐渐降低,骨架曲线平直段逐渐变短;峰值荷载后,试件破坏更为突然且破坏时墙顶水平位移逐渐减小,表明 RC 剪力墙试件的承载能力和

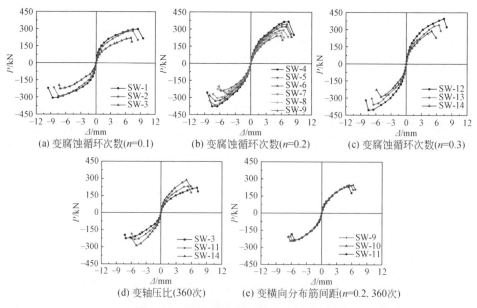

(a) 变腐蚀循环次数(n=0.1)　　(b) 变腐蚀循环次数(n=0.2)　　(c) 变腐蚀循环次数(n=0.3)

(d) 变轴压比(360次)　　(e) 变横向分布筋间距(n=0.2, 360次)

图 6.12　低矮剪力墙试件 P-Δ 骨架曲线

变形性能均随腐蚀程度的增大逐渐降低。

由图 6.12(d)可以看出,随着轴压比的增加,试件初始刚度略有增大,屈服荷载和峰值荷载逐渐提高;屈服荷载后平台段长度变短,峰值荷载之后骨架曲线下降相对陡峭,表明试件变形性能逐渐降低。

由图 6.12(e)可以看出,随横向分布钢筋配筋率的增加,低矮 RC 剪力墙试件水平承载能力明显提高,加载至屈服后,试件骨架曲线平直段变长;超过峰值荷载后,骨架曲线下降段逐渐变缓,试件破坏时墙顶水平位移逐渐增加,表明增大低矮 RC 剪力墙试件的横向分布筋配筋率可有效提高试件的变形性能。

2. 高 RC 剪力墙骨架曲线

由于轴压比、腐蚀程度和横向分布钢筋配筋率不同,各试件骨架曲线表现出如下差异。

由图 6.13(a)~(c)可以看出,不同腐蚀程度下各试件的开裂荷载、屈服荷载、峰值荷载和极限荷载均低于未腐蚀试件,且随腐蚀程度增加,各试件特征荷载值逐渐降低;屈服前,各试件刚度相差不大;屈服后,腐蚀试件刚度及水平承载力退化明显;达到峰值荷载以后,随着腐蚀程度增加,各试件骨架曲线下降段逐渐变陡,最终破坏时试件水平位移逐渐减小,表明其变形性能变差。

由图 6.13(d)可以看出,随着轴压比的增加,试件初始刚度略有增大,但其骨架曲线的平直段变短,下降段相对陡峭,表明试件变形性能逐渐变差,这是由于较

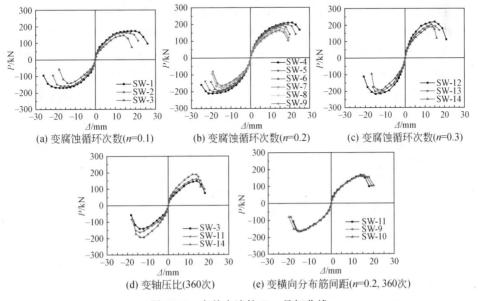

(a) 变腐蚀循环次数(n=0.1)　　　(b) 变腐蚀循环次数(n=0.2)　　　(c) 变腐蚀循环次数(n=0.3)

(d) 变轴压比(360次)　　　(e) 变横向分布筋间距(n=0.2、360次)

图 6.13　高剪力墙件 P-Δ 骨架曲线

高轴压比下,试件受压侧混凝土易达到极限压应变,而受拉侧钢筋变形得不到充分发挥,抑制了塑性区长度的发展;此外,随轴压比增大,试件的开裂、屈服与峰值荷载及开裂位移呈增大趋势,这是因为轴压比在一定范围内增大,能有效抑制混凝土开裂及裂缝的扩展,在大偏心受压破坏情况下,RC 剪力墙的水平承载能力将随轴压比的增加而增大。

由图 6.13(e)可以看出,横向分布钢筋配箍率的增加对墙体水平承载力提高并不显著,但改善了墙体的变形性能,其原因为增大横向分布筋配筋率可提高墙体的抗剪能力,使墙体逐渐由以剪切破坏成分较大的弯剪破坏向弯曲破坏转变。

6.4.3　塑性变形

RC 剪力墙试件的塑性变形性能可以通过屈服位移、峰值位移、极限位移和位移延性系数等指标进行衡量,其中,位移延性系数 μ 可以表示为

$$\mu = \frac{\Delta_u}{\Delta_y} \tag{6-1}$$

式中,Δ_y 为剪力墙试件的屈服位移;Δ_u 为剪力墙试件的极限位移。低矮 RC 剪力墙和高 RC 剪力墙位移延性系数计算结果分别见表 6.6 和表 6.7。为便于观察腐蚀循环次数、轴压比和横向分布筋配筋率对剪力墙试件变形性能的影响,分别绘制低矮和高 RC 剪力墙相关影响参数下墙体变形性能指标对比图,如图 6.14 和图 6.15 所示。

1. 低矮 RC 剪力墙塑性变形性能

由图 6.14(a)～(c)和表 6.6 可以看出,在相同轴压比下,各试件的屈服位移、峰值位移和位移延性系数随着腐蚀循环次数的增加逐渐降低,当轴压比为 0.3 时,腐蚀循环 360 次后试件位移延性系数相对未腐蚀试件下降程度达 29.5%。由图 6.14(d)和表 6.6 可以看出,腐蚀循环次数相同时,随着轴压比的增大,试件在不同受力状态下的墙顶水平位移及延性系数呈降低趋势,轴压比从 0.1 增加到 0.3 时,腐蚀循环 360 次试件位移延性系数降低了 19.2%。此外,由图 6.14(e)和表 6.6 可以看出。轴压比及腐蚀循环次数相同时,随着横向分布筋配筋率的增加,试件不同受力状态下的墙顶水平位移和位移延性系数逐渐增大,横向分布筋间距从 200mm 减小到 100mm 时,试件位移延性系数增加 7.0%。

2. 高 RC 剪力墙塑性变形性能

由图 6.15(a)～(c)和表 6.7 可以看出:在相同轴压比下,各试件的屈服位移、峰值位移、极限位移和位移延性系数随着腐蚀程度的增加均呈降低趋势,轴压比为 0.1、0.2 和 0.3 时,腐蚀循环 360 次后试件位移延性系数相对未腐蚀试件分别降低 19.4%、16.0%、16.7%。由图 6.15(d)和表 6.7 可以看出,腐蚀循环次数相同时,

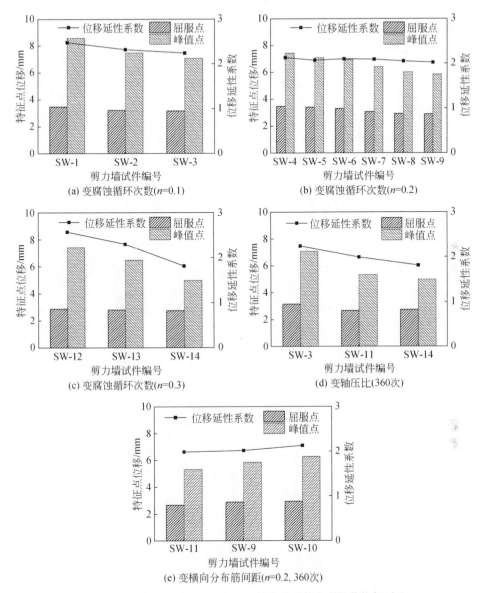

图 6.14　不同影响参数下低矮 RC 剪力墙试件变形性能指标对比

　　随着轴压比的增大,高 RC 剪力墙在不同受力状态下的墙顶水平位移和延性系数呈下降趋势,这是由于轴压比的增加使得墙体受压侧混凝土易达到极限压应变,而受拉侧钢筋变形得不到充分发挥,从而墙体水平变形减小。此外,由图 6.15(e)和表 6.7 可以看出,轴压比及腐蚀循环次数相同时,随着横向分布筋配筋率的增加,试件不同受力状态下的墙顶水平位移及位移延性系数逐渐增大,但增幅不明显。

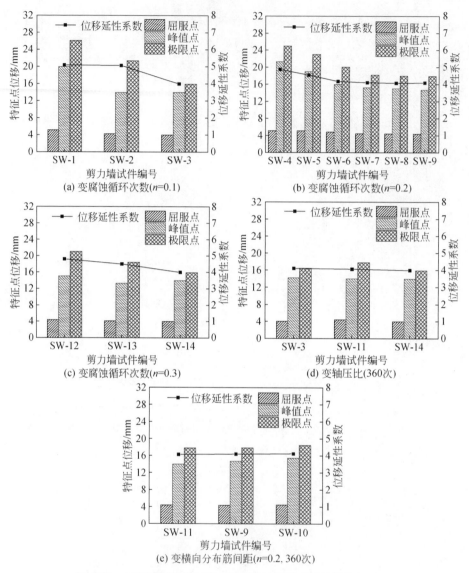

图 6.15　不同影响参数下高 RC 剪力墙试件变形性能指标对比

6.4.4　剪切变形

RC 剪力墙的总变形分为弯曲变形和剪切变形,且剪切变形在总变形中占比较大,目前大多数研究集中在对总变形的分析,而将剪切变形从总变形中分离出来的研究相对较少,因此有必要对腐蚀 RC 剪力墙的剪切变形进行研究。通过在剪力墙表面设置交叉位移传感器测得墙体对角线长度变化,进而按式(6-2)~式(6-4)

计算获得各 RC 剪力墙试件的剪应变及剪切变形占总变形的比例。剪切变形计算简图如图 6.16 所示。

$$\Delta_s = \frac{1}{2}(\sqrt{(d_1+D_1)^2-h^2}-\sqrt{(d_2+D_2)^2-h^2}) \tag{6-2}$$

$$\gamma = \frac{\Delta_s}{h} \tag{6-3}$$

$$\frac{\Delta_s}{\Delta} = \frac{(\sqrt{(d_1+D_1)^2-h^2}-\sqrt{(d_2+D_2)^2-h^2})}{2\Delta} \tag{6-4}$$

式中，d_1 和 d_2 分别为墙体对角线初始长度；D_1 和 D_2 分别为墙体对角线长度变化；Δ_s 为试件剪切变形；h 为剪力墙塑性变形区域高度；Δ 为试件总水平位移。

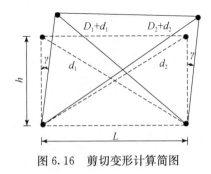

图 6.16　剪切变形计算简图

由于开裂点剪切变形过小，且极限状态时试件严重破坏导致位移传感器脱落而无法获得墙体变形数据，故仅给出低矮和高 RC 剪力墙试件屈服点和峰值点处的剪应变及剪切变形占总变形比，如表 6.8 和表 6.9 所示。

1. 低矮 RC 剪力墙

由表 6.8 可以看出，随着腐蚀循环次数的增加，屈服状态和峰值状态下剪应变和剪切变形占总变形的比例均逐渐增大，这是由于水平分布钢筋锈蚀削弱了其有效截面面积，导致试件整体抗剪能力退化，并显著降低了试件的抗剪刚度，因而腐蚀循环次数较大试件的剪应变较大。随着横向分布筋配筋率的增加，屈服状态和峰值状态下的剪应变及其剪切变形占总变形的比例均减小，这是由于增加横向分布筋配筋率将提高剪力墙整体抗剪承载力，且抑制了墙体剪切变形。

表 6.8　低矮 RC 剪力墙试件不同受力状态下剪应变及剪切变形占总变形比

试件编号	屈服点		峰值点	
	$\gamma/(10^{-3}\,\mathrm{rad})$	$\Delta_s/\Delta/\%$	$\gamma/(10^{-3}\,\mathrm{rad})$	$\Delta_s/\Delta/\%$
SW-1	1.289	26.00	4.909	40.00

试件编号	屈服点		峰值点	
	$\gamma/(10^{-3}\,\text{rad})$	$\Delta_s/\Delta/\%$	$\gamma/(10^{-3}\,\text{rad})$	$\Delta_s/\Delta/\%$
SW-2	1.394	30.30	5.022	47.00
SW-3	1.393	30.86	5.109	50.58
SW-4	1.094	22.01	4.028	38.00
SW-5	1.124	23.01	4.153	41.00
SW-6	1.155	24.43	4.269	43.00
SW-7	1.184	27.00	4.297	46.93
SW-8	1.214	29.00	4.379	51.00
SW-9	1.280	31.00	4.429	53.00
SW-10	1.204	28.67	4.270	47.75
SW-11	1.356	35.55	4.558	59.97
SW-12	0.991	24.00	4.028	38.00
SW-13	1.004	25.01	4.067	44.00
SW-14	1.100	28.00	4.193	59.06

表 6.9　高 RC 剪力墙试件不同受力状态下剪应变及剪切变形占总变形比

试件编号	屈服点		峰值点	
	$\gamma/(10^{-3}\,\text{rad})$	$\Delta_s/\Delta/\%$	$\gamma/(10^{-3}\,\text{rad})$	$\Delta_s/\Delta/\%$
SW-1	0.432	5.91	6.558	23.00
SW-2	0.409	6.33	3.289	16.54
SW-3	0.379	6.62	2.838	14.00
SW-4	0.461	6.30	5.467	18.00
SW-5	0.464	6.42	4.609	17.00
SW-6	0.446	6.50	3.648	16.00
SW-7	0.421	6.65	2.933	13.50
SW-8	0.428	6.79	2.530	11.80
SW-9	0.437	7.00	2.078	9.90
SW-10	0.421	6.58	2.022	9.18
SW-11	0.446	7.13	2.203	11.03
SW-12	0.419	6.70	3.645	17.00
SW-13	0.422	7.22	2.617	13.79
SW-14	0.426	7.49	2.192	11.00

2. 高 RC 剪力墙

与低矮 RC 剪力墙不同,随着腐蚀循环次数的增加,各高 RC 剪力墙试件不同受力状态下剪应变和剪切变形占总变形的比例均不断减小,其原因主要是暗柱纵筋锈蚀导致 RC 剪力墙试件抗弯能力降低,总变形中弯曲变形成分增加。与低矮 RC 剪力墙规律一致,随着横向分布筋配筋率的增加,各高 RC 剪力墙试件屈服状态和峰值状态下的剪应变及其剪切变形占总变形的比例均逐渐减小。

6.4.5　强度衰减

在低周反复荷载作用下,随着加载循环次数的增加和位移幅值的增大,墙体损伤不断累积,从而导致其承载能力逐渐退化。为分析该退化现象,本节根据试验数据绘制不同影响参数下低矮 RC 剪力墙和高 RC 剪力墙试件在位移控制加载阶段的归一化强度退化曲线,如图 6.17 和图 6.18 所示。图中,P_{ij} 为第 j 级位移控制循环加载下的第 i 次循环的峰值荷载($i=1,2,3$),$P_{j\max}$ 为第 j 级位移控制循环加载下的最大峰值荷载。

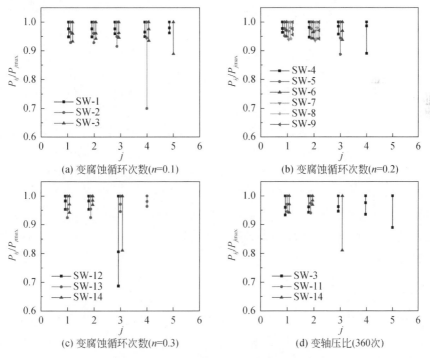

图 6.17　低矮 RC 剪力墙试件强度退化曲线

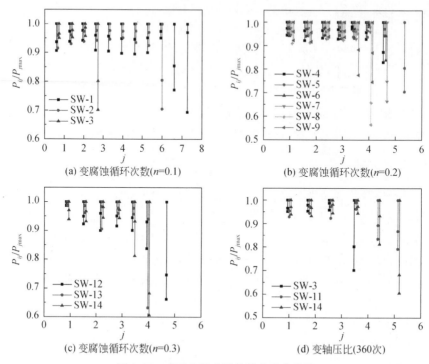

(a) 变腐蚀循环次数($n=0.1$)   (b) 变腐蚀循环次数($n=0.2$)

(c) 变腐蚀循环次数($n=0.3$)   (d) 变轴压比(360次)

图 6.18　高 RC 剪力墙件强度退化曲线

　　从图 6.17 和图 6.18 中可以看出,低矮 RC 剪力墙和高 RC 剪力墙强度衰减规律基本一致:随着水平位移的增加,墙体强度衰减程度逐渐增大,且同一位移加载级下的三次循环加载中,第 2 次循环加载强度退化程度大于第 3 次循环加载。其他参数相同时,不同腐蚀循环次数墙体在位移控制加载初期,强度退化程度基本一致,随着加载的继续各试件开始产生差异,表现为随着腐蚀循环次数的增加,同一水平位移下墙体强度退化程度呈递增趋势。随着轴压比的增加,位移加载初期试件同级强度退化基本一致,但在位移加载后期,高轴压比的墙体同级强度衰减更为严重,这主要是由于轴压比增加会导致墙体加载后期 P-Δ 效应更加严重,促使墙体在接近破坏阶段强度衰减加快。

6.4.6　刚度退化

　　由图 6.10 和图 6.11 各 RC 剪力墙试件滞回曲线可知,随着加载循环次数和控制位移增大,RC 剪力墙刚度不断发生退化。本节取试件平均骨架曲线各加载级下割线刚度作为该试件每级循环加载的等效刚度,且按式(6-5)计算。以各试件的水平位移为横坐标,每级循环加载的等效刚度为纵坐标,绘制低矮和高 RC 剪力墙试件的刚度退化曲线,分别如图 6.19 和图 6.20 所示。

$$K_i = \frac{|+P_i| + |-P_i|}{|+\Delta_i| + |-\Delta_i|} \tag{6-5}$$

式中,$+P_i$、$-P_i$分别为正、反向第 i 次峰点荷载值,$+\Delta_i$、$-\Delta_i$分别为正、反向第 i 次峰点位移值。

由图 6.19 和图 6.20 可知,低矮和高 RC 剪力墙试件加载初期刚度较大,随着控制位移的不断增加,墙体刚度逐渐退化。主要是因为加载初期试件处于弹性阶段,刚度较大,随着控制位移的不断增加,墙体逐渐开裂,钢筋屈服,混凝土压碎,刚度逐渐减小;加载后期墙体破坏较为严重,刚度基本趋于平稳。低矮和高 RC 剪力墙刚度退化规律详述如下。

(1)低矮 RC 剪力墙。

由图 6.19 可以看出,其他参数相同时,轴压比较大的低矮 RC 剪力墙试件初始刚度较大,但随着水平位移的增大,其刚度退化速率较快,刚度退化曲线与轴压比较小的试件刚度退化曲线出现交点。其他参数相同、腐蚀程度不同时,各试件的初始刚度相差不大,但随着水平位移的增大,腐蚀试件的刚度逐渐小于未腐蚀试件的刚度,且随腐蚀程度的增加,相同水平位移下各试件的刚度逐渐减小,表明腐蚀程度的增加会加剧低矮 RC 剪力墙的刚度退化。其他参数相同时,随着横向分布筋配筋率增大,各试件加载初期刚度退化均较小,且随着水平位移的增大,刚度退化速率亦呈减小趋势。

(2)高 RC 剪力墙。

由图 6.20 可以看出,随着轴压比的增加,腐蚀试件的初始开裂刚度略有提高,开裂后,轴压比较大的腐蚀试件刚度退化曲线更加陡峭,达到峰值后各试件刚度退化趋于平缓,退化程度逐渐减弱。当腐蚀程度不同时,各试件初始刚度相差不大,但随着墙顶水平位移的增大,腐蚀程度较大的试件刚度逐渐小于未腐蚀试件的刚度,且随着腐蚀程度的增加,相同水平位移下各试件的刚度逐渐减小,表明腐蚀程度的增加将会导致高 RC 剪力墙试件地震损伤加剧。随着横向分布筋配筋率的减小,同一水平位移下,试件的刚度逐渐降低,刚度退化速率逐渐加快。

6.4.7　滞回耗能

构件的耗能能力是其在地震中吸收地震能量和减轻结构地震作用能力的综合反映。在低周往复荷载作用下,加卸载吸收的能量与释放能量的差值即为一个滞回环中所耗散的能量,因此滞回环越饱满,试件的耗能能力越好。国内外学者提出了很多评价耗能能力的系数,如累积耗能、功比指数、能量耗散系数和等效黏滞阻尼系数等。本节采用累积耗能来定量表征试件的耗能性能。累积耗能为试件在受

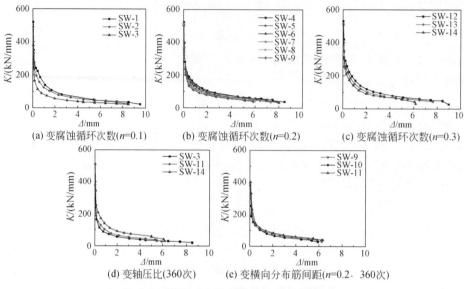

图 6.19　低矮 RC 剪力墙试件刚度退化对比

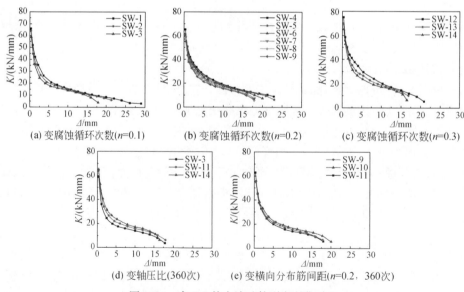

图 6.20　高 RC 剪力墙试件刚度退化对比

力过程中,加载循环所累积的能量值。不同影响参数下低矮和高 RC 剪力墙试件累积耗能与加载循环次数的关系曲线分别如图 6.21 和图 6.22 所示。

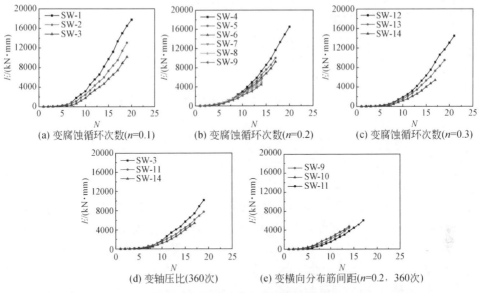

图 6.21　低矮 RC 剪力墙累积耗能对比

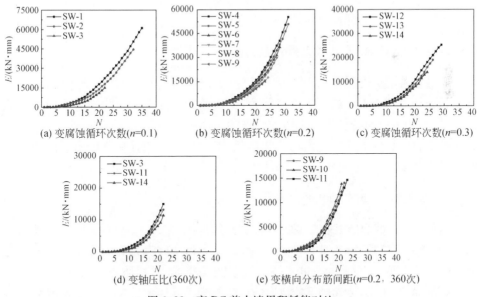

图 6.22　高 RC 剪力墙累积耗能对比

从图 6.21 和图 6.22 中可以看出,低矮和高 RC 剪力墙试件滞回耗能规律基本一致,即随着轴压比的增加,试件累积滞回耗能呈下降趋势,耗能能力逐渐减弱;

随着腐蚀循环次数的增加,试件累积滞回耗能呈下降趋势,耗能能力逐渐减弱;随着横向分布筋配筋率的增加,试件累积滞回耗能呈上升趋势,试件耗能能力逐渐增强,这是由于横向分布筋配筋率较大试件抗剪能力较强,极限位移较大,故其耗能能力较强。

6.5 腐蚀低矮 RC 剪力墙恢复力模型的建立

构件恢复力模型是基于大量试验数据回归分析得到的可反映构件恢复力-变形之间关系的数学模型,是进行结构弹塑性分析的基础。目前,关于 RC 剪力墙构件恢复力模型已有较多研究成果[19],但大多是基于未腐蚀构件提出的,而考虑环境因素对剪力墙构件性能影响的研究鲜见报道。由 6.3 节一般大气环境下 RC 剪力墙抗震性能试验结果分析可知,腐蚀后试件各项抗震性能均有不同程度的退化,若继续采用基于未腐蚀 RC 剪力墙试验结果提出的恢复力模型对既有腐蚀 RC 结构的抗震性能进行评估将会高估结构的实际抗震能力。鉴于此,本章以 6.3 节腐蚀 RC 剪力墙试件拟静力试验为基础,参考现有应用较为广泛的恢复力模型,分别建立一般大气环境下考虑钢筋锈蚀低矮 RC 剪力墙的宏观恢复力模型和剪切恢复力模型,以期为一般大气环境下以剪力墙为主要抗侧力构件的在役高层建筑结构的弹塑性时程分析和地震风险评估提供理论基础。

6.5.1 腐蚀低矮 RC 剪力墙宏观恢复力模型

通过对各榀腐蚀低矮 RC 剪力墙试件的拟静力试验结果进行统计分析发现,钢筋锈蚀将导致剪力墙试件的承载能力、变形性能和耗能能力均发生不同程度的退化,但其基本滞回特性仍与未腐蚀构件相似,故此处假定腐蚀后低矮 RC 剪力墙试件与未腐蚀试件的恢复力模型几何形状相似,只是在往复荷载作用下两者抗震性能退化程度不同,进而导致恢复力模型参数有所差异。

1. 未腐蚀构件骨架曲线参数确定

由低矮 RC 剪力墙试验数据可知,腐蚀低矮 RC 剪力墙试件的破坏属于剪弯破坏,滞回曲线下降段陡峭,破坏比较突然,故将低矮 RC 剪力墙的骨架曲线简化为无下降段的三折线模型,如图 6.23 所示。其中,骨架曲线极限点与峰值点重合。

由图 6.23 可知,未腐蚀 RC 剪力墙试件骨架曲线需要确定的特征点参数主要有开裂点(Δ_c, P_c)、屈服点(Δ_y, P_y)和峰值点(Δ_m, P_m)。以下对未腐蚀低矮 RC 剪力墙骨架曲线各特征点确定方法分别予以叙述。

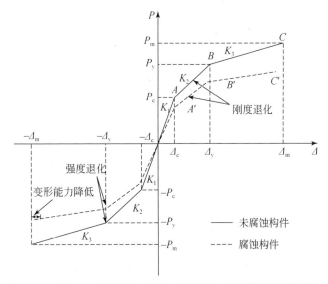

图 6.23　低矮 RC 剪力墙不考虑下降段的三折线恢复力骨架曲线

1) 开裂荷载

臧登科[20] 对国内 RC 剪力墙试验数据进行统计分析,将开裂荷载取为峰值荷载的 53%,本节基于此计算未腐蚀 RC 剪力墙试件的开裂荷载,公式如下所示:

$$P_c = 0.53P_m \tag{6-6}$$

式中,P_c 为剪力墙试件的开裂荷载;P_m 为剪力墙试件的峰值荷载。

2) 屈服荷载

Park 等[21] 通过试验数据统计回归得到屈服荷载 P_y 与最大抗剪承载力 P_m 关系的回归公式,如式(6-7)所示。臧登科[20]、张川[22] 依据国内外剪力墙试验数据验证了式(6-7)的合理性。因此,本节基于 Park 等[21] 提出的式(6-7)~式(6-9)确定未腐蚀 RC 剪力墙试件的屈服荷载。

$$P_y = \frac{P_m}{1.24 - 0.15\rho_t - 0.5n} \tag{6-7}$$

$$\rho_t = A_t f_y / (A_w f'_c) \tag{6-8}$$

$$n = N / (A_w f'_c) \tag{6-9}$$

式中,A_w 为剪力墙横截面面积;ρ_t 为有效受拉钢筋百分率;A_t 为受拉钢筋面积;f_y 为受拉钢筋屈服强度;f'_c 为圆柱体抗压强度;n 为轴压比;N 为轴向压力。

3) 峰值(极限)荷载 P_m

梁兴文等[23] 收集了国内外 313 片混凝土剪力墙的试验数据,基于我国规范中 RC 剪力墙受剪承载力计算公式对各组试验数据进行计算,提出墙体最大抗剪承载力计算公式如下：

$$P_{\mathrm{m}}=\frac{1}{\lambda-0.5}\left(1.1912f_{\mathrm{t}}b_{\mathrm{w}}h_{\mathrm{w0}}+0.1447N\frac{A_{\mathrm{w}}}{A}\right)+f_{\mathrm{yv}}\frac{A_{\mathrm{sh}}}{A}h_{\mathrm{w0}} \tag{6-10}$$

式中，λ 为剪力墙高宽比；f_{t} 为混凝土抗拉强度；b_{w} 为剪力墙截面宽度；h_{w0} 为剪力墙截面高度；N 为轴向压力；A_{w} 为剪力墙试件有效截面面积，T 形或 I 字形截面取剪力墙腹板面积，矩形截面时取 A；A 为剪力墙横截面面积；f_{yv} 为水平分布钢筋屈服强度；A_{sh} 为水平分布钢筋面积。

4）开裂位移 Δ_{c}

剪力墙在开裂前基本处于弹性状态，由材料力学推导出单位力作用下产生的位移为

$$\Delta_1=\frac{H^3}{3E_{\mathrm{c}}I_{\mathrm{w}}}+\mu\frac{H}{G_{\mathrm{c}}A_{\mathrm{w}}} \tag{6-11}$$

式中，H 为剪力墙加载点距离基座的距离；E_{c} 为混凝土的弹性模量；I_{w} 为剪力墙截面的惯性矩；μ 为剪应力分布不均匀系数，对于矩形截面取 $\mu=1.2$；G_{c} 为混凝土的剪切模量，取 $G_{\mathrm{c}}=0.4E_{\mathrm{c}}$；$A_{\mathrm{w}}$ 为剪力墙横截面面积。

因此，理论弹性刚度为

$$K_{\mathrm{e}}=\frac{1}{\Delta_1}=1/\left(\frac{H^3}{3E_{\mathrm{c}}I_{\mathrm{w}}}+\mu\frac{H}{G_{\mathrm{c}}A_{\mathrm{w}}}\right) \tag{6-12}$$

则 RC 剪力墙试件的开裂位移为

$$\Delta_{\mathrm{c}}=\frac{P_{\mathrm{c}}}{K_{\mathrm{e}}} \tag{6-13}$$

5）屈服位移 Δ_{y}

文献[24]综合考虑了高宽比、边缘钢筋屈服应变和边缘构件配箍特征值等因素，结合理论分析和试验数据，提出剪力墙屈服位移计算公式如下：

$$\Delta_{\mathrm{y}}=\frac{1}{3}f(\lambda_{\mathrm{v}},\lambda)\varphi_{\mathrm{y}}H_{\mathrm{w}} \tag{6-14}$$

$$\varphi_{\mathrm{y}}=3\frac{\varepsilon_{\mathrm{y}}}{h_{\mathrm{w}}} \tag{6-15}$$

$$f(\lambda_{\mathrm{v}},\lambda)=2.90+2.10\lambda_{\mathrm{v}}-0.59\lambda \tag{6-16}$$

式中，φ_{y} 为剪力墙的屈服曲率；λ_{v} 为剪力墙边缘配箍特征值；λ 为剪力墙构件的高宽比；ε_{y} 为暗柱纵筋的屈服应变；h_{w} 剪力墙截面高度；H_{w} 为墙板高度。

6）极限位移 Δ_{u}

参考文献[25]，未腐蚀低矮 RC 剪力墙试件的极限位移为

$$\Delta_{\mathrm{u}}=\Delta_{\mathrm{e}}+\Delta_{\mathrm{p}} \tag{6-17a}$$

$$\Delta_{\mathrm{e}(h)}=\frac{\varphi_{\mathrm{y}}h^2}{3}\left(1.5-\frac{h}{2H}\right) \tag{6-17b}$$

$$\varphi_y = \frac{2\varepsilon_y}{h_w} \qquad\qquad (6\text{-}17\text{c})$$

$$\Delta_p = \theta_p \left(h_e - \frac{L_p}{2} \right) \qquad\qquad (6\text{-}17\text{d})$$

$$\theta_p = 0.0675 \left(\frac{L_p}{h_e} \right) \left(\frac{h_e}{h_w} \right) \qquad\qquad (6\text{-}17\text{e})$$

$$L_p = 0.08 h_e + 0.022 f_y d_{bl} \qquad\qquad (6\text{-}17\text{f})$$

式中,$\Delta_{e(h)}$ 为剪力墙试件在高度 $h(h \leqslant H)$ 处的弹性位移,计算极限位移时取 $h = H$;Δ_p 为试件达到极限点时的极限位移;θ_p 为试件达到极限点时的极限位移角;L_p 为塑性铰长度;f_y 和 d_{bl} 分别为暗柱纵筋的屈服强度和直径。

综上所述,RC 剪力墙试件的弹性刚度 K_1、开裂后刚度 K_2 和硬化刚度 K_3 按式(6-18)计算。

$$\begin{cases} K_1 = \dfrac{P_c}{\Delta_c} \\[2mm] K_2 = \dfrac{P_y - P_c}{\Delta_y - \Delta_c} \\[2mm] K_3 = \dfrac{P_m - P_y}{\Delta_m - \Delta_y} \end{cases} \qquad (6\text{-}18)$$

图 6.24 为未腐蚀试件 SW-1 的计算骨架曲线与试验骨架曲线对比。可以看出,计算结果与试验结果吻合较好,表明所建立的骨架曲线参数确定方法基本合理。

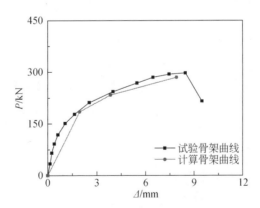

图 6.24　试件 SW-1 试验骨架曲线和计算骨架曲线对比

2. 腐蚀构件骨架曲线参数确定

低矮 RC 剪力墙的抗剪承载力主要由混凝土和横向分布钢筋共同承担,尤其当构件屈服后,主要靠裂缝间混凝土组成的斜压柱体和横向分布钢筋共同承受剪力,且横向分布钢筋占主要作用。此外,轴压比也是影响试件承载力和变形性能的一个重要因素。据此,本节在确定腐蚀低矮 RC 剪力墙骨架曲线参数时,只考虑横向分布筋锈蚀与轴压比对低矮 RC 剪力墙试件抗震性能的影响,暂不考虑其他因素的影响。其中钢筋锈蚀对横向分布钢筋的影响用横向分布筋锈蚀率 η_s 来定量表征,计算公式见式(2-1)。

假定腐蚀后低矮 RC 剪力墙骨架曲线特征点荷载和位移与腐蚀程度和轴压比有关,分别定义荷载折减函数 $f_i(\eta_s,n)$ 和位移折减函数 $g_i(\eta_s,n)$,腐蚀后低矮 RC 剪力墙试件的骨架曲线特征点参数计算公式为

$$P = f_i(\eta_s,n)P_0 \tag{6-19}$$

$$\Delta = g_i(\eta_s,n)\Delta_0 \tag{6-20}$$

式中,P_0 为未腐蚀 RC 剪力墙试件的骨架曲线特征点荷载;η_s 为横向分布筋锈蚀率;n 为轴压比;Δ_0 为未腐蚀 RC 剪力墙试件骨架曲线特征点位移;$f_i(\eta_s,n)$ 和 $g_i(\eta_s,n)$ 分别为与锈蚀率和轴压比有关的构件荷载修正系数和位移修正系数。

考虑到 RC 构件的开裂荷载与混凝土强度及构件尺寸相关性较大,钢筋锈蚀对其影响甚微,因此,本节此处不对腐蚀试件开裂荷载进行折减。根据试验数据,将腐蚀低矮 RC 剪力墙骨架曲线特征点的荷载特征值进行归一化处理,通过拟合分析得到各个特征点荷载修正系数的计算公式,如式(6-21)和式(6-22)所示。

屈服点:

$$f_y(\eta_s,n) = (29.76n^2 - 6.25n - 1.05)\eta_s + 1 \tag{6-21}$$

峰值点:

$$f_m(\eta_s,n) = (75.99n^2 - 24.36n + 0.74)\eta_s + 1 \tag{6-22}$$

式中,η_s 为横向分布筋钢筋锈蚀率;n 为轴压比。

同前,此处不对腐蚀试件开裂位移进行折减。基于试验数据,将腐蚀低矮 RC 剪力墙骨架曲线特征点的位移特征值进行归一化处理,通过拟合分析得到各个特征点位移修正系数的计算公式,如式(6-23)和式(6-24)所示。

屈服点:

$$g_y(\eta_s,n) = (32.77n^2 - 16.77n + 0.88)\eta_s + 1 \tag{6-23}$$

峰值点:

$$g_m(\eta_s,n) = (43.14n^2 - 24.36n + 0.74)\eta_s + 1 \tag{6-24}$$

式中,η_s 为横向分布筋钢筋锈蚀率;n 为轴压比。

依据前文所给未腐蚀低矮 RC 剪力墙骨架曲线参数计算公式和腐蚀低矮 RC 剪力墙构件的荷载和位移折减函数,分别计算各腐蚀 RC 剪力墙试件骨架曲线特征点荷载值和位移值,并与试验值进行对比,如表 6.10 和表 6.11 所示。可以看

出,腐蚀低矮 RC 剪力墙骨架曲线荷载和位移的计算值与试验值均吻合较好,表明上述计算公式基本合理。

表 6.10　骨架曲线特征点荷载计算值与试验值比较

试件编号	开裂荷载			屈服荷载			峰值荷载		
	试验值/kN	计算值/kN	计算值/试验值	试验值/kN	计算值/kN	计算值/试验值	试验值/kN	计算值/kN	计算值/试验值
SW-1	181.19	156.43	0.86	232.74	214.89	0.92	297.21	295.15	0.99
SW-2	161.15	135.83	0.84	206.96	173.24	0.84	280.88	256.28	0.91
SW-3	118.58	127.61	1.08	155.59	156.64	1.01	225.91	240.78	1.07
SW-4	188.31	172.75	0.92	271.38	230.92	0.85	366.71	325.95	0.89
SW-5	180.01	151.15	0.84	260.13	207.52	0.80	343.99	285.19	0.83
SW-6	156.89	139.12	0.89	244.67	190.74	0.78	323.49	262.49	0.81
SW-7	145.43	140.13	0.96	223.46	192.14	0.86	293.71	264.39	0.90
SW-8	134.02	130.59	0.97	199.11	178.84	0.90	268.29	246.40	0.92
SW-9	121.09	122.29	1.01	184.01	167.25	0.91	241.92	230.73	0.95
SW-10	125.22	122.49	0.98	186.53	167.54	0.90	246.48	231.12	0.94
SW-11	119.86	122.68	1.02	181.59	167.80	0.92	232.91	231.47	0.99
SW-12	212.88	193.99	0.91	284.07	245.41	0.86	396.76	366.02	0.92
SW-13	180.49	162.38	0.90	235.08	207.46	0.88	340.88	306.37	0.90
SW-14	153.42	164.29	1.07	214.06	205.07	0.96	287.38	309.99	1.08

表 6.11　骨架曲线特征点位移计算值与试验值比较

试件编号	开裂位移			屈服位移			峰值位移		
	试验值/mm	计算值/mm	计算值/试验值	试验值/mm	计算值/mm	计算值/试验值	试验值/mm	计算值/mm	计算值/试验值
SW-1	1.79	1.95	1.09	3.47	3.84	1.11	8.59	7.92	0.92
SW-2	1.73	1.54	0.89	3.22	3.58	1.11	7.48	7.40	0.99
SW-3	1.66	1.49	0.90	3.16	3.48	1.10	7.07	7.19	1.02
SW-4	1.61	1.87	1.16	3.48	3.51	1.01	7.42	6.80	0.92
SW-5	1.55	1.79	1.15	3.42	3.70	1.08	7.09	7.63	1.08
SW-6	1.54	1.68	1.09	3.31	3.39	1.02	6.95	6.99	1.01

续表

试件编号	开裂位移			屈服位移			峰值位移		
	试验值/mm	计算值/mm	计算值/试验值	试验值/mm	计算值/mm	计算值/试验值	试验值/mm	计算值/mm	计算值/试验值
SW-7	1.48	1.64	1.11	3.07	3.41	1.11	6.41	7.04	1.10
SW-8	1.46	1.54	1.05	2.93	3.16	1.08	6.01	6.53	1.09
SW-9	1.45	1.49	1.03	2.89	2.95	1.02	5.85	6.08	1.04
SW-10	1.47	1.49	1.01	2.94	2.95	1.00	6.26	6.09	0.97
SW-11	1.42	1.49	1.05	2.67	2.96	1.11	5.32	6.10	1.15
SW-12	1.65	1.79	1.08	2.89	3.21	1.11	7.42	5.14	0.69
SW-13	1.62	1.54	0.95	2.81	3.19	1.14	6.47	6.59	1.02
SW-14	1.48	1.49	1.01	2.75	2.98	1.08	4.97	6.15	1.24

3. 滞回规则

由 6.3 节试验结果可知,腐蚀剪力墙试件屈服后强度和刚度退化速率均大于未腐蚀试件。以试件 SW-5 屈服后的单次滞回环为例(图 6.25),加载阶段其滞回曲线基本呈线性,刚度变化不大,卸载阶段滞回曲线刚度退化则较为明显。传统的恢复力模型中,滞回曲线加卸载阶段刚度均为线性,无法完全反映腐蚀 RC 剪力墙构件的滞回性能,故本节假定构件卸载阶段的滞回曲线为更符合实际的两折线卸载模型,如图 6.25 中虚线所示。鉴于此,结合 I-K 模型,引入循环退化指数,基于能量耗散原理,同时考虑累积损伤效应造成的强度衰减和刚度退化,提出适用于腐蚀 RC 剪力墙的滞回模型,如图 6.26 所示。

1)循环退化指数

参考 Rahnama 等[26] 提出的循环退化速率确定规则,基于构件往复循环加载时的能量耗散来确定构件强度衰减和刚度退化,其基本假定为:构件本身滞回耗能能力是恒定的,不考虑构件加载历程的影响。构件第 i 次循环退化速率由循环退化指数 β_i 确定[26]:

$$\beta_i = \left(\frac{E_i}{E_t - \sum_{j=1}^{i} E_j} \right)^C \tag{6-25}$$

式中,C 为循环退化速率($1 \leqslant C \leqslant 2$),取值为 1;$E_i$ 为第 i 次循环加载时构件的耗能;$\sum_{j=1}^{i} E_j$ 为第 i 次循环加载之前构件的累积耗能;E_t 为构件的理论耗能能力,其计算式[27] 为

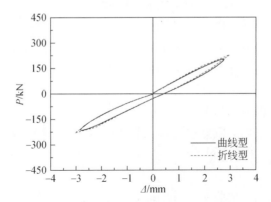

图 6.25　试件 SW-5 屈服后单次滞回曲线

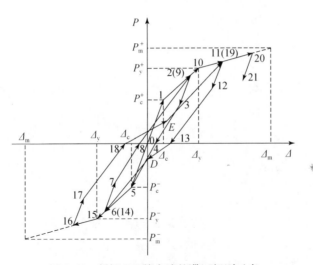

图 6.26　低矮 RC 剪力墙的滞回规则示意

$$E_t = 2.5 I_u (P_y \Delta_y) \tag{6-26}$$

式中，P_y 和 Δ_y 分别为屈服荷载和屈服位移；I_u 为结构破坏时对应的极限功比指数，用以表示剪力墙在加载过程中吸收能量的大小，其与钢筋锈蚀率 η_s 和轴压比 n 有关，基于试验数据拟合得到其计算公式如下：

$$I_u = -9.38 + 154.10 e^{-n} - 43.91 \eta_s^{1.43} \tag{6-27}$$

2)强度衰减规则

构件在受力过程中的强度衰减模式如图 6.27(a)所示，该衰减模式用于表征构件屈服后，在往复荷载作用下屈服荷载和峰值荷载降低的现象。屈服荷载和峰值荷载的衰减规则分别由式(6-28)和式(6-29)计算确定。

$$P_{y,i}^{\pm}=(1-\beta_{s,i})P_{y,i-1}^{\pm} \qquad (6-28)$$

$$P_{m,i}^{\pm}=(1-\beta_{s,i})P_{m,i-1}^{\pm} \qquad (6-29)$$

式中，$P_{y,i}^{\pm}$、$P_{m,i}^{\pm}$分别为第 i 次循环加载时构件的屈服荷载和峰值荷载；$P_{y,i-1}^{\pm}$、$P_{m,i-1}^{\pm}$分别为第 $i-1$ 次循环加载时构件的屈服荷载和峰值荷载；"$\pm$"表示加载方向，"$+$"为正向加载，"$-$"为反向加载。

3）刚度退化规则

构件在受力过程中的刚度退化包括硬化刚度退化、卸载刚度退化和再加载刚度退化，分别如图 6.27(a)、(b)和(c)所示。其中，硬化刚度退化计算式为

$$K_{s,i}^{\pm}=(1-\beta_{s,i})K_{s,i-1}^{\pm} \qquad (6-30)$$

式中，$K_{s,i}^{\pm}$为第 i 次循环加载时构件的硬化刚度；$K_{s,i-1}^{\pm}$为第 $i-1$ 次循环加载时构件的硬化刚度。

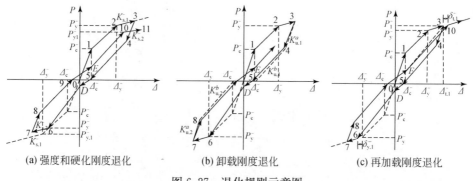

(a)强度和硬化刚度退化　　　　(b)卸载刚度退化　　　　(c)再加载刚度退化

图 6.27　退化规则示意图

为了表征腐蚀 RC 剪力墙试件在卸载过程中的刚度退化，采用两阶段卸载模式，卸载刚度退化如图 6.27(b)所示，其中，第一卸载刚度为 $K_{u,i}^{a}$，第二卸载刚度为 $K_{u,i}^{b}$，可分别由式(6-31a)和式(6-31b)确定。

$$K_{u,i}^{a}=(1-\beta_{s,i})K_{u,i-1}^{a} \qquad (6-31a)$$

$$K_{u,i}^{b}=(1-\beta_{s,i})K_{u,i-1}^{b} \qquad (6-31b)$$

式中，$K_{u,i}^{a}$、$K_{u,i}^{b}$分别为第 i 次循环加载时的第一卸载刚度和第二卸载刚度；$K_{u,i-1}^{a}$、$K_{u,i-1}^{b}$分别为第 $i-1$ 次循环加载时的第一卸载刚度和第二卸载刚度。

需要指出的是，为了确定卸载刚度变化点，定义卸载系数 R_1 和 R_2，分别用于确定屈服前和屈服后的第一卸载刚度终止点位置。具体分为以下两种情况：①若第 i 次循环加载的卸载点位于开裂点和屈服点之间，则第一卸载刚度终止点的荷载大小为 $R_1 P_{m,1}^{\pm}$；第二卸载刚度按式(6-31b)计算确定，卸载至荷载为 0。②若第 i 次循环加载的卸载点位于屈服点和峰值点之间，第一卸载刚度终止点的荷载大小为 $R_2 P_{m,1}^{\pm}$；第二卸载刚度按式(6-31b)确定，卸载至荷载为 0。R_1 和 R_2 分别为

$$R_1 = \frac{P_{cr}}{P_m} \tag{6-32}$$

$$R_2 = \frac{P_y}{P_m} \tag{6-33}$$

式中，P_{cr}、P_y 和 P_m 分别为 RC 剪力墙试件的开裂、屈服和峰值荷载。

为了描述再加载刚度的退化，拟定再加载曲线指向一个新的目标位移点，其退化规则如图 6.27(c)所示。该目标位移值可由上一次循环中的最大位移点计算得到，即

$$\Delta_{t,i}^{\pm} = (1+\beta_{s,i})\Delta_{t,i-1}^{\pm} \tag{6-34}$$

式中，$\Delta_{t,i}^{\pm}$ 为第 i 次循环加载时构件的目标位移；$\Delta_{t,i-1}^{\pm}$ 为第 $i-1$ 次循环加载时构件的目标位移。

4)捏拢点的确定

RC 构件在受力过程中，由于裂缝的张合、钢筋与混凝土之间的黏结滑移以及剪切斜裂缝的开展，试件的滞回曲线可能存在明显的捏拢现象。为反映试件滞回曲线的捏拢现象，将再加载曲线定义为两折线型，其中，第一段折线刚度为 $K_{rel,a}$，第二段折线刚度为 $K_{rel,b}$；再加载开始时，加载路径指向捏拢点，通过捏拢点后，指向上一循环的最大位移点。捏拢点的位置可由上一循环的最大残余变形、峰值荷载以及捏拢效应参数 κ_D、κ_F 确定。其中，参数 κ_D 用于确定捏拢点的水平位移（图 6.28 中 D 点和 E 点），而参数 κ_F 用于确定通过捏拢点的最大荷载（图 6.28 中 D' 点和 E' 点）[①]。对于低矮剪力墙，本节取 $\kappa_D = 0.5$，$\kappa_F = 0.6$。

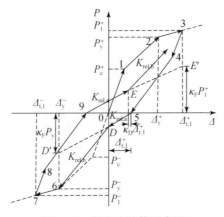

图 6.28　捏拢点计算示意图

---

① κ_D 和 κ_F 取 1 时，表示不考虑滞回曲线的捏拢效应。

4. 恢复力模型验证

为了验证所建一般大气环境下腐蚀低矮 RC 剪力墙试件宏观恢复力模型的准确性,采用上述恢复力模型分析获得各榀腐蚀低矮 RC 剪力墙试件的滞回曲线特征参数,其结果如表 6.12 所示,进而绘制各试件计算滞回曲线,并与试验滞回曲线对比,如图 6.29 所示。

表 6.12　低矮 RC 剪力墙滞回曲线特征参数

试件编号	各阶段刚度/(kN/mm)			卸载系数		循环退化速率 c
	K_1	K_2	K_3	R_1	R_2	
SW-1	101.18	24.23	15.79	0.45	0.7	1
SW-2	94.16	25.59	17.48	0.42	0.63	1
SW-3	89.18	22.49	22.35	0.33	0.49	1
SW-4	107.50	37.78	32.35	0.34	0.60	1
SW-5	98.27	37.59	16.43	0.44	0.67	1
SW-6	92.26	38.01	26.49	0.42	0.64	1
SW-7	100.00	29.69	17.19	0.41	0.61	1
SW-8	88.31	38.85	18.211	0.42	0.63	1
SW-9	80.00	33.08	20.94	0.43	0.65	1
SW-10	85.71	33.11	20.61	0.41	0.61	1
SW-11	75.00	30.00	16.67	0.39	0.60	1
SW-12	113.49	29.76	52.66	0.44	0.67	1
SW-13	100.05	26.81	26.10	0.43	0.65	1
SW-14	106.04	33.54	31.79	0.40	0.66	1

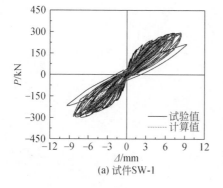

(a) 试件SW-1

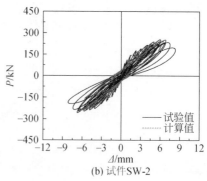

(b) 试件SW-2

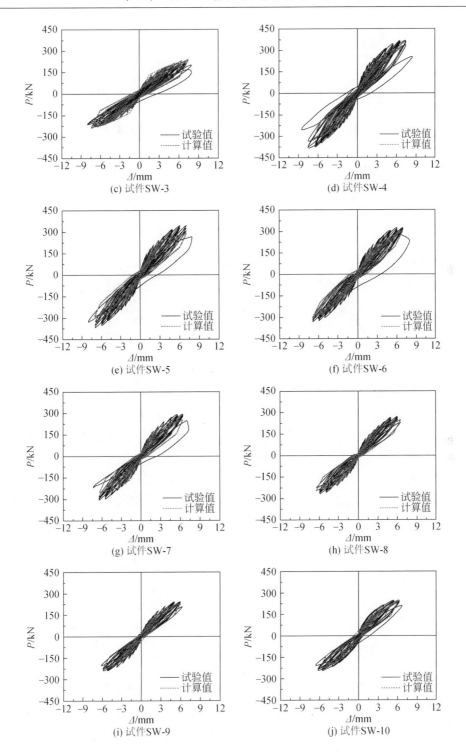

(c) 试件SW-3

(d) 试件SW-4

(e) 试件SW-5

(f) 试件SW-6

(g) 试件SW-7

(h) 试件SW-8

(i) 试件SW-9

(j) 试件SW-10

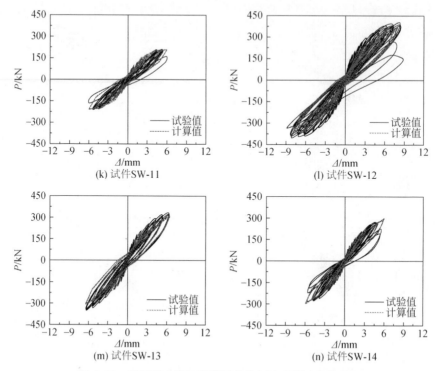

图 6.29　低矮剪力墙计算滞回曲线与试验滞回曲线对比

由图 6.29 可以看出,基于上述所建立一般大气环境下腐蚀低矮 RC 剪力墙构件宏观恢复力模型分析所得滞回曲线与试验滞回曲线在承载力、变形性能、强度衰减和刚度退化等方面均符合较好,表明所建立的宏观恢复力模型能够较准确地反映一般大气环境下腐蚀低矮 RC 剪力墙构件的各项滞回特性。

6.5.2　腐蚀低矮 RC 剪力墙剪切恢复力模型

目前,主流结构分析软件,如 PERFORM-3D 和 OpenSees 等,主要采用纤维模型来实现 RC 剪力墙构件的数值模拟,对于高宽比较大的以弯曲破坏为主的 RC 剪力墙,该方法模拟精度较高;但对于高宽比较小的以剪切破坏为主的 RC 剪力墙,上述方法的模拟效果则不甚理想。试验结果表明,纵筋屈服后 RC 剪力墙的非线性剪切效应将逐渐明显[28],故模拟分析此类构件时忽略非线性剪切效应会导致分析结果误差较大。

鉴于此,近年来,部分学者提出了采用考虑剪切效应的纤维模型对 RC 剪力墙进行数值模拟的方法。与上述计算模型相比,该模拟方法有效降低了计算工作量并能够获得良好的模拟效果[20],考虑剪切效应的纤维模型是在纤维模型基础上,在截面中加入剪力-剪应变恢复力模型,并通过该恢复力模型模拟构件的非线性剪切性能,而弯曲和轴向性能则依然通过纤维模型中的材料单轴本构模型进行模拟。

故本节拟采用 OpenSees 中 Hysteretic Material 单轴本构模型[29]定义截面的剪切恢复力特征,主要确定其三折线骨架线特征点参数和相应滞回规则。鉴于6.5.1 节已对未腐蚀低矮 RC 剪力墙的承载力计算公式进行了详细的对比研究,在此不再赘述,只需对未腐蚀低矮 RC 剪力墙的剪切变形重新定义,具体计算方法如下所述。对于腐蚀低矮 RC 剪力墙构件,基于本章试验结果,采用与 6.5.1 节相同的方法对特征点参数相应剪切变形计算公式进行拟合,而对水平承载力取与宏观恢复力模型相同的计算公式。

1. 未腐蚀低矮 RC 剪力墙特征点剪切变形计算

剪切恢复力模型骨架线如图 6.30 所示,其特征点参数主要包括开裂点(γ_{cr},P_{cr}),屈服点(γ_y, P_y)和峰值点(γ_m, P_m),该恢复力模型暂不考虑下降段的影响。其中,P_{cr}、P_y 和 P_m 分别为 RC 剪力墙的开裂点、屈服点和峰值点对应的抗剪承载力,参考 6.5.1 节计算公式进行计算;γ_{cr}、γ_y 和 γ_m 分别为 RC 剪力墙的开裂剪应变、屈服剪应变和峰值剪应变,以下对上述参数分别予以叙述。

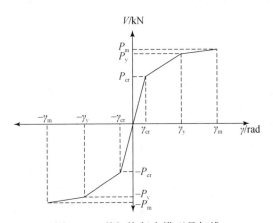

图 6.30　剪切恢复力模型骨架线

1)开裂剪应变 γ_{cr}

开裂剪应变 γ_{cr} 依据初始弹性剪切刚度 K_a 计算:

$$\gamma_{cr} = \frac{P_{cr}}{K_a} \tag{6-35}$$

对于初始弹性剪切刚度 K_a,参考应用较为广泛的 Hirosawa(广泽)公式计算,其表征如下:

$$K_a = GA_w / \chi = (E_s A_s + E_c A_c) / [2(1+\nu)\chi] \tag{6-36}$$

式中，G 为剪力墙的弹性剪切模量；A_w 为剪力墙横截面面积；E_s 为钢筋的弹性模量；E_c 为混凝土弹性模量；A_s 为横截面钢筋的配筋面积；A_c 为横截面混凝土面积；泊松比 ν 取 0.2；χ 为形状系数，$\chi=3(1+u)[1-u^2(1-v)]/4[1-u^3(1-v)]$，$u$、$v$ 为截面几何参数，对于矩形截面剪力墙，$u=(1-2l_c)/h_w$，$v=1$，l_c 为边缘约束构件长度，h_w 为剪力墙截面高度。

2）屈服剪应变 γ_y

屈服剪应变 γ_y，结合墙体开裂后刚度 K_b、开裂剪力 P_{cr} 和剪应变 γ_{cr} 计算确定，公式如下：

$$\gamma_y=\frac{P_y-P_{cr}}{K_b}+\gamma_{cr} \tag{6-37}$$

文献[27]给出了开裂后的剪切刚度 K_b 与初始剪切刚度 K_a 的比值 α_s，即

$$K_b/K_a=\alpha_s=0.14+0.46\rho_{wh}f_{wh}/f_c \tag{6-38}$$

式中，ρ_{wh} 为水平分布筋配筋率；f_{wh} 为分布筋的抗拉强度；f_c 为混凝土抗压强度。

则剪切开裂后的剪切刚度 K_b 为

$$K_b=\alpha_s K_a \tag{6-39}$$

文献[30]依据相关试验数据，验证了式（6-37）~式（6-39）的准确性，故本节采用上述公式计算 RC 剪力墙的屈服剪应变。

2. 峰值剪应变 γ_m

文献[20]、[31]中分别将屈服后剪切刚度 K_s 取为 $0.001K_a$ 和 $0.002K_a$，以推算剪力墙峰值剪应变 γ_m。本节则根据试验结果，将低矮 RC 剪力墙屈服后剪切刚度 K_s 取为 $0.015K_a$，给出剪力墙屈服后峰值剪应变的计算公式为

$$\gamma_m=\frac{P_m-P_y}{K_s}+\gamma_y \tag{6-40}$$

$$K_s=0.015K_a \tag{6-41}$$

采用以上公式分别对未腐蚀低矮 RC 剪力墙剪切恢复力模型骨架曲线特征点参数进行计算，并将计算骨架曲线与未腐蚀试件 SW-1 的试验剪切滞回曲线进行对比，如图 6.31 所示。可以发现，该计算骨架曲线与试验滞回曲线各峰值点包络线吻合较好，表明本节建立的剪力墙剪切变形计算公式用以标定未腐蚀低矮 RC 剪力墙剪切恢复力模型骨架曲线合理可行。

3. 腐蚀低矮 RC 剪力墙特征点剪切变形计算

6.5.1 节中已对腐蚀 RC 剪力墙骨架曲线特征点荷载值进行了修正，故在此不再赘述，重点对腐蚀低矮 RC 剪力墙剪切恢复力模型特征点剪切变形进行修正。采用与腐蚀 RC 剪力墙宏观恢复力模型相同的方法，假定腐蚀低矮 RC 剪力墙剪切

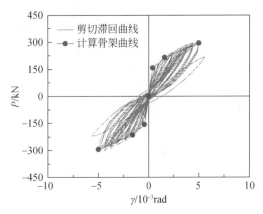

图 6.31　计算骨架曲线与试验剪切滞回曲线

变形影响系数只与横向分布筋钢筋锈蚀率 η_s 和轴压比 n 相关,定义剪应变影响系数函数为 $g_s(\eta_s,n)$,则腐蚀 RC 剪力墙的剪切恢复力模型骨架线特征点剪应变计算公式为

$$\gamma_d = g_s(\eta_s,n)\gamma_0 \tag{6-42}$$

式中,γ_0 为未腐蚀低矮 RC 剪力墙剪切恢复力模型骨架线特征点的剪应变值;γ_d 为腐蚀低矮 RC 剪力墙剪切恢复力模型骨架线特征点的剪应变值。

通过对表 6.8 中各低矮 RC 腐蚀剪力墙试件特征点剪切变形进行归一化处理,继而进行参数回归分析,得到屈服点和峰值点的剪应变修正函数如式(6-43)和式(6-44)所示。

屈服点:

$$g_s(\eta_s,n) = (-149.11n^2+39.92n-1.29)\eta_s+1 \tag{6-43}$$

峰值点:

$$g_s(\eta_s,n) = (88.91n^2-49.87n+4.59)\eta_s+1 \tag{6-44}$$

根据上述模型,计算腐蚀试件骨架曲线各特征剪应变值,并与试验结果进行对比,对比结果如表 6.13 所示。可以发现,计算剪应变值与试验剪应变值较为吻合,表明所建剪切骨架曲线特征点计算模型基本合理。

4. 腐蚀 RC 剪力墙剪切滞回规则确定

在建立腐蚀 RC 剪力墙恢复力模型中采用的滞回规则与未腐蚀 RC 剪力墙恢复力模型中采用的滞回规则相同,均是基于 Hysteretic 模型滞回模型所提出的,由于第 4 章已对 Hysteretic 模型的滞回规则做了详细论述,在此不再赘述,只

表 6.13　特征点剪应变计算值与试验值的比较

| 编号 | 屈服剪应变 | | | 峰值剪应变 | | |
	试验值/(10^{-3}rad)	计算值/(10^{-3}rad)	计算值/试验值	试验值/(10^{-3}rad)	计算值/(10^{-3}rad)	计算值/试验值
SW-1	1.289	1.173	0.91	4.909	5.021	1.02
SW-2	1.394	1.261	0.90	5.022	5.174	1.03
SW-3	1.393	1.274	0.91	5.109	5.196	1.02
SW-4	1.094	1.173	1.07	4.028	5.021	1.25
SW-5	1.124	1.193	1.06	4.153	4.810	1.16
SW-6	1.155	1.204	1.04	4.269	4.688	1.10
SW-7	1.184	1.210	1.02	4.297	4.626	1.08
SW-8	1.214	1.226	1.01	4.379	4.452	1.02
SW-9	1.280	1.234	0.96	4.429	4.369	0.99
SW-10	1.204	1.234	1.02	4.270	4.369	1.02
SW-11	1.356	1.234	0.91	4.558	4.369	0.96
SW-12	0.991	1.173	1.18	4.028	5.021	1.25
SW-13	1.004	0.976	0.97	4.067	4.291	1.06
SW-14	1.100	0.946	0.86	4.193	4.180	1.00

需确定控制腐蚀 RC 剪力墙强度退化、卸载刚度退化和捏拢效应的参数即可。

基于 Hysteretic 模型模拟 RC 剪力墙剪力-剪切变形恢复力时,将捏拢点的剪力和剪切变形取值分别取为最大历史剪力的 60% 和最大历史剪切变形的 25%,即取 $P_x=0.6$,$P_y=0.25$,对于强度退化参数和卸载刚度退化参数则基于试验研究结果,分别取 \$Damage1$=0$,\$Damage2$=0.02$,$\beta=0.5$。

5. 模型验证

为验证所建锈蚀低矮 RC 剪力墙剪切恢复力模型的准确性,基于 OpenSees 有限元分析软件,将上述剪切恢复力模型嵌入纤维模型中,建立锈蚀低矮 RC 剪力墙考虑剪切效应的纤维模型,建模过程及相关参数如下:

(1)沿剪力墙高度方向设置 5 个 Guass 积分点。

（2）沿墙体横截面高度方向划分钢筋和混凝土纤维，如图 6.32 所示。

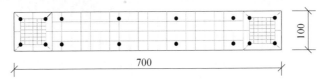

100

700

图 6.32　纤维截面网格划分（单位：mm）

（3）分别采用修正后的 Kent-Park 单轴混凝土本构模型 Concrete01 和钢筋本构 Steel01 反映钢筋和混凝土力学性能。

（4）采用上述剪切恢复力模型定义 Hysteretic Material 相关参数。

（5）采用 OpenSees 中基于力的单元（force-based beam-column element）模拟竖向悬臂 RC 剪力墙。

（6）采用 OpenSees 中的 Section Aggregator 命令将纤维截面与 Hysteretic Material 组合成新的截面。

基于上述建模方法，对本章腐蚀试件 SW-5、SW-13 进行数值建模与分析，其滞回曲线的模拟结果与试验结果对比如图 6.33 所示。可以看出，所建一般大气环境下腐蚀低矮 RC 剪力墙剪切恢复力模型在计算滞回曲线时有较高精度，所得计算滞回曲线与试验滞回曲线在承载力、变形性能、刚度退化和强度退化等方面均符合较好，表明本节所建立的腐蚀低矮 RC 剪力墙剪切恢复力模型能够较准确地反映一般大气环境下腐蚀低矮 RC 剪力墙的基本滞回性能。

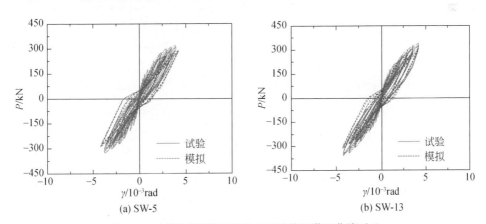

(a) SW-5　　　　　　　　　　　　　　(b) SW-13

图 6.33　计算剪切滞回曲线与试验剪切滞回曲线对比

6.6　腐蚀高 RC 剪力墙恢复力模型的建立

试验结果表明,不同高宽比 RC 剪力墙试件的滞回性能差异明显,因此为合理评估与表征锈蚀高 RC 剪力墙的滞回性能,拟在 6.4 节腐蚀高 RC 剪力墙拟静力试验研究的基础上,结合国内外既有成果,研究建立腐蚀高 RC 剪力墙宏观恢复力模型和剪切恢复力模型,为一般大气环境下遭受侵蚀的 RC 剪力墙结构地震反应分析与抗震性能评估提供理论基础。

6.6.1　腐蚀高 RC 剪力墙宏观恢复力模型

由试验结果可以看出,腐蚀高 RC 剪力墙试件的骨架曲线和滞回特性均与未锈蚀试件类似,但由于钢筋锈蚀影响,腐蚀高 RC 剪力墙试件的承载能力、变形性能、耗能能力、强度衰减和刚度退化等均较未锈蚀试件发生了不同程度的退化。因此,为合理表征腐蚀高 RC 剪力墙的恢复力特性,采用与未腐蚀试件相同的恢复力模型,并基于试验结果,修正未锈蚀试件的恢复力模型参数,建立腐蚀高 RC 剪力墙的恢复力模型。

1. 未腐蚀高 RC 剪力墙试件骨架曲线参数确定

由试验结果可知,高 RC 剪力墙的破坏属于弯剪型破坏,达到峰值点后随位移增加其承载力下降较平缓,故将高 RC 剪力墙骨架曲线简化为带下降段的四折线模型,如图 6.34 所示。

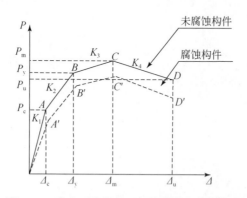

图 6.34　考虑下降段的四折线恢复力骨架曲线

可以看出,高 RC 剪力墙的骨架曲线特征点参数主要有开裂点(Δ_c,P_c)、屈服点(Δ_y,P_y)、峰值点(Δ_m,P_m)和极限点(Δ_u,P_u)的荷载值与位移值,未腐蚀高 RC 剪力墙骨架曲线参数的计算方法如下。

1)开裂荷载 P_c

采用 Wallace[32] 提出可考虑轴压影响的剪力墙开裂荷载计算方法,计算公式如下:

$$P_c = 4\sqrt{f_c'}\sqrt{1 + \frac{N/A_g}{4\sqrt{f_c'}}} A_{cv} \tag{6-45}$$

式中,f_c' 为混凝土抗压强度(psi①);A_g 为剪力墙横截面积(in²②);A_{cv} 为 I 形或 T 形截面剪力墙腹板的横截面积(in²),对矩形截面剪力墙,取 $A_g = A_{cv}$;N 为轴向压力(lbf③)。

2)开裂位移 Δ_c

剪力墙在开裂前基本处于弹性状态,由材料力学推导出单位力作用下产生的位移为

$$\Delta_1 = \frac{P_{cr}H^3}{3E_cI_w} + \mu\frac{P_{cr}H}{G_cA_w} \tag{6-46}$$

式中,H 为剪力墙加载点距离基座的距离;E_c 为混凝土的弹性模量;I_w 为剪力墙截面的惯性矩;μ 为剪应力分布不均匀系数,对于矩形截面取 $\mu = 1.2$;G_c 为混凝土的剪切模量,取 $G_c = 0.4E_c$;A_w 为剪力墙横截面面积。据此,可得剪力墙构件理论弹性刚度为 K_e 为

$$K_e = \frac{1}{\Delta_1} = 1 \Big/ \Big(\frac{P_{cr}H^3}{3E_cI_w} + \mu\frac{P_{cr}H}{G_cA_w}\Big) \tag{6-47}$$

则开裂位移 Δ_c 为

$$\Delta_c = \frac{P_c}{K_e} \tag{6-48}$$

3)屈服荷载 P_y

张松等[25] 通过对 RC 剪力墙试验数据进行统计分析后发现,剪力墙的峰值剪力和屈服剪力的比值与边缘构件的配箍特征值、墙体轴压比及高宽比相关,进而基于回归分析,给出了屈服荷载 P_y 的计算公式如下:

$$P_y = P_m/(2.05 - 0.31n + 0.40\lambda_v - 0.34\lambda) \tag{6-49}$$

式中,n 为轴压比;λ 为剪力墙构件的边缘配箍特征值;λ 为剪力墙构件的高宽比,P_m 为高 RC 剪力墙的峰值荷载,按式(6-53)计算。

4)屈服位移 Δ_y

屈服位移采用 Tjhin 等[33] 所提出的计算模型计算确定,公式如下:

---

① 1psi=6.89476×10³Pa。

② 1in=2.54cm。

③ 1lbf=4.44822N。

$$\Delta_y = \frac{1}{3}\varphi_y h_w^2 \tag{6-50}$$

$$\varphi_y = \frac{\kappa_\varphi}{l_w} \tag{6-51}$$

$$\kappa_\varphi = 1.8\varepsilon_y + 0.0045\frac{P}{f_c' A_w} \tag{6-52}$$

式中，ε_y 为边缘构件纵向钢筋的屈服应变，为墙体轴压比；φ_y 为屈服曲率，h_w 为墙试件有效高度(mm)，l_w 为墙截面高(mm)。

5)峰值荷载 P_m

高宽比较大时，RC 剪力墙通常发生以弯曲破坏为主的弯剪破坏或弯曲破坏，参考文献[34]，采用式(6-53)计算高 RC 剪力墙的峰值荷载。

$$P_m = M_m / H \tag{6-53a}$$

式中，当 $x > l_c$ 时，有

$$M_m = 0.5\alpha b_w l_c f_{cc}(h_w - l_c) + 0.5 b_w (x - l_c) f_c(h_w - l_c - x)$$
$$+ 0.5 b_w (h_{w0} - 1.5x)\rho_w f_{yw}(1.5x - \alpha_s) + 2 f_y A_s(0.5 h_w - \alpha_s) \tag{6-53b}$$

$$x = \frac{N + b_w h_{w0}\rho_w f_{yw} + b_w l_c f_c - \alpha b_w l_c f_{cc}}{1.5 b_w \rho_w f_{yw} + b_w f_c} \tag{6-53c}$$

当 $x < l_c$ 时，有

$$M_m = 0.5\alpha b_w x f_{cc}(h_w - x) + 2 f_y A_s(0.5 h_w - \alpha_s)$$
$$+ 0.5 b_w (h_{w0} - 1.5x)\rho_w f_{yw}(1.5x - \alpha_s) \tag{6-53d}$$

$$x = \frac{N + b_w h_{w0}\rho_w f_{yw}}{1.5 b_w \rho_w f_{yw} + \alpha b_w f_c} \tag{6-53e}$$

式中，b_w 为剪力墙截面宽度；h_{w0} 为剪力墙截面有效高度；h_w 为剪力墙截面高度；h_{w0} 为 RC 剪力墙有效高度；H 为墙高；l_c 为端部约束区长度；N 为轴向压力；f_{yw} 为竖向分布钢筋屈服强度；ρ_w 为竖向分布筋配筋率；f_y、A_s 为端部约束区纵筋屈服强度和全部纵筋截面面积；x 为截面受压区高度；f_c、f_{cc} 分别为未约束和约束混凝土抗压强度。

6)峰值位移 Δ_m

文献[24]通过实验室进行 15 片变参数 RC 剪力墙构件的低周反复荷载试验，系统研究了相关参数对 RC 剪力墙构件抗震性能的影响，并对试验数据进行多元线性拟合得出峰值位移计算公式如下：

$$\frac{\Delta_m - \Delta_y}{\Delta_y} = 4.25 - 2.50n + 7.19\lambda_v - 0.27\lambda - 11.39 r_a \tag{6-54}$$

式中，λ 为 RC 剪力墙高宽比；λ_v 为 RC 剪力墙边缘配箍特征值；n 为轴压比；r_a 为 RC 剪力墙边缘约束区面积与总截面面积的比值；Δ_y 为 RC 剪力墙的屈服位移，见式(6-50)。

7)极限荷载 P_u

根据试验结果,将极限荷载定义为峰值荷载的 85%,即

$$P_u = 0.85 P_m \tag{6-55}$$

8)极限位移 Δ_u

极限荷载所对应的位移值为极限位移,即 RC 剪力墙承载力下降到 85%时所对应的位移值。钢筋混凝土剪力墙构件极限位移 Δ_u 可分解为弹性区域变形引起的位移 Δ_e 和塑性铰区域变形引起的位移 Δ_p,即极限位移[35]:

$$\Delta_u = \Delta_e + \Delta_p \tag{6-56}$$

弹性区域的位移 Δ_e 由弯曲变形引起的位移 Δ_b 和剪切变形引起的位移 Δ_s 构成,考虑 RC 剪力墙的加荷形式及截面条件的因素,由材料力学可知:

$$\Delta_e = \Delta_{eb} + \Delta_{es} = \frac{PH^3}{3E_c I_w} + 1.2 \frac{PH}{G_c A_w} \tag{6-57}$$

式中,P 为 RC 剪力墙构件的横向力;E_c 为 RC 剪力墙构件中混凝土的弹性模量;I_w 为 RC 剪力墙构件的截面惯性矩;G_c 为 RC 剪力墙构件的剪切模量;A_w 为 RC 剪力墙构件截面面积。

当剪力墙出现裂缝时,伴随着边缘约束构件纵筋的屈服,式(6-57)可写为

$$\Delta_e = \left[1 + 0.75 \left(\frac{h_w}{l_e}\right)^2\right] \times \Delta_{eb} \tag{6-58}$$

$$\Delta_{eb} = \frac{1}{3} \varphi_y l_e^2 \tag{6-59}$$

式中,h_w 为 RC 剪力墙截面高度;φ_y 为 RC 剪力墙的屈服曲率,见式(6-51);l_e 为 RC 剪力墙弹性区域的高度,即墙高减去塑性铰区域高度,其中塑性铰区域长度为 $L_p = 0.2 h_w + 0.044 H_e$,$H_e$ 为墙板有效高度,一般近似取 $H_e = (2H)/3$[35]。

塑性区域的位移 Δ_p 由弯曲变形引起的位移 Δ_{pb} 和剪切变形引起的位移 Δ_{ps} 构成,即

$$\Delta_p = \Delta_{pb} + \Delta_{ps} \tag{6-60}$$

其中弯曲变形引起的位移为[36]

$$\Delta_{pb} = \frac{1}{2} \varphi_u L_p + \varphi_u L_p l_e \tag{6-61}$$

$$\phi_u = \varphi_u \frac{\varepsilon_{u,c}}{1.25 \xi h_w} \tag{6-62}$$

$$\varepsilon_{c,c} = \begin{cases} \varepsilon_c + 2.5 \lambda_v \varepsilon_c, & \lambda_v \leqslant 0.32 \\ -6.2 \varepsilon_c + 25 \lambda_v \varepsilon_c, & \lambda_v > 0.32 \end{cases} \tag{6-63}$$

$$\xi = \frac{\dfrac{N}{b_w h_w} + \rho_{sv} f_{yv}}{f_c + 2.5 \rho_{sv} f_{yv}} \tag{6-64}$$

式中，ρ_{sv}为竖向分布筋的配筋率；$\xi=x/h$，x为等效受压区高度，$x=0.8x_c$，x_c为受压区高度；φ_u为塑性铰区域的极限曲率；ϕ_u为应变协调因子，取$\phi_u=1.1$；λ_v为配箍特征值；$\varepsilon_{c,c}$为约束混凝土峰值压应变，采用过镇海等提出的计算方法；ε_c为普通混凝土峰值压应变；$\varepsilon_{u,c}$为约束混凝土的极限压应变。

对于剪切变形引起的位移，通过假定腹杆由箍筋和45°混凝土斜压杆组成的桁架模型来考虑塑性铰区的抗剪刚度K_s[37]：

$$K_s=\frac{\rho_{sh}}{1+4n\rho_{sh}}E_s t_w h_w \tag{6-65}$$

$$\Delta_{ps}=\frac{P_m}{K_s}L_p \tag{6-66}$$

式中，ρ_{sh}为RC剪力墙水平分布钢筋的配筋率；n为弹性模量比，$n=E_s/E_c$，E_s为钢筋弹性模量，E_c为混凝土弹性模量；P_m为剪力墙的峰值剪力。

9）各加载卸载刚度的确定

综上所述，可确定弹性刚度K_1、开裂后刚度K_2、硬化刚度K_3和软化刚度K_4，计算式如下：

$$K_1=\frac{P_c}{\Delta_c} \tag{6-67a}$$

$$K_2=\frac{P_y-P_c}{\Delta_y-\Delta_c} \tag{6-67b}$$

$$K_3=\frac{P_m-P_y}{\Delta_m-\Delta_y} \tag{6-67c}$$

$$K_4=\frac{-0.15P_m}{\Delta_u-\Delta_m} \tag{6-67d}$$

图6.35为未腐蚀试件SW-1的计算骨架曲线与试验骨架曲线对比。可以看出，计算结果与试验结果吻合较好，表明所建立的骨架曲线参数确定方法基本合理。

2. 腐蚀构件骨架曲线参数确定

6.4节试验结果表明RC剪力墙的特征点与钢筋锈蚀率η_s以及轴压比n相关性较大。据此，在确定腐蚀高RC剪力墙骨架曲线参数时，考虑暗柱纵筋锈蚀率与轴压比对构件抗震性能的影响，暂不考虑其他因素的影响。因此，假定腐蚀高RC剪力墙骨架曲线特征点荷载和位移与暗柱纵筋锈蚀率η_s及轴压比n有关，分别定义荷载修正函数$f_i(\eta_s,n)$和位移修正函数$g_i(\eta_s,n)$，则腐蚀高RC剪力墙构件的骨架曲线特征点参数计算公式为

$$P=f_i(\eta_s,n)P_0 \tag{6-68}$$

$$\Delta=g_i(\eta_s,n)\Delta_0 \tag{6-69}$$

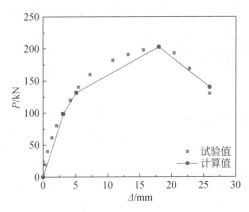

图 6.35　试件 SW-1 计算骨架曲线与试验骨架曲线对比

式中,P_0 为未腐蚀 RC 剪力墙的骨架曲线特征点荷载值;Δ_0 为未侵蚀 RC 剪力墙的骨架曲线特征点位移;$i=\mathrm{y},\mathrm{m},\mathrm{u}$。

对试验结果进行回归分析,得到不同受力状态下腐蚀 RC 剪力墙特征点荷载修正函数 $f(\eta_\mathrm{s},n)$ 和位移修正函数 $g(\eta_\mathrm{s},n)$ 计算公式,如式(6-70)~式(6-75)所示。

屈服点:

$$f_\mathrm{y}(\eta_\mathrm{s},n)=(1.14n^2+13.89n-4.88)\eta_\mathrm{s}+1 \tag{6-70}$$

$$g_\mathrm{y}(\eta_\mathrm{s},n)=(-104.70n^2+40.67n-5.98)\eta_\mathrm{s}+1 \tag{6-71}$$

峰值点:

$$f_\mathrm{m}(\eta_\mathrm{s},n)=(124.04n^2-32.75n-0.15)\eta_\mathrm{s}+1 \tag{6-72}$$

$$g_\mathrm{m}(\eta_\mathrm{s},n)=(-37.86n^2+13.42n-5.39)\eta_\mathrm{s}+1 \tag{6-73}$$

极限点:

$$f_\mathrm{u}(\eta_\mathrm{s},n)=(-39.58n^2+20.91n-5.84)\eta_\mathrm{s}+1 \tag{6-74}$$

$$g_\mathrm{u}(\eta_\mathrm{s},n)=(-23.86n^2+4.55n-4.43)\eta_\mathrm{s}+1 \tag{6-75}$$

根据式(6-70)~式(6-75)和未腐蚀高 RC 剪力墙开裂荷载与开裂位移计算公式,分别计算遭受一般大气环境侵蚀后 RC 剪力墙构件骨架曲线各特征点的荷载值和位移值,如表 6.14 和表 6.15 所示。可以看出,腐蚀高 RC 剪力墙骨架曲线荷载和位移计算值与试验值均吻合较好。

表 6.14　骨架曲线特征点荷载计算值与试验值的比较

试件编号	开裂荷载			屈服荷载			峰值荷载		
	试验值/kN	计算值/kN	计算值/试验值	试验值/kN	计算值/kN	计算值/试验值	试验值/kN	计算值/kN	计算值/试验值
SW-1	99.52	93.71	0.94	123.97	123.42	1.00	181.59	162.61	0.90
SW-2	79.21	75.65	0.96	101.17	99.85	1.07	163.45	140.59	0.86
SW-3	57.53	73.03	1.27	90.01	96.47	1.07	147.74	137.42	0.93
SW-4	104.11	93.72	0.90	133.71	140.25	1.05	209.06	192.93	0.92
SW-5	98.17	92.2	0.94	130.57	118.72	0.91	199.19	156.11	0.78
SW-6	93.48	89.93	0.96	115.00	116.00	1.01	194.71	152.35	0.78
SW-7	85.37	89.06	1.04	105.21	114.63	1.09	181.76	150.45	0.83
SW-8	78.02	87.00	1.12	102.33	110.75	1.08	169.78	145.08	0.85
SW-9	75.66	86.03	1.14	97.21	108.91	1.12	164.65	142.54	0.87
SW-10	77.01	86.03	1.12	100.38	108.91	1.08	165.97	142.51	0.86
SW-11	88.37	86.03	0.97	105.91	108.91	1.03	159.13	142.54	0.90
SW-12	109.76	93.74	0.85	141.69	134.08	0.95	220.41	236.15	1.07
SW-13	90.56	87.32	0.96	125.63	121.83	0.97	203.01	174.48	0.86
SW-14	76.61	86.39	1.13	111.21	121.58	1.09	189.67	176.27	0.93

表 6.15　骨架曲线特征点位移计算值与试验值的比较

试件编号	开裂位移			屈服位移			峰值位移			极限位移		
	试验值/mm	计算值/mm	计算值/试验值	试验值/mm	计算值/mm	计算值/试验值	试验值/mm	计算值/mm	计算值/试验值	试验值/mm	计算值/mm	计算值/试验值
SW-1	2.46	2.55	1.04	5.12	4.96	0.97	19.96	15.62	0.78	26.08	22.42	0.86
SW-2	2.40	2.55	1.06	4.52	4.05	0.90	13.92	12.75	0.92	21.37	16.56	0.77
SW-3	2.37	2.55	1.08	4.01	3.92	0.98	14.19	12.34	0.87	16.44	15.72	0.96
SW-4	3.22	2.55	0.79	5.12	4.98	0.97	21.26	14.67	0.69	24.95	19.84	0.80
SW-5	3.12	2.55	0.82	5.06	4.73	0.93	18.98	14.89	0.78	22.99	20.11	0.87
SW-6	3.08	2.55	0.83	4.8	4.59	0.96	15.96	14.47	0.91	20.01	18.78	0.94
SW-7	3.01	2.55	0.85	4.43	4.53	1.02	15.21	14.25	0.94	18.17	18.11	1.00
SW-8	2.92	2.55	0.87	4.41	4.33	0.98	15.01	13.65	0.91	17.95	16.21	0.90

试件编号	开裂位移			屈服位移			峰值位移			极限位移		
	试验值/mm	计算值/mm	计算值/试验值	试验值/mm	计算值/mm	计算值/试验值	试验值/mm	计算值/mm	计算值/试验值	试验值/mm	计算值/mm	计算值/试验值
SW-9	2.87	2.55	0.89	4.37	4.24	0.97	14.69	13.36	0.91	17.88	15.30	0.86
SW-10	3.01	2.55	0.85	4.48	4.24	0.95	15.42	13.36	0.87	18.47	15.29	0.83
SW-11	2.59	2.55	0.98	4.38	4.24	0.97	13.98	13.36	0.96	17.79	15.30	0.86
SW-12	2.88	2.55	0.89	4.38	5.00	1.14	15.01	14.72	0.98	21.00	19.25	0.92
SW-13	2.68	2.55	0.95	4.09	3.98	0.97	13.28	12.55	0.94	18.38	15.26	0.83
SW-14	2.23	2.55	1.14	3.98	3.84	0.96	13.95	12.08	0.87	15.90	14.17	0.89

3. 腐蚀构件滞回规则

选取 I-K 恢复力模型,引入循环退化指数,并基于能量耗散原理,考虑累积损伤效应造成的强度衰减和刚度退化,并采用两折线模型表示滞回环卸载刚度的变化,进而提出适用于一般大气环境侵蚀下高 RC 剪力墙的滞回模型,由于试件发生弯剪破坏,需考虑捏拢效应对其的影响,滞回规则示意图见图 6.26。

1)循环退化指数

基于能量耗散原理,Rahnama 等[26]假设构件的滞回耗能为一个恒定值,忽略荷载历程的影响,研究了构件在循环荷载下刚度和强度的退化效应。第 i 次循环加载时的循环退化指数为

$$\beta_i = \left(\frac{E_i}{E_t - \sum_{j=1}^{i} E_j} \right)^c \tag{6-76}$$

式中,c 为循环退化速率($1 \leqslant c \leqslant 2$);$E_i$ 为第 i 次循环加载时构件的耗能;$\sum_{j=1}^{i} E_j$ 为第 i 次循环加载之前构件的累积耗能;E_t 为构件的理论耗能能力,可取值为

$$E_t = 2.5 I_u (P_y \Delta_y) \tag{6-77}$$

式中,P_y 和 Δ_y 分别为屈服荷载和屈服位移;I_u 为结构破坏时对应的功比指数,由腐蚀高 RC 剪力墙试验数据拟合得到其与暗柱纵筋锈蚀率 η_s 和轴压比 n 之间的关系式如下:

$$I_u = -52.28 + 190.15 e^{-n} - 3.04 \eta_s^{18.24} \tag{6-78}$$

2)强度退化规则与刚度退化规则

腐蚀高 RC 剪力墙的强度退化规则与刚度退化规则与锈蚀低矮 RC 剪力墙相同,在此不再赘述。

3)捏拢规则

腐蚀高 RC 剪力墙的捏拢规则与锈蚀低矮 RC 剪力墙相同,在此不再赘述,且控制捏拢的参数取值相同,$\kappa_D = 0.5$,$\kappa_F = 0.6$。

4)恢复力模型验证

为了验证所建立一般大气环境下腐蚀高 RC 剪力墙试件恢复力模型的准确性,采用上述恢复力模型分析获得各榀腐蚀高 RC 剪力墙试件的滞回曲线特征参数,其结果如表 6.16 所示,进而绘制各试件计算滞回曲线,并与试验滞回曲线对比,如图 6.36 所示。

表 6.16　各试件的滞回曲线特征参数

试件编号	各阶段骨架线刚度/(kN/mm)				卸载系数		循环退化速率 c
	K_1	K_2	K_3	K_4	R_1	R_2	
SW-1	30.13	16.06	3.62	−5.37	0.80	0.61	1
SW-2	30.98	12.73	7.40	−1.77	0.42	0.63	1
SW-3	28.64	14.59	5.22	−5.17	0.40	0.66	1
SW-4	30.14	24.88	5.44	−2.80	0.34	0.60	1
SW-5	30.83	22.78	4.98	−7.55	0.44	0.67	1
SW-6	31.44	14.02	6.28	−8.70	0.42	0.64	1
SW-7	34.93	11.82	3.75	−8.86	0.41	0.61	1
SW-8	32.58	12.50	4.00	−9.93	0.42	0.64	1
SW-9	28.67	15.17	4.01	−11.21	0.44	0.67	1
SW-10	26.67	23.83	5.96	−13.03	0.45	0.63	1
SW-11	33.09	11.17	6.24	−2.43	0.33	0.49	1
SW-12	37.20	16.27	10.49	−12.36	0.42	0.64	1
SW-13	32.58	16.96	6.35	−5.76	0.43	0.65	1
SW-14	28.32	20.23	7.29	−6.14	0.40	0.66	1

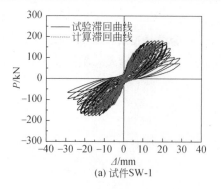

(a) 试件SW-1

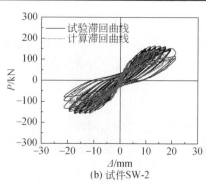

(b) 试件SW-2

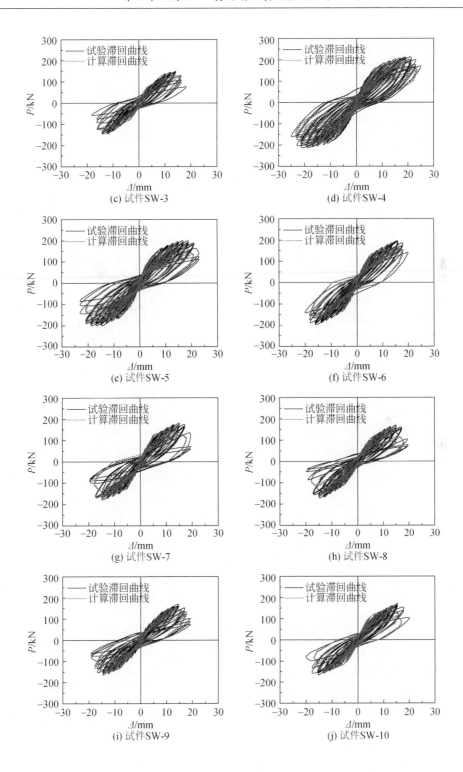

(c) 试件 SW-3   (d) 试件 SW-4

(e) 试件 SW-5   (f) 试件 SW-6

(g) 试件 SW-7   (h) 试件 SW-8

(i) 试件 SW-9   (j) 试件 SW-10

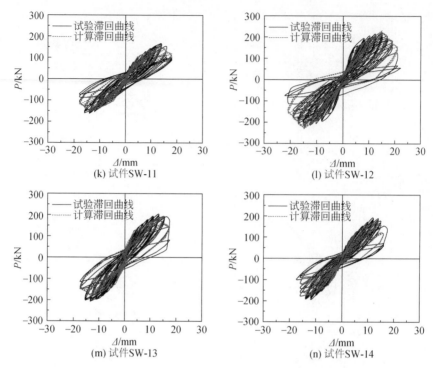

图 6.36　高 RC 剪力墙计算滞回曲线与试验滞回曲线对比

由表 6.17 和图 6.36 可以看出,所建一般大气环境下腐蚀高 RC 剪力墙恢复力模型在计算滞回曲线时具有较高精度,计算滞回曲线与试验滞回曲线在承载力、变形性能、刚度退化和强度退化等方面均符合较好,表明所建立的腐蚀高 RC 剪力墙恢复力模型能较准确地反映一般大气环境下腐蚀高 RC 剪力墙的力学性能及抗震性能,可用于多龄期 RC 剪力墙结构的地震反应分析。

6.6.2　腐蚀高 RC 剪力墙剪切恢复力模型

1. 未腐蚀高 RC 剪力墙特征点剪切变形计算

与低矮 RC 剪力墙相同,高 RC 剪力墙剪切恢复力模型骨架曲线同样采用不考虑下降段的三折线模型。骨架曲线上特征点荷载值采用 6.6.1 节所给出的抗剪承载力计算公式计算确定,特征点开裂剪应变和屈服剪应变值采用 6.5.2 节中所给公式确定,峰值剪应变按式(6-79)和式(6-80)确定。

$$\gamma_m = \frac{P_m}{K_s} \tag{6-79}$$

$$K_{s} = \frac{\rho_{wh}}{1 + 4n_{E}\rho_{wh}} E_{s} t_{w} h_{w} \tag{6-80}$$

式中，γ_{m} 为峰值剪应变；P_{m} 为峰值荷载；K_{s} 为构件屈服后剪切刚度；n_{E} 为弹性模量比，即 E_{s}/E_{c}，其中，E_{s} 为钢筋弹性模量；h_{w} 为剪力墙截面高度；ρ_{wh} 为水平分布筋配筋率；t_{w} 为墙厚。

采用上述公式分别对未腐蚀高 RC 剪力墙剪切恢复力模型骨架曲线特征点参数进行计算，并将计算骨架曲线与未腐蚀试件 SW-1 的试验剪切滞回曲线进行对比，如图 6.37 所示。可以发现，该计算骨架曲线与试验滞回曲线各峰值点包络线吻合较好，表明用建立的剪力墙剪切变形计算公式标定未腐蚀高 RC 剪力墙剪切恢复力模型骨架曲线合理可行。

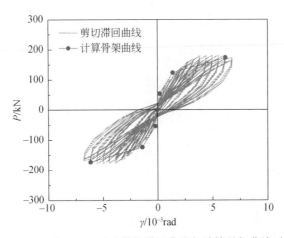

图 6.37　试件 SW-1 试验剪切滞回曲线与计算骨架曲线对比

2. 腐蚀高 RC 剪力墙特征点剪切变形计算

与腐蚀高 RC 剪力墙宏观恢复力剪力计算方法相同，假定腐蚀 RC 剪力墙剪切变形修正系数与暗柱纵向钢筋锈蚀率 η_{s} 及轴压比 n 相关，定义剪应变修正系数函数为 $g_{s}(\eta_{s},n)$，则腐蚀高 RC 剪力墙的剪切恢复力模型骨架线特征点剪应变 γ_{d} 计算公式为

$$\gamma_{d} = g_{s}(\eta_{s},n)\gamma_{0} \tag{6-81}$$

式中，γ_{0} 为未腐蚀高 RC 剪力墙剪切恢复力模型骨架曲线特征点的剪应变值。

通过对表 6.9 中各腐蚀高 RC 剪力墙试件特征点剪切变形进行归一化处理，继而进行参数回归分析，得到屈服点和峰值点的剪应变修正函数如式(6-82)和式(6-83)所示。

屈服点：

$$g_y(\eta_s, n) = (-148.71n^2 + 67.16n - 7.01)\eta_s + 1 \tag{6-82}$$

峰值点：

$$g_m(\eta_s, n) = (94.57n^2 - 45.62n - 4.40)\eta_s + 1 \tag{6-83}$$

根据上述公式，计算腐蚀试件骨架曲线各特征点剪应变值，并与试验结果进行对比，结果如表 6.17 所示。可以发现，计算剪应变值与试验剪应变值较为吻合，故所建剪切骨架曲线特征点计算模型基本合理。

表 6.17　高 RC 剪力墙特征点剪应变计算值与试验值的比较

编号	屈服剪应变			峰值剪应变		
	试验值/(10^{-3}rad)	计算值/(10^{-3}rad)	计算值/试验值	试验值/(10^{-3}rad)	计算值/(10^{-3}rad)	计算值/试验值
SW-1	0.432	0.403	0.93	6.558	6.161	0.94
SW-2	0.409	0.358	0.88	3.289	3.099	0.94
SW-3	0.379	0.352	0.93	2.838	2.659	0.94
SW-4	0.461	0.403	0.87	5.467	6.161	1.13
SW-5	0.464	0.407	0.88	4.609	4.781	1.04
SW-6	0.446	0.410	0.92	3.648	3.982	1.09
SW-7	0.421	0.411	0.98	2.933	3.580	1.22
SW-8	0.428	0.415	0.97	2.530	2.440	0.96
SW-9	0.437	0.417	0.95	2.078	1.900	0.91
SW-10	0.421	0.417	0.99	2.022	1.894	0.94
SW-11	0.446	0.417	0.93	2.203	1.900	0.86
SW-12	0.419	0.403	0.96	3.645	6.161	1.69
SW-13	0.422	0.397	0.94	2.617	2.539	0.97
SW-14	0.426	0.396	0.93	2.192	1.990	0.91

3. 腐蚀高 RC 剪力墙剪切滞回规则确定

与 6.5.2 节腐蚀低矮 RC 剪力墙剪切恢复力模型滞回规则相同，腐蚀高 RC 剪力墙仍采用 OpenSees 中的 Hysteretic Material 模型来考虑剪力墙试件的捏拢效应和刚度退化现象，各项参数取值详见 6.5.2 节，此处不再赘述。

4. 模型验证

基于考虑剪切效应的纤维模型建模思路，按照 6.5.2 节所述建模方法，结合上述腐蚀高 RC 剪力墙剪切恢复力模型，对未腐蚀试件 SW-1 和腐蚀试件 SW-5、

SW-6 和 SW-10 进行模拟分析,得到相应剪切滞回曲线,并与试验滞回曲线对比,如图 6.38 所示。可以看出,计算滞回曲线与试验滞回曲线在承载力、变形性能、强度衰减和刚度退化等方面均符合较好,表明所建立的腐蚀高 RC 剪力墙剪切恢复力模型,能够较准确地反映一般大气环境下腐蚀高 RC 剪力墙的力学性能与抗震性能。

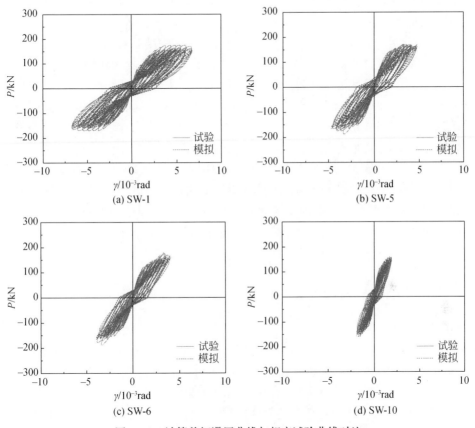

图 6.38 计算剪切滞回曲线与相应试验曲线对比

6.7 本 章 小 结

为研究一般大气环境下腐蚀 RC 剪力墙的抗震性能,采用人工气候加速腐蚀技术,分别对 14 榀高宽比为 1.14 的低矮 RC 剪力墙和 14 榀高宽比为 2.14 的高 RC 剪力墙试件进行腐蚀试验,继而进行拟静力加载试验,揭示并表征了腐蚀循环次数、轴压比和横向分布筋配筋率变化对 RC 剪力墙试件破坏形态以及各抗震性能指标的影响规律,并结合试验研究结果和理论分析方法建立了腐蚀 RC 剪力墙的恢复力模型。基于上述研究工作得到如下结论。

(1)受一般大气环境中的腐蚀介质侵蚀后的 RC 剪力墙的破坏形态发生了一定改变,主要表现为:对于低矮 RC 剪力墙试件,随着腐蚀循环次数的增加,墙体斜裂缝数量增多,宽度变宽,其主要的破坏模式仍为剪切破坏;对于高 RC 剪力墙试件,随着腐蚀循环次数的增加,墙体破坏模式由剪切成分较大的弯剪破坏逐渐向弯曲破坏转变。

(2)由低矮和高 RC 剪力墙试件的拟静力加载试验结果可以看出,轴压比相同时,随着腐蚀循环次数的增加,各试件的承载能力、变形性能和耗能能力均呈现出不同程度的退化,且刚度退化速率不断加快;腐蚀循环次数相同时,随着轴压比的增大,其承载力呈增大趋势,刚度退化速率亦不断加快,而变形性能和耗能能力则逐渐减小;其他参数相同时,随着横向分布筋配筋率的增大,低矮和高 RC 剪力墙承载力逐渐提高,变形性能和耗能能力逐渐增大。

(3)建立了一般大气环境下腐蚀 RC 剪力墙宏观恢复力模型和剪切恢复力模型,基于其模拟所得各试件的滞回曲线和骨架曲线均能与试验结果符合较好,表明所建立的恢复力模型能较准确反映一般大气环境下腐蚀 RC 剪力墙的力学性能和抗震性能,可用于一般大气环境下在役 RC 结构抗震性能分析与评估。

参 考 文 献

[1] 钱稼茹,吕文. 基于位移延性的剪力墙抗震设计[J]. 建筑结构学报,1999,20(3):42-49.
[2] 李宏男,李兵. 钢筋混凝土剪力墙抗震恢复力模型及试验研究[J]. 建筑结构学报,2004,25(5):35-42.
[3] 王立长,李凡璘,朱维平,等. 设置暗支撑钢筋混凝土剪力墙的抗震性能试验研究[J]. 建筑结构学报,2007,28(S1):51-58.
[4] 周广强. 高层建筑钢筋混凝土剪力墙滞回关系及性能研究[D]. 上海:同济大学,2004.
[5] Salonikios T N,Kappos A J,Tegos I A,et al. Cyclic load behavior of low-slenderness reinforced concrete walls:failure modes,strength and deformation analysis,and design implications[J]. ACI Structural Journal,2000,97(1):132-141.
[6] 李兵,李宏男,曹敬党. 钢筋混凝土高剪力墙拟静力试验[J]. 沈阳建筑大学学报,2009,25(2):230-234.
[7] 王德斌,李宏男. 不同加载条件下钢筋混凝土构件力学特性及影响规律研究[J]. 振动与冲击,2013,32(5):113-118.
[8] 丁向奎. 低周往复荷载下 290 厚砌块整浇墙剪切破坏模式试验研究[D]. 哈尔滨:哈尔滨工业大学,2011.
[9] 邓明科. 高性能混凝土剪力墙基于性能的抗震设计理论与试验研究[D]. 西安:西安建筑科技大学,2006.

[10] 张亮．240 厚砌块整浇墙抗震性能试验研究[D]．哈尔滨：哈尔滨工业大学，2010.

[11] 章红梅，吕西林．粘钢加固钢筋混凝土剪力墙抗震性能试验研究[J]．结构工程师，2007，23(1)：72-76.

[12] 张云峰．钢筋混凝土剪力墙高轴压比下抗震性能试验研究[D]．北京：清华大学，1996.

[13] 中华人民共和国住房和城乡建设部．建筑抗震试验规程(JGJ/T 101—2015)[S]．北京：中国建筑工业出版社，2015.

[14] 中华人民共和国住房和城乡建设部．混凝土结构设计规范(2016 年版)(GB 50010—2010)[S]．北京：中国建筑工业出版社，2016.

[15] 中华人民共和国住房和城乡建设部，中华人民共和国国家质量监督检验检疫总局．建筑抗震设计规范(2016 年版)(GB50011—2010)[S]．北京：中国建筑工业出版社，2016.

[16] 中华人民共和国住房和城乡建设部．高层建筑混凝土结构技术规程(JGJ 3—2010)[S]．北京：中国建筑工业出版社，2010.

[17] 中华人民共和国建设部，国家质量监督检验检疫总局．普通混凝土力学性能试验方法标准(GB/T 50081—2002)[S]．北京：中国建筑工业出版社，2002.

[18] 中华人民共和国国家质量监督检验检疫总局，中国国家标准化管理委员会．金属材料 拉伸试验 第 1 部分：室温试验方法(GB/T 228.1—2010)[S]．北京：中国建筑工业出版社，2010.

[19] 李兵，李宏男．钢筋混凝土低剪力墙拟静力试验及滞回模型[J]．沈阳建筑大学学报(自然科学版)，2010，26(5)：869-874.

[20] 臧登科．纤维模型中考虑剪切效应的 RC 结构非线性特征研究[D]．重庆：重庆大学，2005.

[21] Park Y J，Ang A H S. Mechanistic seismic damage model for reinforced concrete[J]. Journal of Structural Engineering，1985，111(4)：722-739.

[22] 张川．钢筋混凝土框架-抗震墙结构的抗震性能及模型化研究[D]．重庆：重庆建筑大学，1994.

[23] 梁兴文，辛力，陶松平，等．混凝土剪力墙受剪承载力计算[J]．工业建筑，2009，39(7)：111-113.

[24] 张松，吕西林，章红梅．钢筋混凝土剪力墙构件恢复力模型[J]．沈阳建筑大学学报(自然科学版)，2009，4(25)：643-649.

[25] 张松，吕西林，章红梅．钢筋混凝土剪力墙构件极限位移的计算方法及试验研究[J]．土木工程学报，2009，42(4)：10-16.

[26] Rahnama M，Krawinkler H. Effects of soft soil and hysteresis model on seismic demands [R]. Stanford：Blume Earthquake Engineering Center，1993.

[27] 李磊，周宁，郑山锁．锈蚀 RC 框架柱恢复力模型研究[J]．福州大学学报，2013，41(4)：729-734.

[28] 李兵，李宏男．钢筋混凝土低剪力墙拟静力试验及滞回模型[J]．沈阳建筑大学学报(自然科学版)，2010，26(5)：869-874.

[29] Michael S，Filip F. Hysteretic Material[EB/OL]. http://opensees. berkeley. edu/wiki/ index. php/Hysteretic _Material，2016-5-10.

［30］杨红,张睿,臧登科,等. 纤维模型中非线性剪切效应的模拟方法及校核[J]. 四川大学学报 (工程科学版),2011,1(43):8-17.

［31］Kabeysawa T, Shioara T, Otani S. U. S. - Japan cooperative research on RC full-scale building test, Part 5: Discussion of dynamic response system[C]. 8th World Conference on Earthquake Engineering, SanFrancisco, 1984.

［32］Wallace J W. Modelling issues for tall reinforced concrete core wall buildings[J]. The Structural Design of Tall and Special Buildings, 2007, (16):615-632.

［33］Tjhin T N, Aschheim M A, Wallace J W. Yield displacement estimates for displacement-based seismic design of ductile reinforced concrete structural wall buildings[C]. 13th World Conference on Earthquake Engineering, Vancouver, 2004.

［34］梁兴文,叶艳霞. 混凝土结构非线性分析[M]. 北京:中国建筑工业出版社,2015.

［35］Priestley M J N. Aspect of drift and ductility capacity of rectangular cantilever structural walls [J]. Bulletin of New Zealand Society for Earthquake Engineering, 1998, 31(2):73-85.

［36］Park R, Paulay T. Reinforced Concrete Structural [M]. New York:John Wiley & Sons, 1975.

［37］Ibarra L F, Medina R A, Krawinkler H. Hysteretic models that incorporate strength and stiffness deterioration [J]. Earthquake Engineering and Structural Dynamics, 2005, 34: 1489-1511.

第7章 腐蚀 RC 框剪结构地震韧性评估研究

7.1 引　言

建筑结构地震韧性是指建筑在震时与震后功能维持与快速恢复的能力,其在结构抗震性能评估中起着重要作用。实现建筑结构地震韧性以避免现代城市遭受震时功能损失严重、震后恢复周期长等问题,是增强国家震害抵御能力、维系社会可持续发展的客观需要。一般大气环境下,经受环境腐蚀的 RC 结构抗震性能较完好结构差,且随服役时间的增加逐渐退化,导致结构地震灾害风险逐渐增加,因而有必要对该环境下不同服役期 RC 结构进行地震韧性评估,以期为该类结构韧性提升决策制定提供依据,从而减小腐蚀 RC 结构地震破坏造成的人员伤亡和财产损失。

RC 框剪结构是在我国高层建筑中使用较多较广的一种结构体系,鉴于此,本章以该结构体系为研究对象,基于《建筑抗震韧性评价标准》(GB/T 38591—2020)(以下简称为"《韧性标准》")[1],提出适用于腐蚀 RC 框剪结构不同水准地震作用下综合抗震韧性定量评估框架,进而对处于一般大气环境下的 RC 框剪结构进行地震韧性评价,并研究不同服役期和结构层数下建筑韧性变化,从而为一般大气环境下 RC 框剪结构地震韧性设计和抗震加固提供理论支撑。

7.2 腐蚀 RC 框剪结构地震韧性评估框架

7.2.1 既有韧性评估框架

韧性最早由生态学家 Holling[2]作为学科概念引入,用以定义生态系统稳定的特征,是系统自有的一种能力和特性。Gunderson 等[3]将韧性这一概念引入工程抗震领域中,用于定义工程系统受到扰动后恢复到稳定状态的速度和能力。为实现工程结构抗震韧性设计,需首先建立系统的抗震韧性评价方法。国际上对于建筑结构抗震韧性评估研究相对较早,目前已有 3 种常见的抗震韧性评价方法,分别为指南 FEMA P58[4]、REDi™ Rating System[5] 和 USRC Building Rating System[6],且已有诸多应用实例[7,8]。

我国抗震韧性研究和建设工作虽起步较晚,但发展较为迅速。2020 年 3 月,我国发布了首部关于抗震韧性的国家标准《建筑抗震韧性评价标准》(GB/T 38591—2020)[1]，并已于 2021 年 2 月 1 日实施。该标准基于震害现场调研经验，充分利用了建筑结构性能化设计、损伤控制理论、韧性评价方法等工程抗震领域研究成果，制订了给定水准地震作用下房屋建筑损伤状态、修复费用、修复时间和人员损失的评估方法，最终给出了房屋建筑抗震韧性的评价方法和分级标准，较上述指南分级更为明确、可操作性更强。该标准的发布推动了我国城市韧性理论和技术研究、应急准备与快速响应对策制定和紧急处置技术研发等的发展与应用。然而，虽然既有评估标准与指南通过综合考虑修复费用、修复时间和人员伤亡三个指标的等级，将建筑结构地震韧性由低至高进行等级划分，但是采用该方法对不同腐蚀程度的 RC 框剪结构进行韧性评级时，由于等级划分数量较少，各等级所涵盖的韧性范围较广，故无法精确反映服役时间和腐蚀程度对 RC 框剪结构韧性的影响。

7.2.2　腐蚀 RC 框剪结构韧性评估框架

　　Bruneau 等[9]对社区抗震韧性的研究中，将抗震韧性定义为：震前结构系统减少破坏性冲击发生、震时有效吸收冲击和震后迅速恢复功能的能力，并给出了如式(7-1)所示的韧性量化方法。随后，Cimellaro 等[10]改进了 Bruneau 等[9]的韧性量化方法，将韧性定义为一定时间内的功能平均值从而将韧性度量无量纲化，其形式如式(7-2)所示，相应示意图如图 7.1 所示。

$$R = \int_{t_0}^{t_1} \left[100 - Q(t) \right] \mathrm{d}t \tag{7-1}$$

$$R = \int_{T_{OE}}^{T_{OE+LC}} Q(t) / T_{LC} \mathrm{d}t \tag{7-2}$$

式中，R 是韧性度量，为无量纲参数；$Q(t)$ 表示功能随时间变化的函数；t_0 和 t_1 分别为地震发生和社区或建筑完成修复的时刻；T_{OE} 指地震发生时刻，T_{OE+LC} 为进行韧性评价的参考时间，即地震发生时间与控制时间 T_{LC} 之和。

　　为实现一般大气环境下腐蚀 RC 框剪结构韧性评估，针对既有标准与指南对于腐蚀 RC 结构韧性评估中的问题，基于 Bruneau 韧性评估框架与《建筑

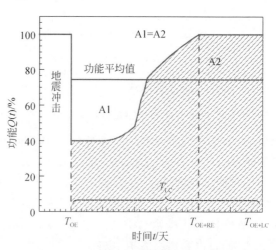

图 7.1　Cimellaro 韧性评价方法示意图

抗震韧性评价标准》(GB/T 38591—2020)[1]研究成果,对震时与震后的功能-时间曲线进行描述以获取韧性的定量结果。此外,针对各标准与指南基于设定水准地震作用(如,设防地震、罕遇地震等)的评估仅代表某一地震强度下建筑结构的韧性,无法综合表征建筑结构未来在不确定性地震动下韧性反应的问题,基于 IDA 分析方法,对不同强度地震下的结构韧性予以平均考虑,进而提出可综合反应不同水准地震作用下腐蚀 RC 框剪结构韧性的定量评估方法。该方法实施流程具体描述如下:

(1)为获得具有代表性的 RC 框剪结构地震韧性表现,首先建立不同设防烈度、层数与服役期下的典型 RC 框剪结构,进而对一般大气环境下典型 RC 框剪进行数值建模;

(2)为反应不同水准地震作用下建筑结构的综合韧性,选取合适地震强度(IM)指标与地震动记录,通过预先的弹塑性分析设定合理的调幅范围以满足层残余变形限值,即使得建筑在设定的地震强度范围内处于可修状态,进而基于增量动力时程分析(IDA)方法对不同服役期与层数 RC 框剪结构进行弹塑性时程分析,从而得到不同地震强度下结构响应分布;

(3)基于《建筑抗震韧性评价标准》(GB/T 38591—2020)中的损失和恢复分析方法并做相应修改,对不同损伤破坏状态下构件修复费用与时间进行加权平均计算,并考虑恢复准备时间的影响,得到不同地震强度下各典型建筑结构的经济损失和恢复时间分布;

(4)以直接经济损失标定震时瞬间典型建筑结构的功能损失,进而基于所定恢复策略选择合适的功能恢复模型对恢复进程进行描述,从而得到不同地震强度、服役期与层数下 RC 框剪结构功能-时间曲线分布。为考虑概率特征,分别提取各功能-时间曲线 25%、50%和 75%分位线,进而绘制各参数下典型结构功能-时间-强度韧性曲面;

(5)基于 Cimellaro 平均功能思想[10],计算功能曲面所围成的体积并除以功能曲面在地震强度-时间坐标系上的投影面积,得到可综合反映不同水准地震作用下典型建筑结构的平均韧性度量,相应计算公式如式(7-3)所示。继而,对不同服役期与层数典型建筑结构进行韧性评价与对比分析,得到一般大气环境下 RC 框剪结构地震韧性随服役期与层数的变化规律,从而为该环境下建筑结构抗震韧性评价与后续韧性提升提供理论支撑。

$$R = \int_{T_{OE}}^{T_{OE+LC}} \int_{IM_{\min}}^{IM_{\max}} \frac{Q(t, IM)}{T_{LC}(IM_{\max} - IM_{\min})} \mathrm{d}t \mathrm{d}IM \tag{7-3}$$

一般大气环境下腐蚀 RC 框剪结构韧性评估框架如图 7.2 所示。以下分为典型 RC 框剪结构模型建立与地震反应分析、典型 RC 框剪结构构件时变地震易损性分析、典型 RC 框剪结构损失分析、典型 RC 框剪结构恢复分析和典型 RC 框剪结构地震韧性评估五个部分对本章研究成果分别予以介绍。

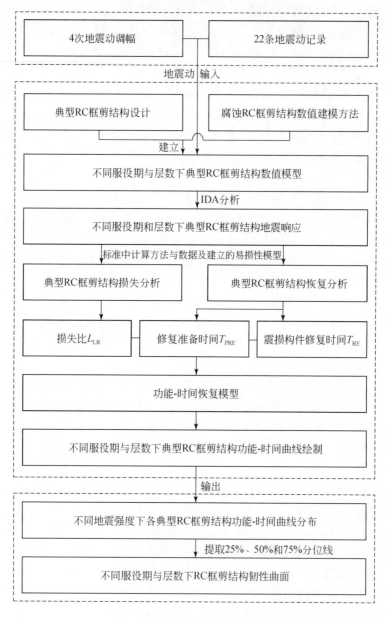

图 7.2　一般大气环境下 RC 框剪结构地震韧性评估框架

7.3　腐蚀 RC 框剪结构地震反应分析

7.3.1　典型结构平面布置形式

RC 框剪结构中,剪力墙如何布置及其刚度如何确定一直为关注的焦点。近年来,通过对国内外多次实际震害分析表明,随着剪力墙数量的增加,地震灾害有所减轻,因此,一般来说,多设置剪力墙对抗震是有利的。但是在 RC 框剪结构中,框架部分的水平剪力设计值有最低限度,随着剪力墙的片数和刚度的增加,并不能降低框架的水平剪力设计值;另外,如果剪力墙过多,虽然主体结构可以具有较强的抗震能力,但由于结构刚度的增大会导致地震作用增大,同时造成相应的成本增长亦需要权衡考虑。因此,本节主要通过对大量实体建筑物的观察(Google Earth 和实地调查),初步确定了 RC 框剪典型结构的平面布置形式(图 7.3),并对其作如下简化:

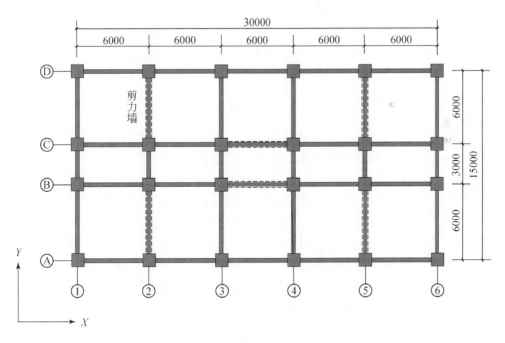

图 7.3　典型 RC 框剪结构平面布置(单位:mm)

(1)根据《建筑抗震设计规范(2016 年版)》(GB 50011—2010)[11] 表 6.1.2 中对现浇钢筋混凝土房屋抗震等级的规定,典型 RC 框剪结构的层数分别取 10 层、15

层、20 层和 25 层,且不考虑地下室、机房和水箱等因素;

(2)根据设计经验底层层高均取为 4.5m,其余标准层层高取为 3.6m,则典型结构的高度分别为 36.9m、54.9m、72.9m 和 90.9m;

(3)按照《高层建筑混凝土结构技术规程》(JGJ 3—2010)[12]中表 3.3.2 钢筋混凝土高层建筑结构适用的最大高宽比规定,典型结构平面宽度取为 15m,即满足规范对各个设防烈度下的限值要求;

(4)按照《高层建筑混凝土结构技术规程》(JGJ 3—2010)[12]中表 3.4.3 平面尺寸及突出部位尺寸的比值限值规定,典型结构平面长度取为 30m。

7.3.2　典型结构设计

在设计典型 RC 框剪结构时,采用弹性层间位移角这一指标控制结构的目标性能。收集了 13 个实际框剪结构的设计资料作为该参数控制值参考,通过统计可知,6 度设防烈度下,考虑抗震构造措施,结构弹性层间位移角大致范围为 $1/1600 \sim 1/1200$;7 度设防烈度下,结构弹性层间位移角大致范围为 $1/1300 \sim 1/1100$;8 度设防烈度下,结构弹性层间位移角大致范围为 $1/1100 \sim 1/900$。综上,将不同层数的 RC 框架结构在 6 度、7 度和 8 度设防烈度下的弹性层间位移角分别控制在 $1/1600 \sim 1/1200$、$1/1300 \sim 1/1100$ 和 $1/1100 \sim 1/900$ 之间,反复进行迭代设计,最终确定结构的截面尺寸与配筋。

依据《混凝土结构设计规范(2016 年版)》(GB 50010—2010)[13]、《建筑抗震设计规范(2016 年版)》(GB 50011—2010)[11]、《高层建筑混凝土结构技术规程》(JGJ 3—2010)[12]、《建筑结构荷载规范》(GB 50009—2012)[14]等现行规范,采用 PKPM 软件分别对不同层数与设防烈度的典型框剪结构进行设计,假定设计地震分组为第二组,场地类别为 Ⅱ 类;基本风压为 $0.35kN/mm^2$,地面粗糙类为 B 类;楼面及屋面恒载为 $4kN/m^2$(不包括现浇混凝土楼面(屋面)板自重);楼面及屋面活载取为 $2kN/m^2$。框架梁、柱、剪力墙边缘约束构件纵筋和剪力墙分布筋均采用 HRB400 级,箍筋采用 HPB300 级。不同层数典型 RC 框剪结构 PKPM 模型如图 7.4 所示,并以 8 度(0.20g)设防结构为例给出了具体构件尺寸及混凝土设计标号,如表 7.1 所示。由于研究参数较多,故在后续分析中,选定 8 度设防的 10 层和 25 层典型 RC 框剪结构为代表,对其进行不同服役期下的地震韧性评估。

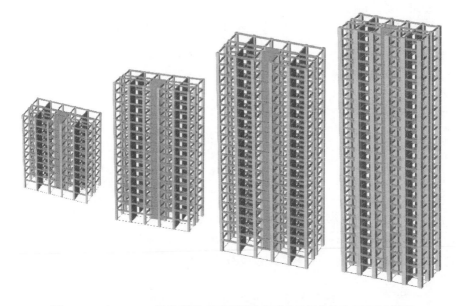

图 7.4　8 度(0.20g)设防烈度下不同层数典型 RC 框剪结构 PKPM 模型

表 7.1　8 度(0.20g)设防烈度下结构构件尺寸及混凝土强度等级

总层数	层号	墙厚度/mm	柱截面/mm	梁截面/mm
10	1~10	300(C35)	800×800(C35)	
15	1~4	300(C40)	900×900(C40)	250×600(C30)
	5~15	300(C35)	900×900(C35)	
20	1~7	400(C40)	1000×1000(C40)	
	8~20	400(C35)	1000×1000(C40)	
25	1~9	450(C50)	1300×1300(C50)	250×600(C40)
	10~25	450(C45)	1300×1300(C45)	

7.3.3　典型结构数值模型的建立

从典型 RC 框剪结构平面布置(图 7.3)可以看出,Y 轴为结构的弱轴,故在后续弹塑性时程分析及韧性评估中,仅对该轴响应进行研究,以反应结构的最大灾害损失。为实现典型结构的高效非线性分析,采用文献[15]的方法,将所设计的典型空间框剪结构等效为沿弱轴方向的平面框剪结构,即基于刚性楼板假定并忽略扭转效应,取①轴的框架作为整个结构框架的代表,取②轴的一榀剪力墙作为整个结构剪力墙部分的代表,按照框剪整体结构刚度特征值 λ 不变原则,组装成平面框剪结构,进而将剪力墙厚度及其配筋面积进行折减。

对于等效的 RC 框剪结构,采用文献[16]所提的考虑腐蚀影响的 RC 框剪结构数值模拟方法进行建模。具体来说,对于 RC 框剪结构中的梁柱单元,采用基于弯矩-转角恢复力的集中塑性铰模型予以模拟,即采用弹性杆单元模拟梁柱单元中部变形,采用零长度非线性弹簧单元模拟杆件两端塑性铰区的非线性变形。OpenSees 建模过程,弹性杆采用带刚度修正的弹性梁柱单元,且忽略腐蚀作用对处于弹性工作状态构件受力性能的影响,按未腐蚀构件输入相应参数;零长度弹簧单元与弹性杆两端串联连接,弹簧单元中的相关恢复力模型参数标定方法见文献[17]。对于左侧 RC 剪力墙单元,采用考虑弯剪耦合的多垂直杆模型[18](SFI-MVLEM 单元,如图 7.5 所示),对基于纤维的 RC 板单元中的混凝土与钢筋本构关系予以修正,对二维 RC 板本构 FSAM 中的抗剪系数予以重新标定,对腐蚀后钢筋滑移本构予以修正,并通过在 SFI-MVLEM 模型底部附加零长度纤维截面单元考虑腐蚀后的黏结滑移效应,RC 剪力墙整体建模思路如图 7.6 所示。

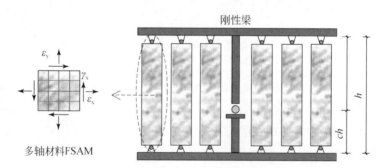

图 7.5　考虑弯剪耦合的多垂杆模型 SFI-MVLEM

由于 RC 剪力墙和框架部分通过楼板协同工作,基于刚性楼板假定,RC 剪力墙和框架之间设置水平刚性链杆进行连接,链杆长度取为剪力墙截面高度的一半,从而保证模型中剪力墙的真实截面高度。基于上述建模方法所得整体等效平面模型如图 7.7 所示。

为验证上述建模方法对模型动力特性模拟的准确性,基于 OpenSees 平台和 PKPM 设计软件,建立了 8 度设防下层数为 10 层和 25 层、服役时间为 0 年和 50 年的 4 个 RC 框剪结构的整体等效模型,并对其进行模态分析,各模型 Y 向一阶周期计算结果如表 7.2 所示。从表中可以看出,所建不同层数和服役期的 RC 框剪结构等效模型的一阶周期与相应 PKPM 计算结果基本一致,误差均小于 10%,表明所提建模方法可准确反映实际结构的动力特性。

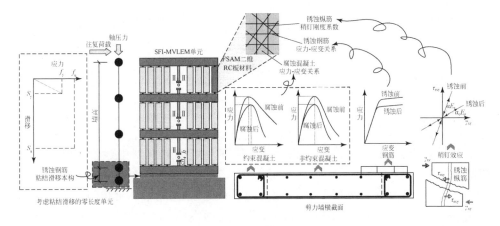

图 7.6　一般大气环境下腐蚀 RC 剪力墙建模思路

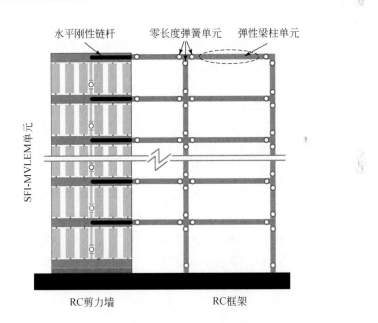

图 7.7　等效平面 RC 框剪结构模型

表 7.2　模型 Y 向一阶周期对比

层数	服役期/年	PKPM/s	OpenSees/s	误差/%
10	0	0.84	0.88	4.8
	50	0.86	0.92	7.0

续表

层数	服役期/年	PKPM/s	OpenSees/s	误差/%
25	0	2.10	2.13	1.4
	50	2.36	2.19	7.2

7.3.4 增量动力时程分析

为建立功能-时间-强度韧性曲面,需对各典型结构模型进行增量动力时程 (IDA)分析,从而为不同强度地震作用下典型结构的功能损失和恢复分析奠定基础。FEMA P695[19]所推荐的 22 条远场地震动记录,考虑了研究区域内的多种场地类别,且地震动记录数量丰富,能够充分反应地震动频谱特性差异,因而被国内外大多数学者所采用[20-22]。鉴于此,遵循美国应用技术委员会(Applied Technology Council,ATC)在 FEMA P695 报告[19]中建议的八项选波原则,并选取了该研究报告中推荐的 22 条远场地震动记录中 PGA 分量较大的 22 条地震动记录作为后续研究的输入地震动记录,各地震动记录的详细信息见表 7.3。该地震动记录的震级-断层距分布以及加速度反应谱分别如图 7.8 和图 7.9 所示。

表 7.3 22 条远场地震动记录

编号	震级	年份	名称	地震台站	分量	PGA/g
1	6.7	1994	Northridge	Beverly Hills-Mulhol	NORTHR/MUL279	0.52
2	6.7	1994	Northridge	Canyon Country-WLC	NORTHR/LOS270	0.48
3	7.1	1999	Duzce,Turkey	Bolu	DUZCE/BOL090	0.82
4	7.1	1999	Hector Mine	Hector	HECTOR/HEC090	0.34
5	6.5	1979	Imperial,Valley	Delta	IMPVALL/H-DLT352	0.35
6	6.5	1979	Imperial,Valley	El Centro Array #11	IMPVALL/H-E11230	0.38
7	6.9	1995	Kobe,Japan	Nishi-Akashi	KOBE/NIS000	0.51
8	6.9	1995	Kobe,Japan	Shin-Osaka	KOBE/SHI000	0.24
9	7.5	1999	Kocaeli,Turkey	Duzce	KOCAELI/DZC270	0.36
10	7.5	1999	Kocaeli,Turkey	Arcelik	KOCAELI/ARC000	0.22
11	7.3	1992	Landers	Yermo Fire Station	LANDERS/YER270	0.24
12	7.3	1992	Landers	Coolwater	LANDERS/CLW-TR	0.42
13	6.9	1989	Loma Prieta	Capitola	LOMAP/CAP000	0.53
14	6.9	1989	Loma Prieta	Gilroy Array #3	LOMAP/GO3000	0.56

续表

编号	震级	年份	名称	地震台站	分量	PGA/g
15	7.4	1990	Manjil,Iran	Abbar	MANJIL/ABBAR-L	0.51
16	6.5	1987	Superstition Hills	El Centro Imp. Co.	SUPERST/B-ICC000	0.36
17	6.5	1987	Superstition Hills	Poe Road(temp)	SUPERST/B-POE270	0.45
18	7.0	1992	Cape Mendocino	Rio Dell Overpass	CAPEMEND/RIO360	0.55
19	7.6	1999	Chi-Chi,Taiwan	CHY101	CHICHI/CHY101-N	0.44
20	7.6	1999	Chi-Chi,Taiwan	TCU045	CHICHI/TCU045-N	0.51
21	6.6	1971	San Fernando	LA-Hollywood Stor	SRERNPEL090	0.21
22	6.5	1976	Friuli,Italy	Tolmezzo	FRIULI/A-TMZ000	0.35

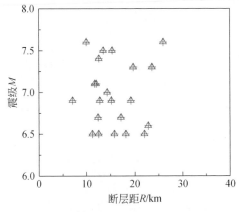

图 7.8　地震动记录震级-断层距分布

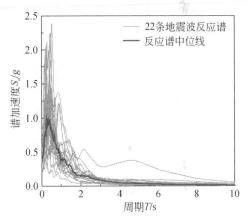

图 7.9　22 条地震波反应谱曲线

　　采用与结构动力特性无关的 PGA 作为地震动强度指标,且考虑 4 种水准地震动作用,即多遇、基本、罕遇和极罕遇地震动。此外,《建筑抗震韧性评价标准》(GB/T 38591—2020)[1] 规定,当结构最大层残余变形平均值超过层残余变形限值(RC 住宅或公共建筑取 1/200)时判定建筑不可修,应终止抗震韧性评级。故基于此规定,对极罕遇地震动下结构最大层残余变形进行试算,所得最大层残余变形平均值小于层残余变形限值,故认为在所设定的地震强度范围内,典型建筑均处于可修状态,可进行韧性评估。8 度设防的典型 RC 框剪结构地震动调幅方案如表 7.4 所示。

表 7.4　地震动调幅方案

调幅次数	1	2	3	4
幅值/g	0.07	0.20	0.40	0.60

在后续损失与恢复分析中,需给出位移敏感型和加速度敏感型构件的工程需求参数,故在各强度幅值下地震反应计算结束时,调取并记录层间位移反应和楼面加速度响应。以 8 度设防地震作用(PGA=0.20g)下的地震反应分析结果为例,对比分析不同层数和服役期下的结构响应,结果如图 7.10 和图 7.11 所示。

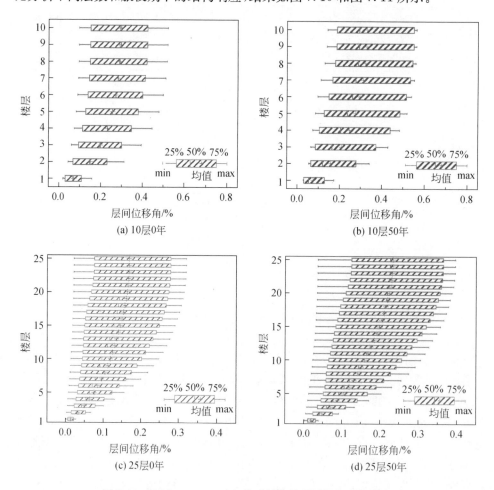

图 7.10　PGA=0.20g 时各典型结构最大层间位移角分布

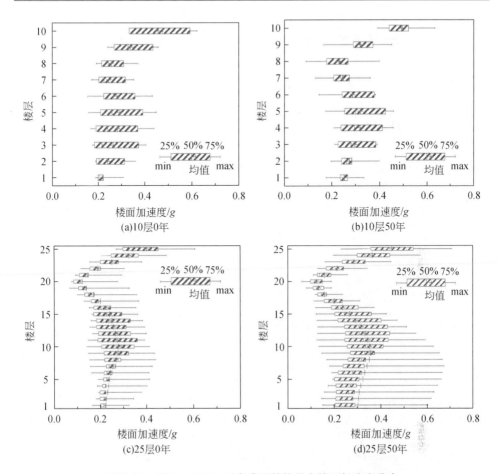

(a)10层0年

(b)10层50年

(c)25层0年

(d)25层50年

图 7.11　PGA＝0.20g 时各典型结构最大楼面加速度分布

　　从图 7.10 和图 7.11 中可以看出,服役 50 年后,两种层数下的典型 RC 框剪结构各楼层最大层间位移角和最大楼面加速度均显著增加,但最大层间位移角所在层数未发生转变。服役时间从 0 年增加至 50 年时,10 层典型结构最大层间位移角均值从 0.29％增加至 0.33％,增幅达 13.8％,最大楼面加速度均值从 0.45g 增加至 0.51g,增幅达 13.3％;25 层典型结构最大层间位移角均值从 0.17％增加至 0.24％,增幅达 41.2％,最大楼面加速度均值从 0.40g 增加至 0.45g,增幅达 12.5％,且各层楼面加速度变化范围明显右移。从上述分析可以看出,一般大气环境侵蚀对 RC 框剪结构地震响应影响显著,且层数越高,影响程度越大,故在对该类结构进行韧性评估时需考虑服役时间与层数的影响。

7.4　腐蚀 RC 框剪结构构件时变地震易损性分析

目前,构件地震易损性的分析方法主要基于历史震害的经验分析方法、基于试验数据的统计分析方法和基于数值模拟的理论分析方法。其中,经验和试验易损性法存在基础数据少、适用性差、离散性大、准确性低、主观性强、费时费力等固有缺陷[23],而基于数值模拟的易损性分析方法是一种更加便捷且考虑影响参数更为全面的方法。目前,较多学者[24,25]采用该理论分析方法对不同设计参数的腐蚀构件进行了易损性研究,且取得了较为准确合理的结果。

综上,基于数值模拟的理论分析方法能够考虑构件设计参数的差异性和环境腐蚀的不确定性对构件抗震性能的影响,且数据样本更为丰富,这使得所建立的易损性模型更加准确、可靠,故采用该方法建立腐蚀 RC 构件易损性模型,流程如图 7.12所示。

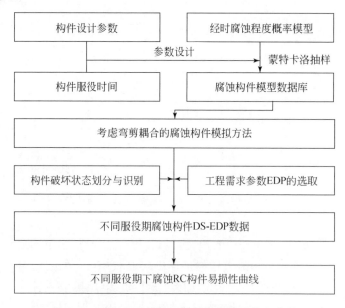

图 7.12　腐蚀 RC 结构构件易损性模型建立流程

7.4.1　一般大气环境下材料腐蚀程度经时变化规律

在一般大气环境下,腐蚀介质随着服役期的增长不断向混凝土内部侵入,混凝土腐蚀深度逐渐增加,混凝土抗压强度呈现先增加后降低的趋势;此外,腐蚀介质不断破坏钢筋表面钝化膜,当达到脱钝阈值时钢筋开始锈蚀,在腐蚀介质作用下,随着服役期的增长,钢筋锈蚀速度逐渐加快,钢筋锈蚀率不断增加。目前,不同学者通过理论分析与试验模拟等方法建立了混凝土腐蚀深度和钢筋锈蚀程度的经时变化关系[26-28],但这些研究存在无法真实反映一般大气环境下材料腐蚀程度随服役时间的变化规律、未考虑材料腐蚀随机性与不确定性或并非基于一般大气环境下的材料腐蚀而建立等问题,难以直接用于一般大气环境下混凝土与钢筋经时腐蚀程度预测。

　　鉴于此,课题组通过超声检测与酚酞试剂法相结合的方法,对处于我国西南地区的 42 栋在役 RC 结构进行了混凝土腐蚀深度检测[29],并基于破损检测与锈胀裂缝宽度推测相结合的方法对相应结构中的钢筋锈蚀程度进行了检测,其混凝土保护层与钢筋直径比值的范围集中于 0.96～3.46 之间。检测结果表明,服役期小于 20～30 年的混凝土内部钢筋基本未发生锈蚀,混凝土强度略高于初始强度,而超过该年限范围后,混凝土抗压强度与钢筋平均截面面积随着服役期的增长不断削弱。由于钢筋直径的差异,锈蚀率无法比较不同直径钢筋锈蚀严重程度,故选用平均锈蚀深度作为锈蚀程度的控制参数。不同服役期下混凝土相对腐蚀深度(腐蚀深度与沿侵蚀方向试件长度的比值)与钢筋锈蚀深度检测结果分别如图 7.13 和图 7.14 所示。

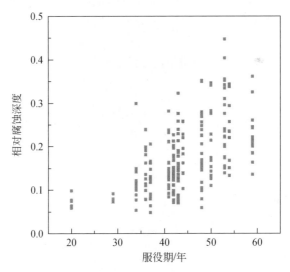

图 7.13　一般大气环境下混凝土相对腐蚀深度与服役期关系

　　根据材料腐蚀数据随服役期分布情况,将检测结果分为 4 组,即:35 年、42 年、49 年、55 年。将各组混凝土与钢筋腐蚀深度数据按一定组距绘制为频率分布直方图,为了得到腐蚀深度分布规律,进一步将频率除以组距得到归一化后的概率分布

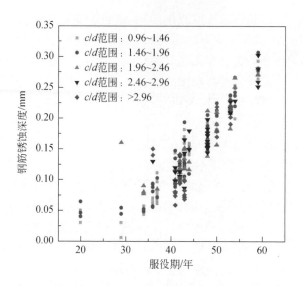

图 7.14　一般大气环境下钢筋锈蚀深度与服役期关系

图,如图 7.15 和图 7.16 所示。在概率统计分布中,对数正态分布是随机变量对数为正态分布的单边概率分布,该分布与正态分布相关,且适合数值为正的研究参数的概率统计分布,因而被广泛应用。本节采用该分布对混凝土与钢筋腐蚀深度数据进行统计分析,对数正态分布的概率密度函数及其统计参数计算方法如式(7-4)～式(7-7)所示。

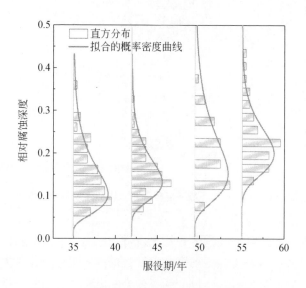

图 7.15　不同服役期下混凝土相对腐蚀深度分布

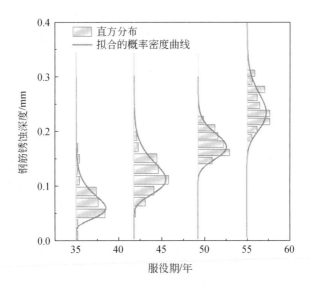

图 7.16　不同服役期下钢筋锈蚀深度分布

$$f(x;\alpha,\beta) = \frac{1}{x\sigma\sqrt{2\pi}}\exp[-(\ln x - \alpha)^2/2\beta^2], \quad 0 \leqslant x \leqslant \infty \tag{7-4}$$

$$\theta = \mathrm{e}^{\alpha} \tag{7-5}$$

$$\mu = \exp\left(\alpha + \frac{\beta^2}{2}\right) \tag{7-6}$$

$$\sigma = \mu\sqrt{\exp(\beta^2) - 1} \tag{7-7}$$

式中,α、β 为变量对数的均值和标准差;θ、μ 和 σ 分别为对数正态分布的中位值、均值和标准差。

对不同服役期下混凝土与钢筋腐蚀深度数据进行对数正态分布的参数估计与假设检验,结果表明对数正态分布拟合优度较好,其结果如表 7.5 所示。从表中可以看出,随着服役期的增长,混凝土相对腐蚀深度与钢筋锈蚀深度中位值 θ 均呈线性规律增加,而对数标准差 β 呈降低趋势。如图 7.17 和图 7.18 所示,将腐蚀深度中位值 θ、对数标准差 β 与服役期的关系进行线性拟合,所得规律如式(7-8)~式(7-11)所示。从式中可以看出,当服役期小于 15 年时,混凝土基本未发生腐蚀,服役期小于 27 年时,钢筋基本未发生锈蚀。故在后续不同服役期下 RC 构件易损性研究时,将 30 年定为一般大气环境下 RC 结构腐蚀的初始阶段。

$$\theta_1 = 5.55 \times 10^{-3}t - 0.082, t \geqslant 15 \tag{7-8}$$

$$\beta_1 = 8.90 \times 10^{-3}t + 0.82, t \geqslant 15 \tag{7-9}$$

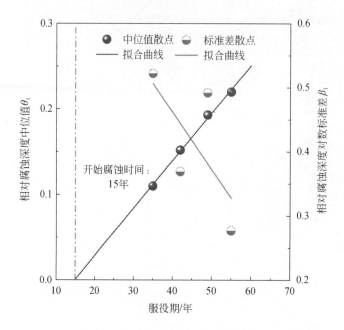

图 7.17 混凝土相对腐蚀深度统计参数随服役期变化关系

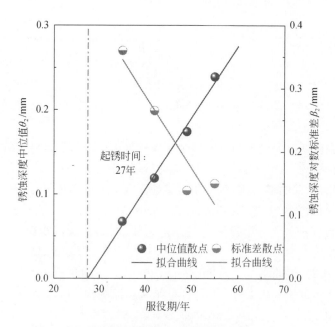

图 7.18 钢筋锈蚀深度统计参数随服役期变化关系

表 7.5　不同服役期下混凝土与钢筋腐蚀程度统计参数

服役期/年	混凝土相对腐蚀深度		钢筋锈蚀深度/mm	
	中位值 θ_1	对数标准差 β_1	中位值 θ_2	对数标准差 β_2
35	0.110	0.522	0.068	0.360
42	0.152	0.369	0.119	0.265
49	0.193	0.492	0.174	0.139
55	0.220	0.277	0.239	0.150

$$\theta_2 = 8.46 \times 10^{-3} t - 0.23, t \geqslant 27 \qquad (7\text{-}10)$$

$$\beta_2 = 1.14 \times 10^{-2} t + 0.75, t \geqslant 27 \qquad (7\text{-}11)$$

7.4.2　RC 构件损伤破坏状态划分

　　构件在地震荷载作用不同阶段呈现不同的损伤破坏状态,表征这些状态的指标通常包括:混凝土开裂,裂缝宽度,混凝土压碎程度,钢筋发生屈服、屈曲或断裂等。截至目前,不同学者、规范与报告提出了多种构件损伤破坏状态划分标准。如,美国建筑结构抗震性能评估规范 ASCE 41-13[30]基于构件使用性能将构件损伤破坏状态划分为可立即使用(immediate occupancy,IO)、生命安全(life safety,LS)和防止倒塌(collapse prevention,CP)三种,且针对 RC 剪力墙构件,分别给出了由弯曲、弯剪或剪切变形控制下性能指标限值。《建筑抗震韧性评价标准》(GB/T 38591—2020)[1]基于转角、材料应变、截面内力、构件位移等指标对不同破坏状态下的 RC 构件损伤破坏状态进行了划分。此外,Brown[31] 和 Gulec 等[32]采用修复措施来反映构件损伤破坏程度,分别提出了剪力墙试件的损伤破坏状态划分标准,各破坏状态详细描述如表 7.6 和表 7.7 所示。

表 7.6　文献[31]中 RC 剪力墙损伤破坏状态划分

破坏状态编号	状态描述	修复方法
DS 0	出现初始水平裂缝	更换和修补装饰面
DS 1	出现初始斜裂缝	环氧树脂注入
DS 2	钢筋发生屈服	
DS 3	保护层混凝土的初始剥落	修补剥落的混凝土
DS 4	剪力墙腹板混凝土压溃	去除并更换损坏的混凝土
DS 5	a)钢筋发生屈曲;b)水平承载力降低 20%以上	更换墙体

表 7.7　文献[32]中 RC 剪力墙损伤破坏状态划分

破坏状态编号	状态描述	修复方法	破坏状态编号	状态描述	修复方法
DS 1.1	初始裂缝		DS 3.1	剪压区混凝土压溃或腹板混凝土开始脱落	
DS 1.2	初始弯曲裂缝	装饰面修复	DS 3.2	腹板底部区域出现垂直裂缝	墙体部分替换
DS 1.3	初始剪切裂缝		DS 3.3	暗柱纵筋屈曲	
DS 1.4	最大裂缝宽度小于 0.5mm		DS 3.4	弯曲裂缝宽度超过 3mm	
DS 2.1	水平分布筋发生屈服		DS 4.1	腹板底部出现滑动	
DS 2.2	纵向分布筋发生屈服		DS 4.2	出现较宽的斜裂缝	
DS 2.3	暗柱纵筋发生屈服		DS 4.3	混凝土大面积剥落	
DS 2.4a	最大剪切裂缝宽度处于 0.5mm～3mm	环氧树脂注入	DS 4.4	钢筋断裂	墙体整体替换
DS 2.5a	最大弯曲裂缝宽度处于 0.5mm～3mm				
DS 2.4b	最大剪切裂缝宽度处于 1mm～3mm		DS 4.5	剪切裂缝宽度超过 3mm	
DS 2.5b	最大弯曲裂缝宽度处于 1mm～3mm				

　　然而,上述划分标准是基于试验观察和测量结果总结得出,无法直接应用于建模分析中构件损伤状态的划分。鉴于此,参考上述划分标准与《建筑抗震韧性评价标准》(GB/T 38591—2020)[1]破坏状态划分方法,并考虑模拟方法捕捉能力的实际情况,将腐蚀 RC 构件破坏状态划分为轻微损伤、中等损伤、严重损伤和失效破坏 4 个等级,其详细描述及在模型中的捕捉特征点见表 7.8。

表 7.8　RC 构件损伤破坏状态划分

破坏状态编号	状态描述	模型中识别方法
轻微损伤(DS 1)	构件根部产生水平裂缝或腹板产生斜裂缝,经简单修复可恢复原有性能状态	构件底部或腹部混凝土达到极限拉应变
中等损伤(DS 2)	构件水平裂缝或斜裂缝不断发展,纵向或水平钢筋屈服,构件发生中等损伤	水平或纵向受拉钢筋达到屈服应变
严重损伤(DS 3)	构件剪压区保护层混凝土或腹部保护层混凝土开始剥落,构件损伤程度较重	构件底部或腹部保护层混凝土达到峰值压应变

续表

破坏状态编号	状态描述	模型中识别方法
失效破坏(DS 4)	构件表面斜裂缝不断加宽,混凝土大面积剥落,钢筋可能出现断裂,构件承载力丧失	构件底部截面混凝土达到极限压应变的范围超过截面高度的 30% 或纵向与水平钢筋达到极限拉应变

7.4.3　腐蚀 RC 剪力墙构件参数选取与模型设计

一般大气环境下,RC 剪力墙设计参数的变化和腐蚀程度的不确定性是导致其抗震性能产生差异的主要原因。本节基于数值模拟的理论分析方法建立不同服役期 RC 剪力墙构件的地震易损性模型,在进行数值分析前,需首先建立可以代表既有 RC 剪力墙构件的典型模型。为考虑混凝土与钢筋强度、轴压比、高宽比、宽厚比、边缘约束构件的配筋、腹板配筋等主要设计参数的影响,合理挑选了参数范围分布均匀的 15 个高宽比处于 0.6～2.4 之间的典型 RC 剪力墙试件[33-46],其参数分布情况如图 7.19 所示。

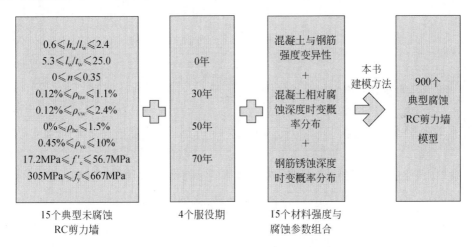

图 7.19　典型腐蚀 RC 剪力墙试件模型设计

根据国家标准《建筑结构可靠度设计统一标准》(GB 50068—2018)[47]规定,普通房屋建筑设计年限为 50 年,为观察与比较一般大气环境下 RC 剪力墙构件在建造初期、腐蚀初期、达到设计使用年限和超过设计使用年限后 4 个不同服役阶段的抗震性能,选取 0 年、30 年、50 年和 70 年 4 个服役期作为研究参数。为考虑材料强度的变异性,基于《混凝土结构设计规范(2016 年版)》(GB 50010—2010)[13]附录 C 钢筋与混凝土变异系数表,对材料强度进行基于正态分布的蒙特卡洛抽样;针对不同服役期下腐蚀程度的不确定性,各服役期下的腐蚀参数按式(7-8)~式(7-11)中的概率分布进行蒙特卡洛抽样。最终,如图 7.19 所示,不同服役期下的各 RC剪力墙构件均抽取 15 个材料强度与腐蚀参数组合。

综上,共生成 900 个不同服役期典型 RC 剪力墙构件样本,继而基于 7.3.3 节的一般大气环境下 RC 剪力墙数值模拟方法(SFI-MVLEM),分别对其进行拟静力模拟分析,进而通过对构件损伤破坏状态进行捕捉,获取 RC 剪力墙样本不同损伤破坏状态(DS)下层间位移角数据。

7.4.4　腐蚀 RC 剪力墙构件地震易损性曲线

选用层间位移角作为一般大气环境下 RC 构件的工程需求参数,选用韦布尔分布作为层间位移角的概率分布函数,韦布尔分布概率密度函数 $f(x;\alpha,\beta)$ 如式(7-12)所示,其中 α 和 β 分别为分布的形状参数和尺度参数,相应均值 μ 与标准差 σ 分别如式(7-13)和式(7-14)所示。

$$f(x;\alpha,\beta)=\frac{\alpha}{\beta}\left(\frac{x}{\alpha}\right)^{\alpha-1}\mathrm{e}^{-(x/\beta)^{\alpha}},0\leqslant x\leqslant\infty \text{ 且 } \alpha,\beta>0 \tag{7-12}$$

$$\mu=\beta\Gamma\left(1+\frac{1}{\alpha}\right) \tag{7-13}$$

$$\sigma=\beta\sqrt{\Gamma\left(1+\frac{2}{\alpha}\right)-\Gamma^{2}\left(1+\frac{1}{\alpha}\right)} \tag{7-14}$$

则构件的易损性模型可以表达为:

$$P(\delta,\mathrm{DS}=i)=1-\exp\left[-(\delta/\beta_i)^{\alpha_i}\right] \tag{7-15}$$

式中,$P(\delta,\mathrm{DS}=i)$ 为某一层间位移角下构件发生第 i 程度破坏的概率;α_i 和 β_i 分别为第 i 个破坏状态下韦布尔分布的统计参数。为获得韦布尔分布下的统计参数,采用最大似然估计法对层间位移角模拟数据进行参数估计,服役 0 年、30 年、50 年和 70 年时,RC 剪力墙构件各破坏状态下层间位移角概率分布统计参数估计结果见表 7.9。

表 7.9　构件不同破坏状态下 EDP 概率分布统计参数

服役期/年	破坏状态	α	β
0	DS 1	2.882	0.127
	DS 2	3.506	0.425
	DS 3	6.115	0.982
	DS 4	5.592	1.530

续表

服役期/年	破坏状态	α	β
30	DS 1	3.243	0.084
	DS 2	3.893	0.316
	DS 3	3.833	0.957
	DS 4	6.199	1.541
50	DS 1	1.619	0.056
	DS 2	3.282	0.268
	DS 3	4.471	0.881
	DS 4	6.235	1.438
70	DS 1	1.216	0.030
	DS 2	2.657	0.239
	DS 3	2.863	0.803
	DS 4	4.506	1.306

基于式(7-15)和表 7.9 分别绘制不同服役期和损伤破坏状态下 RC 剪力墙构件的理论易损性曲线,其结果如图 7.20 和图 7.21 所示。同时,为表明理论易损性曲线与模拟数据的符合情况,图中亦给出由各破坏状态下的层间位移角数据通过概率累加所得经验易损性曲线(细线所示)。

从图 7.20 中可以看出,理论易损性与经验易损性符合程度较好,且随着破坏程度的增加,同一层间位移角下构件的破坏概率逐渐降低。当层间位移角达到 0.25%时,一般大气环境下不同服役期的 RC 剪力墙构件均处于基本完好状态;当层间位移角达到 0.5%时,30 年、50 年和 70 年服役期下的 RC 剪力墙构件均经历了轻微损伤;当层间位移角达到 1.5%时,不同服役期下的 RC 剪力墙构件均将发生中度破坏;当层间位移角达到 2.0%时,不同服役期下的 RC 剪力墙构件均将失效破坏。

从图 7.21 中可以看出,同一损伤破坏状态下,随着服役期的增长,RC 剪力墙构件达到某一层间位移角时的破坏概率逐渐增大,其原因为一般大气环境侵蚀导致的构件损伤随着时间的增长不断累积,逐渐削弱构件的抗震性能从而导致破坏概率增加。当层间位移角达到《建筑抗震设计规范(2016 年版)》(GB 50011—2010)[11]中规定的 RC 剪力墙结构弹塑性层间位移角 1/120 时,严重损伤状态下的 4 个服役期构件破坏概率分别为 31.0%、43.8%、54.8%和 67.4%。可以算出,当服役期从 0 年分别增加至 30 年、50 年和 70 年时,弹塑性层间位移角下腐蚀 RC 剪力墙构件的破坏概率分别增加了 41.3%、76.8%和 117.4%。从上述分析可以看

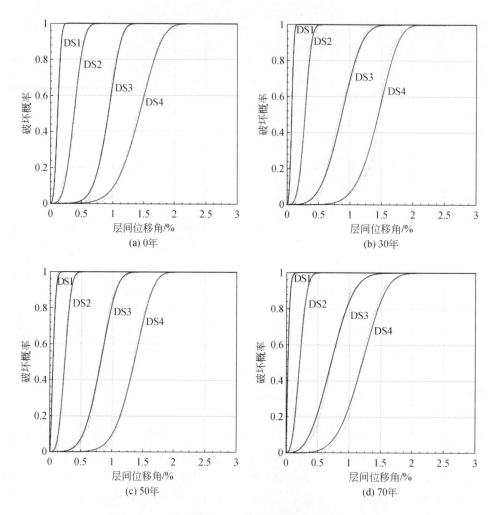

图 7.20　不同服役期下 RC 剪力墙构件地震易损性曲线

出,一般大气环境下 RC 剪力墙构件服役 30 年时,其抗震性能削弱不大,弹塑性层间位移角仍能满足规范要求;达到设计使用年限时,规定的弹塑性位移角限值下 RC 剪力墙构件发生严重破坏的概率显著提升,此时若不进行加固处理,继续服役 20 年后,构件在弹塑性层间位移角限值下将大概率失效破坏,无法满足大震不倒的抗震设防要求。

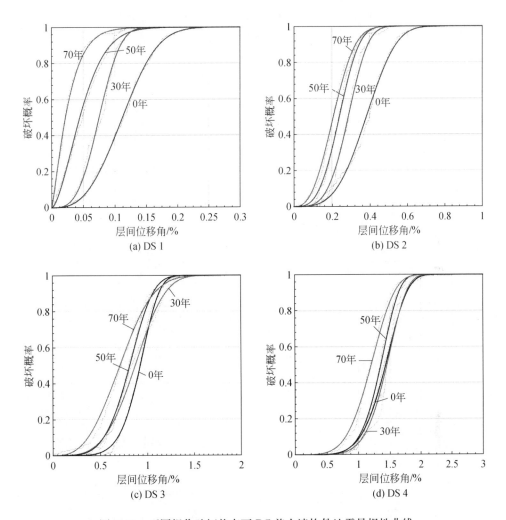

图 7.21　不同损伤破坏状态下 RC 剪力墙构件地震易损性曲线

7.4.5　腐蚀 RC 梁柱构件地震易损性曲线

为实现一般大气环境下 RC 框剪结构的韧性评估,除了建立腐蚀 RC 剪力墙构件的易损性模型外,还需建立 RC 框剪结构中梁柱构件的易损性模型。采用本节腐蚀 RC 构件的易损性分析方法,对一般大气环境下 RC 梁柱构件进行了易损性分析,其过程同 RC 剪力墙构件类似,故此处不再赘述,以下仅给出 RC 梁柱构件易损性分析结果。RC 梁柱构件韦布尔分布统计参数如表 7.10 所示,不同服役期下 RC 梁柱构件的理论易损性曲线分别如图 7.22 和图 7.23 所示。

表 7.10　构件不同破坏状态下层间位移角概率分布统计参数

服役期/年	破坏状态	梁构件		柱构件	
		α	β	α	β
0	DS 1	3.521	0.271	4.349	0.232
	DS 2	13.164	1.416	9.622	1.061
	DS 3	15.727	3.260	13.812	2.463
	DS 4	17.810	4.214	14.751	3.675
30	DS 1	3.429	0.258	4.038	0.148
	DS 2	12.465	1.079	5.570	0.810
	DS 3	13.346	3.127	9.857	2.344
	DS 4	13.879	4.006	12.322	3.448
50	DS 1	1.373	0.109	1.503	0.081
	DS 2	5.817	0.711	4.443	0.515
	DS 3	9.311	2.821	10.763	2.061
	DS 4	9.977	3.720	11.020	3.297
70	DS 1	1.252	0.048	1.265	0.058
	DS 2	1.787	0.403	1.794	0.297
	DS 3	10.664	2.441	10.100	1.810
	DS 4	8.239	3.357	7.237	2.998

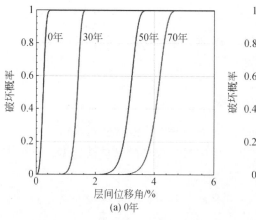

(a) 0年

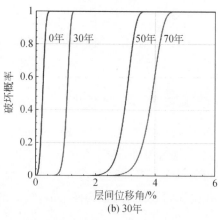

(b) 30年

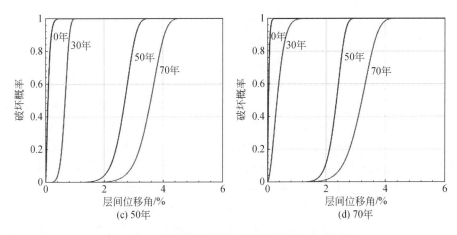

图 7.22　不同服役期下 RC 梁构件地震易损性曲线

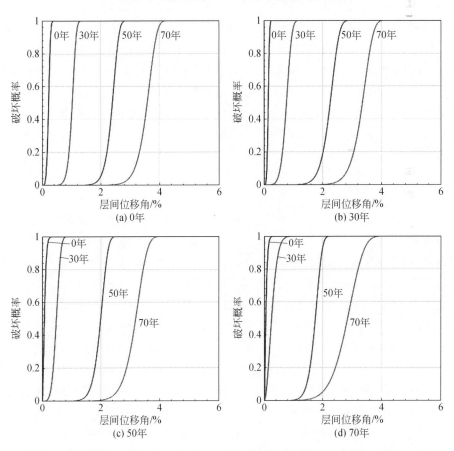

图 7.23　不同服役期下 RC 柱构件地震易损性曲线

7.5　腐蚀 RC 框剪结构地震损失分析

随着抗震设计规范的不断改进和完善,地震所引起的建筑倒塌和人员伤亡逐渐减少,但造成的直接经济损失并未下降,究其原因为:由于装修技术和建筑功能要求的提高,非结构构件和建筑内部物品占建筑总成本比例逐渐增高,据统计[48],对于一般建筑,二者造价可占建筑总造价的 80%～90%。然而,现阶段非结构构件的抗震措施未能引起足够重视,同时,非结构构件较结构构件在地震作用下更易受损,故逐渐成为引发震害下建筑经济损失的主要原因。因此,在地震损失评估中,不仅要考虑建筑结构构件修复费用,还要充分考虑非结构构件的直接经济损失。

一般大气环境下,RC 框剪结构中的主要结构构件均将发生耐久性退化而导致的抗震性能削弱,且随着服役时间的增加不断加剧,从而导致结构构件易损性与灾害损失显著提升。此外,对于一般大气环境下 RC 框剪结构中的非结构构件,即使没有地震的影响,也易发生破坏而被更换、重新装修,变动性较大,因此无法建立其地震易损性与服役时间的直接关系。但由于结构构件抗震性能的退化,不同服役期下整体结构地震响应不同,对于不同敏感型非结构构件而言,其破坏概率亦将发生变化从而导致经济损失有所差异。本节在对一般大气环境下典型 RC 框剪结构进行损失分析时,同时考虑服役时间对结构构件和非结构构件损失的影响,以下对其予以介绍。

7.5.1　损失评估方法

地震导致的建筑损失可分为直接损失和间接损失,直接损失是在震时立即发生的损失,可分为经济损失和人员伤亡两个部分,而间接损失则可能发生在震时或震后,为灾害直接损失造成的后续影响,其具体内容划分较不明确。由于与结构和非结构构件性能的重要关联,研究中仅考虑地震作用对建筑结构直接经济损失的影响。基于《建筑抗震韧性评价标准》(GB/T 38591—2020)[1]和 FEMA P58[4],直接经济损失评估基本流程如图 7.24 所示,整个流程可从内容和顺序上概括为两类评估和逐层评估,即结构构件与非结构构件直接经济损失评估,和由同一楼层同一类型的构件损失评估递进到不同楼层不同类型的构件损失评估。

建筑直接经济损失可用结构发生不同损伤破坏状态时的更换与修复费用或倒塌后的重建费用描述。构件直接经济损失被定义为各损伤破坏状态下构件损失系数、修复系数与重置成本乘积的加权,加权系数为易损性曲线中构件不同损伤破坏状态的超越概率。其中,结构与非结构构件重置成本是指基于当地当前价格,修复遭受损伤破坏的构件,使其恢复到震前规模和性能所需费用;结构与非结构构件损

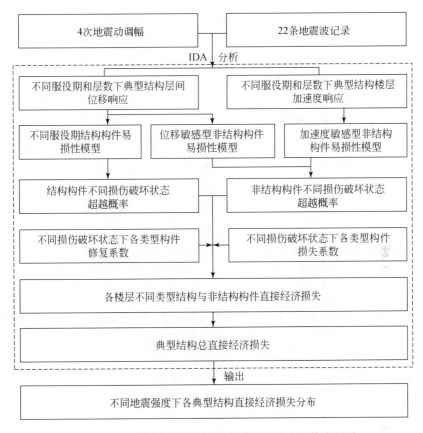

图 7.24　一般大气环境下 RC 框剪结构损失评估流程图

失系数为构件处于某一损伤破坏状态时的经济损失与其重置成本的比值,修复系数为构件处于某一损伤破坏状态时的修复费用与其经济损失的比值。不同服役期与层数下典型建筑结构直接经济损失计算公式如式(7-16)~式(7-20)所示。

$$L(IM, T_{OE}) = L_{S}(IM) + L_{NS}(IM) \tag{7-16}$$

$$L_{NS}(IM) = L_{NSD}(IM) + L_{NSA}(IM) \tag{7-17}$$

$$L_{type}(IM) = \sum_{k=1}^{n1} \lambda_{C(k)} \sum_{i=1}^{n2} \zeta_{C(i)} L_{i,k}(IM) \tag{7-18}$$

$$L_{i,k}(IM) = \sum_{j=1}^{n3} C_{i,j} \eta_{i,j} P_i(DS = j) \tag{7-19}$$

$$\eta_{i,j} = \eta_{i,j}^1 \eta_{i,j}^2 \tag{7-20}$$

式中,$L(IM, T_{OE})$ 为某一强度地震下建筑直接经济损失;$L_{S}(IM)$ 为建筑中所有结构构件直接经济损失总和;$L_{NS}(IM)$ 为建筑中所有非结构构件直接经济损失总和,分为两部分,即位移敏感型非结构构件损失 $L_{NSD}(IM)$ 和加速度敏感型非结构构件损失 $L_{NSA}(IM)$;$L_{type}(IM)$ 为结构构件($type=$S)、位移敏感型非结构构件($type=$NSD)或加速度敏感型非结构构件($type=$NSA)的直接经济损失;$L_{i,k}(IM)$ 为第 k 层第 i 类构件的直接经济损失;$\xi_{C(i)}$ 为第 i 类构件修复工程量的修复费用折减系数;$\lambda_{C(k)}$ 为楼层位置对构件修复费用的影响系数;$C_{i,j}$ 为第 k 层第 i 类构件的重置成本总和;$\eta_{i,j}$ 为第 i 类构件处于第 j 损伤破坏状态时的修复费用比,即不同损伤破坏状态下构件直接经济损失占构件重置成本的比例,为损失系数 $\eta_{i,j}^1$ 与修复系数 $\eta_{i,j}^2$ 的乘积;$n1$、$n2$ 和 $n3$ 分别为楼层数量、第 k 层构件类别的数量和各构件损伤状态类别的数量;$P_i(DS=j)$ 为第 i 类构件发生第 j 损伤破坏状态的超越概率。

值得注意的是,本节所提方法与《建筑抗震韧性评价标准》(GB/T 38591—2020)[1] 的损失计算方法有所不同。其区别在于:《韧性标准》中首先通过不少于1000 次的蒙特卡洛模拟扩充工程需求参数矩阵以考虑地震动的不确定性对结构响应的影响,进而根据结构和非结构构件易损性数据库及生成随机数方法,对构件损伤状态进行判定从而计算不同破坏状态下的构件经济损失。本节出于建立不同地震强度下腐蚀 RC 框剪结构韧性曲面的目的,需考虑地震强度、服役期与结构层数的影响,若采用工程需求参数扩充的方法计算工作量较大,故仅通过所挑选的22 条地震波考虑地震动不确定性导致的损失不确定性,并采用不同损伤破坏状态下的超越概率为权重系数计算各构件的平均经济损失。

综上,以下分别从非结构构件选取与构件数量估计,构件不同损伤破坏概率计算与各类型构件不同 DS 下修复费用比两部分内容予以介绍,进而计算并分析不同地震强度、服役期与层数下典型 RC 框剪结构直接经济损失。

7.5.2　易损构件的选取与数量估计

1. 易损构件类别选取

FEMA P58[4] 在进行结构概率地震损失计算时,将具有不同损伤特性的结构构件、非结构构件即内部财务进行归类,从而划分为具有不同易损性的组别。易损构件指在地震冲击下易发生损坏的结构与非结构构件,与易损构件相反的牢固构件,指地震作用下难以产生损伤,或在给定的需求水平下有较高损伤阈值的构件,如基础、地下室和屋顶等相关构件。由于牢固构件不易受到地震扰动而发生损坏,因此在构件损失计算时不考虑该类构件,此外,在建筑中对损失没有贡献的构件亦被视为"牢固构件",在易损构件选取时将其略去。本节所研究的 RC 框剪结构中易损的结构构件主要为剪力墙、框架梁和框架柱,故易损构件的选取主要针对非结构构件。非结构构件指建筑内部不参与结构受力,起到固定、装饰和构造等作用的构件,如吊顶、楼梯、电气设备等。非结构构件根据使用功能,可分为室内装修部分和使用设备;根据受力特点的不同,可分为位移敏感型和加速度敏感型,其中位移敏感型非结构构件的破坏主要受层间位移角控制,加速度敏感型非结构构件的破坏主要受楼面加速度控制。最终,基于重要性程度与建筑实际使用功能,选择电梯、吊顶、热水管道、冷水管道、HAVC 管、变风量箱、空气调节机组、消防喷淋水管等加速度敏感型非结构构件,以及玻璃幕墙、填充墙和楼梯等位移敏感型构件作为损失分析中所考虑的非结构构件类别。

2. 构件数量估计

建筑内易损构件和内置物品的数量可以通过建筑、结构和电气等设计图纸中的详细目录或建筑物的购买清单来获得。但由于后期设计变动、使用功能和住户需求变化等影响,导致基于图纸的估算结果不具有代表性。FEMA P58 指南[4]基于大量的统计调查,对大约 3000 个具有典型容量的建筑进行详细分析,给出了各类型建筑结构与非结构构件标准数量估算工具(normative quantity estimation tool)。该工具可根据结构的初步设计,即:建筑使用功能、结构层数、楼层建筑面积和各楼层层高等信息,匹配到相应的具有类似使用空间和大小的典型建筑结构,从而对建筑内部非结构构件数量进行大致估算。

由于本章设计的为典型建筑结构,无法根据建筑图纸估算某些非结构构件数量,故基于所设计的典型建筑结构基本信息(图 7.3),并假定其使用功能为住宅,基于 FEMA P58 标准数量估算工具对管道和填充墙等非结构构件数量进行估算。此外,对于电梯设置,根据《全国民用建筑工程设计技术措施》[49],假设每楼层居住4 户居民,则 10 层建筑结构宜选取 1 台电梯,25 层建筑结构宜选取 2 台电梯;对于楼梯设置,基于《住宅建筑规范》(GB 50368—2005)[50]的规定,根据建筑面积、使用人数和防火要求,将 10 层和 25 层典型结构均设定两个楼梯。对于其余非结构构件则根据设计经验予以估计,对于结构构件则根据 RC 框剪典型结构平面布置予以统计,经估算与统计所得各类型结构与非结构构件数量与构件造价汇总于表7.11 和表 7.12 所示。表中,构件造价结合建筑抗震韧性评价系统数据库与现行定额进行取值。

表 7.11　标准层结构构件数量与单价

构件名称	数量	单价
剪力墙	6 片/层	1200 元/m²
框架梁	32 根/层	546 元/根
框架柱	24 根/层	546 元/根

表 7.12　加速度与位移敏感型非结构构件数量与单价

构件类别	构件名称	估算方法	数量	单价
加速度敏感型	电梯	《全国民用建筑工程设计技术措施》	1 台/栋(10 层) 2 台/栋(25 层)	120000 元/台
	吊顶	各层建筑平面面积	450m²/层	225 元/m²
	热水管道		103m/层	340 元/m
	冷水管道	FEMA P58 标准数量估算工具	52m/层	340 元/m
	HAVC 管		34m/层	1250 元/m
	变风量箱	每层 10 个	10 个/层	4000 元/个
	空气调节机组	每栋楼 1 个	1 个/栋	800000 元/个
	消防喷淋水管	10m²/个	45 个/层	50 元/个
位移敏感型	玻璃幕墙	1/2 外立面墙面积	45m²×层高	600 元/m²
	填充墙	FEMA P58 标准数量估算工具	40m²×层高	240 元/m²
	楼梯	《住宅建筑规范》	2 个/栋	3000 元/层

7.5.3　构件易损性模型与修复费用比

对于一般大气环境下不同服役期 RC 框剪结构中的剪力墙、框架柱和框架梁主要结构构件,在对其进行损失分析时,其易损性模型参数取 7.4 节研究成果。7.4.2 节基于数值模拟捕捉能力对构件损伤破坏状态进行了描述与划分,其与《建筑抗震韧性评价标准》(GB/T 38591—2020)[1]中结构构件损伤破坏状态划分基本保持一致,由于损伤系数与修复系数仅与构件损伤状态有关而与是否遭受环境腐蚀无关,故结构构件修复费用比计算采用《韧性标准》中表 C.7 的损失系数和表 C.8 的修复系数并按式(7-20)进行计算。

对于典型结构中的非结构构件,不考虑一般大气环境腐蚀对其易损性的影响,故其易损性模型参数按完好非结构构件予以考虑。《建筑抗震韧性评价标准》(GB/T 38591—2020)[1]中,非结构构件的损伤状态分为 4 级,即:构件不发生任何损伤,定义为完好(0 级);构件发生经简单修补后可恢复原有功能的一般损伤,定义为轻度(1 级);构件发生经常规修复手段后可完全恢复的较严重损伤,定义为中度(2 级);构件发生需要进行替换的严重损伤,定义为重度(3 级)。处于不同损伤状态的非结构构件修复费用比采用《韧性标准》中表 E.4 的损失系数和表 E.5 的修复系数并按式(7-20)进行计算。结构与非结构构件修复费用比计算结果分别如表 7.13 和表 7.14 所示。非结构构件工程需求参数概率分布统计参数如表 7.15 所示。

表 7.13　结构构件修复费用比

构件名称	结构损伤类别			
	DS 1	DS 2	DS 3	DS 4
剪力墙	0.137	0.248	0.795	2.720
框架梁	0.122	0.236	0.636	3.150
框架柱	0.120	0.230	0.535	3.570

表 7.14　非结构构件修复费用比

构件名称	结构损伤类别		
	DS 1	DS 2	DS 3
电梯	—	—	0.520
吊顶	0.193	0.745	1.310
热水管道	—	0.211	1.490
冷水管道	—	0.256	1.340
HAVC 管	—	0.158	1.030
变风量箱	—	—	1.170
空气调节机组	—	—	0.364
消防喷淋水管	—	0.274	1.340
玻璃幕墙	—	1.670	1.670
填充墙	0.253	0.605	1.270
楼梯	0.042	0.230	1.240

表 7.15　非结构构件工程需求参数概率分布统计参数

构件类别	构件名称	中位值			对数标准差		
		DS 1	DS 2	DS 3	DS 1	DS 2	DS 3
加速度敏感型	电梯	—	—	$0.39g$	—	—	$0.45g$
	吊顶	$0.56g$	$1.08g$	$1.00g$	$0.25g$	$0.25g$	$0.25g$
	热水管道	—	$0.55g$	$1.10g$	—	$0.50g$	$0.50g$
	冷水管道	—	$1.50g$	$2.60g$	—	$0.40g$	$0.40g$
	HVAC 管	—	$1.50g$	$2.25g$	—	$0.40g$	$0.40g$
	变风量箱	—	—	$1.90g$	—	—	$0.40g$
	空气调节机组	—	—	$0.25g$	—	—	$0.40g$
	消防喷淋水管	—	$1.50g$	$2.60g$	—	$0.40g$	$0.40g$

续表

构件类别	构件名称	中位值			对数标准差		
		DS 1	DS 2	DS 3	DS 1	DS 2	DS 3
位移 敏感型	玻璃幕墙	—	0.0338	0.0383	—	0.400	0.400
	填充墙	0.005	0.010	0.021	0.400	0.300	0.200
	楼梯	0.005	0.017	0.028	0.600	0.600	0.450

7.5.4　不同参数下建筑损失分析结果

　　基于所提损失评估框架、腐蚀 RC 框剪结构构件易损性模型与《建筑抗震韧性评价标准》(GB/T 38591—2020)[1]的研究成果,对所设计的 4 个不同服役期与层数的典型 RC 框剪结构进行直接经济损失分析,不同地震动下各典型结构损失比分布如图 7.25 所示。其中,L_{LR}计算公式如式(7-21)所示。

$$L_{LR} = \frac{L(IM, T_{OE})}{C_{FW}} \tag{7-21}$$

式中,L_{LR}为损失比;$L(IM, T_{OE})$为某一地震作用下建筑震时直接经济损失;C_{FW}为建筑总重置成本,基于各主要构件与设备造价并考虑材料费用占工程总造价的比值,估算了 10 层和 25 层典型框剪结构总重置成本,其结果分别为 875.7 万元和 2078.8 万元。

　　对比图 7.25 可以看出,结构层数相同时,随着服役期的增加,不同强度地震作用下典型 RC 框剪结构直接经济损失均显著增加。服役 50 年后,设防地震作用下(PGA=0.2g)10 层腐蚀 RC 框剪结构损失比较服役初期从 6.1% 增加至 7.9%,增幅 29.3%;25 层腐蚀 RC 框剪结构损失比从 4.6% 增加至 8.6%,增幅 86.9%。服

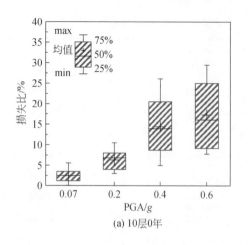

(a) 10层0年

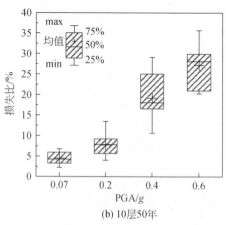

(b) 10层50年

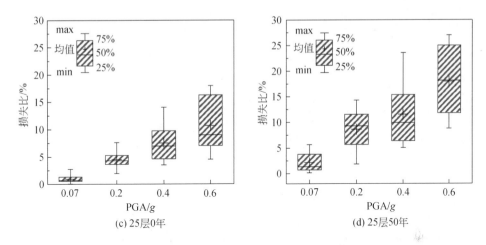

图 7.25　不同地震强度下各模型直接经济损失分布

役 50 年后,罕遇地震作用下(PGA=0.4g),10 层腐蚀 RC 框剪结构损失比相较服役初期从 14.8% 增加至 19.0%,增幅 28.4%;25 层腐蚀 RC 框剪结构损失比从 7.7% 增加至 11.5%,增幅 49.4%。上述分析表明,地震作用下高层 RC 框剪结构的经济损失对处于腐蚀环境中的服役时间更为敏感。当服役时间相同,结构层数不同时,25 层 RC 框剪结构较 10 层结构直接经济损失总量大,但损失比相对较小。服役 0 年时,极罕遇地震(PGA=0.6g)作用下,10 层 RC 框剪结构经济损失比为 17.7%,而 25 层结构经济损失比为 10.7%;服役 50 年时,极罕遇地震作用下,10 层 RC 框剪结构经济损失比为 28.3%,而 25 层结构经济损失比为 18.0%。分析其原因为,对于高强度地震作用下,结构进入塑性阶段后,开始出现薄弱层,结构损伤与损失开始集中,而其余层损失变化不再明显,故对于层数较多的建筑,因其重置成本较高,同一地震强度作用下其直接经济损失较大,但损失比相对低层建筑小。

此外还可以看出,对于服役 50 年的 10 层 RC 框剪结构,PGA≤0.2g 时,结构直接经济损失差异不太明显,但超过 0.2g 后,结构损失成倍数增加,对于 25 层 RC 框剪结构,当地震强度超过 0.07g 时,结构损失即呈现显著攀升趋势。从中可以得知,高强地震为环境腐蚀影响的放大器,仅基于某一设定水准下的韧性评估无法真实反映腐蚀结构在未来不确定地震动下的真实灾害风险与地震韧性。

表 7.16 为不同地震强度、服役期与层数下典型结构非结构与结构构件损失情况。从表中可以看出,不同变化参数下,非结构构件损失均远高于结构构件损失,这与预期保持一致。随着地震强度的增加,结构构件与非结构构件损失均逐渐增加,从多遇地震增加至极罕遇地震时,四种典型 RC 框剪结构结构构件损失平均增幅 14.3%,而非结构损失平均增幅为 7.4%,表明结构构件较非结构构件对于地

震强度更为敏感。当服役时间从 0 年增加至 50 年时,结构构件损失平均增幅为 2.7%,非结构构件平均增幅为 0.6%,表明结构构件对于服役时间更为敏感。

表 7.16　结构与非结构构件损失平均值　　　　　　　（单位:%）

| PGA | 10 层 | | | | 25 层 | | | |
| | 0 年 | | 50 年 | | 0 年 | | 50 年 | |
	结构构件	非结构构件	结构构件	非结构构件	结构构件	非结构构件	结构构件	非结构构件
0.07g	0.08	2.44	0.41	4.01	0.02	0.84	0.23	1.80
0.2g	0.62	5.52	0.82	7.12	0.44	4.12	0.78	7.82
0.4g	0.75	14.08	1.29	17.71	0.61	7.06	1.33	10.14
0.6g	0.87	16.80	2.44	25.83	0.95	9.71	2.59	15.35

7.6　腐蚀 RC 框剪结构震损恢复分析

建筑结构发生震损后,为减小建筑正常运转停滞导致的间接损失,需对建筑受损构件进行快速修复,从而恢复建筑功能。REDi™ Rating System[5]将建筑恢复状态分为可居住状态、功能恢复状态和完全恢复状态。其中,可居住状态指建筑物足够安全,可用作遮蔽场所,但内部设施(如水、电、供暖、照明装置等)缺失;功能恢复状态指建筑物在可居住状态的基础上,建筑设施恢复并满足功能需求,如住宅类建筑恢复电力、水、消防喷淋器、照明和通讯系统,同时确保电梯恢复使用;完全恢复状态指将建筑恢复到地震前的初始状态,满足一定的视觉和美学要求,如住宅类建筑隔墙裂缝、装饰外层完成粉刷等。

本章在对不同参数下 RC 框剪结构进行韧性评估时,将恢复状态设定为完全恢复水平,即功能曲线达到 100%。据此,参考《建筑抗震韧性评价标准》(GB/T 38591—2020)[1]对不同参数下典型 RC 框剪结构进行恢复分析,计算建筑功能恢复所需时间,从而为韧性恢复曲线绘制奠定基础。与《建筑抗震韧性评价标准》(GB/T 38591—2020)[1]不同的是,本节在计算恢复时间时,考虑修复准备时间和震损构件修复时间两部分因素的影响。其中,修复准备时间为修复活动开展前的震损评估、修复计划制定、材料采购、设备租赁和筹备资金等时间,通常取决于地震强度、结构所处地理位置以及所被调度的资源情况等,而修复时间为开始修复至所有震损构件完成建筑功能性恢复所需时间。以下分别对其予以分析。

7.6.1　修复准备时间

建筑修复准备时间指结构发生震损后至开始动工修复前的动员时间,该时间的长短与结构震损程度密切相关,因其具有较大不确定性而将其视为震损结构恢复所需"非理性时间"。REDi™ Rating System[5]基于大量地震灾害勘察数据和专家调研信息,将震损结构修复前的准备工作划分为 5 个部分,即:震后检查、筹措资金、工程动员与图纸审查、承包商投竞标和审查许可。各项工作具体发生顺序如下:地震发生后需首先检查建筑结构损坏状态,进而基于贷款资格和市场情况确定筹备资金时间,基于结构损伤程度和建筑高度确定承包商动员时间,基于结构损伤程度确定工程动员和图纸设计、审查与许可时间。由于确定结构损伤状态后的 4 类工作分为三个主线且为并行关系(图 7.26),故取三个主线的最长时间并累加损伤状态检查时间即为建筑修复准备时间。

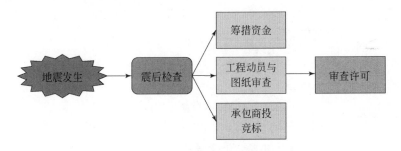

图 7.26　修复准备历程

此外,REDi™ Rating System[5]给出了各项工作所需时间的概率统计参数,如表 7.17 所示。其中,工程动员与图纸审查、承包商投竞标和审查许可所需时间与构件修复等级相关。构件修复等级确定方法如下:首先需基于易损性模型确定构件的损伤破坏状态,进而基于加权平均思想计算各层各类构件的平均损伤状态,最后基于平均损伤状态划分构件修复等级。参考 REDi™ Rating System[5]恢复准备时间计算方法,但在对平均损伤状态计算方法进行了相应修改,即通过某一工程需求参数下同层各类构件损伤破坏状态类别 j 与相应状态下的超越概率 $P(\mathrm{DS}=j)$ 进行加权从而计算该类构件的平均损伤状态$\overline{\mathrm{DS}}$,相应计算公式如式(7-22)所示。由于修复准备时间受最大损伤层的影响与控制,故计算出各构件平均损伤状态后,通过比较选取各层中的最大损伤状态作为该类构件的最终平均损伤状态,并据此计算结构修复等级与各项工作准备时间。

$$\overline{\mathrm{DS}} = \sum_{i=1}^{n} P(\mathrm{DS}=j) \times j \tag{7-22}$$

值得注意的是,表 7.8 的主要结构构件破坏状态划分与 REDi™ Rating System[5]中结构构件损伤状态划分有一定差异,主要差别在于 REDi™ Rating System 中的三类结构构件均为 3 个损伤等级,其第 1 等级包含了表 7.8 所划分的轻微与中等损伤状态,其余两个损伤等级描述与表 7.8 基本一致。故在修复准备时间计算时,将主要结构构件轻微与中等损伤状态均视为 REDi™ Rating System 中的 DS 1 状态。对于《韧性标准》中的管线破坏状态划分与 REDi™ Rating System[5] 划分不一致的,亦按此规律进行归并。最终,修复准备时间计算时,同一地震强度下 22 次修复准备时间结果均基于相应概率统计参数抽样得出,以考虑修复准备中的不确定因素。

表 7.17　修复准备时间统计参数

修复准备工作	修复等级	修复准备时间	
		中位值 θ	标准差 β
震后检查	—	5 天	0.54
工程动员与	结构构件最大修复等级为 1	6 周	0.4
图纸审查	结构构件最大修复等级为 3	12 周	0.4
筹措资金	—	1 周	0.54
承包商投竞标	所有构件最大修复等级为 1	3 周	0.66
	所有构件最大修复等级为 3	7 周	0.35
审查许可	结构构件最大修复等级为 1	1 周	0.86
	结构构件最大修复等级为 3	8 周	0.32

7.6.2　修复策略制定

建筑修复策略指利用合理的资源调配方案得到建筑的最优修复路径和最短修复时间。修复策略是将各楼层需维修构件组织成逻辑维修序列,并基于该序列分配每层楼和整个建筑的工人数量,最终建筑震损的修复时间取主要修复工作的最长时间组合作为该建筑的必要维修时间。建筑在修复过程中,必须确保结构的完整性和出入的便利性,以保证维修过程中人员的安全和通行,故修复计划一般是按照结构构件和楼梯到其余非结构构件的修复顺序进行。

基于该思想,《建筑抗震韧性评价标准》(GB/T 38591—2020)[1] 将同层内的修复工作按开工时间先后分为两个阶段,第一阶段修复工作全部结束后方可开始第二阶段修复工作,但不同楼层的修复工作可同时展开。同楼层的两阶段修复中,第一阶段为结构构件和楼梯修复,二者可同时开展修复;第二阶段为围护构件、隔断构件、吊顶及附属构件、管线、大型设备和电梯等的修复工作,管线修复、隔断构件修复和吊顶及附属构件修复应依次进行,而第二阶段其余修复工作宜同时开展。围护构件主要为玻璃幕墙,隔断构件主要为填充墙,管线为热水管道、冷水管道、HVAC 管和消防喷淋水管四种,设备主要考虑变风量箱和空气调节机组。典型

RC 框剪结构修复时各主要修复工作的修复顺序如图 7.27 所示。

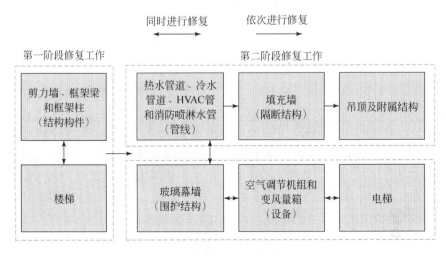

图 7.27 主要修复工作的修复顺序

7.6.3 修复时间计算方法

《建筑抗震韧性评价标准》(GB/T 38591—2020)[1] 提出了合理可行的构件修复时间计算方法,其将主要修复工作内容划分为 8 类,即:结构构件修复、楼梯修复、围护构件修复、隔断构件修复、吊顶及附属构件修复、管线修复、设备修复和电梯修复。恢复时间计算时,以层为单位,首先计算相同修复工作下不同构件类型的修复工时总和,进而基于统计所得的单位工作量工人数量需求计算各修复工作所需工人数量,从而通过修复工时与工人数量的比值得到各修复工作的修复时间。值得注意的是,当单层工人数量需求超过可容纳的工人总量限值时,应合理调整各修复工作的工人数量,并保证修复工作的先后顺序。本节在计算不同地震强度、服役期和层数 RC 框剪结构恢复时间时,亦采用《韧性标准》中所提方法。但与《韧性标准》不同的是,在计算单层某类构件修复工时时,采用超越概率加权平均的方式计算不同破坏状态下该类构件的平均修复工时,这与 7.5 节损失分析中的处理方法相同;而《韧性标准》中则通过抽取随机数的方法为每个构件均分配了损伤破坏状态,故分别计算各损伤破坏状态下同类构件的修复工时并进行累加。各典型建筑模型恢复时间计算公式如式(7-23)~式(7-29)所示。

$$T_{W_i,k} = \frac{\sum_{i=1}^{m_{W_i}} Q_{(i,k)}}{N_{W_i,k}} \tag{7-23}$$

$$Q_{(i,k)} = \zeta_{T(i)} \lambda_{T(i)} n_{(i,k)} \sum_{j=1}^{n3} Q_{(i,j,k)} P(DS=j) \tag{7-24}$$

$$N_{W_i,k} = q_{(r,W_i)} D_{k/W_i} \tag{7-25}$$

$$N_{k,\max} = 0.026 A_{g,k} \tag{7-26}$$

$$T_{k,S1}^{*} = \max(T_{W_1,k}, T_{W_2,k}) \tag{7-27}$$

$$T_{k,S2} = \max(T_{W_3,k}, T_{W_4,k} + T_{W_5,k} + T_{W_6,k}, T_{W_7,k}, T_{W_8,k}) \tag{7-28}$$

$$T_{tot} = \max(T_{k,S1} + T_{k,S2}) \big|_1^{n1} \tag{7-29}$$

式中，$T_{W_i,k}$ 为第 k 层主要修复工作 W_i 的修复时间，参考《韧性标准》中的划分方法和实际调研情况，修复工作划分如表 7.18 所示；m_{W_i} 为主要修复工作 W_i 中所包含的构件类型数量；$Q_{(i,k)}$ 为第 k 层所有第 i 类构件的修复工时之和，单位为（人·天），按式(7-24)计算，该式通过 $\zeta_{T(i)}$ 和 $\lambda_{T(i)}$ 两个参数分别考虑了规模效应与效率提升对修复时间的积极影响和楼层升高导致的消极影响，$\zeta_{T(i)}$ 和 $\lambda_{T(i)}$ 可分别通过《韧性标准》中表 C.12 与 E.9 和表 C.13 与 E.10 查出；$Q(i,j,k)$ 为第 k 层处于损伤破坏状态 j 的第 i 类构件的修复工时，按《韧性标准》中表 C.12 和表 E.9 取值；$n(i,k)$ 为第 k 层第 i 类构件数量；$N_{W_i,k}$ 为完成修复工作 W_i 时第 k 层所需的工人数量，根据单层单位面积或单台震损设备的工人数量需求 $q_{(r,W_i)}$ 与相应的楼层建筑

表 7.18　修复工作划分和单层单位工作量工人数量需求

主要修复工作编号	修复工作内容		工人数量的需求	单层工人总量限值
W_1	结构构件修复	剪力墙修复		
		框架柱修复	2 人/100m²	
		框架梁修复		
W_2	楼梯修复		2 人/个	
W_3	玻璃幕墙修复		1 人/100m²	
W_4	填充墙修复		1 人/100m²	
W_5	吊顶及附属构件修复		1 人/100m²	12 人
W_6	管线修复	热水管道		
		冷水管道	1 人/100m²	
		HVAC 管		
		消防喷淋水管		
W_7	设备修复	变风量箱	3 人/台	
		空气调节机组		
W_8	电梯修复		2 人/台	

面积或震损构件数量 D_{k/w_i} 的乘积求得,且应小于单层可容纳的工人总量限值 $N_{k,\max}$。其中,$q_{(r,w_i)}$ 按表 7.18 取值,$N_{k,\max}$ 与楼层建筑面积 $A_{g,k}$ 有关,按式(7-26)计算;$T_{k,S1}$ 为第 k 层完成第一阶段修复工作所需修复时间,$T_{k,S2}$ 为第 k 层完成第二阶段修复工作所需修复时间;基于各层两阶段修复工作总时间,选取各层中最长的修复时间作为最终建筑所需修复时间 T_{tot};其余参数涵义与式(7-16)~式(7-20)中的相同。

7.6.4　不同参数下建筑恢复时间计算结果

与损失分析相同,基于不同地震强度下各服役期与层数典型结构响应和相应易损性模型,得到不同楼层各类构件破坏概率,从而基于所制定的修复策略与相应公式计算各参数下 RC 框剪结构修复准备时间与修复时间,进而得到不同地震强度、层数和服役期下恢复总时间的分布,其结果如图 7.28 所示,各参数下恢复时间平均值与标准差如表 7.19 所示。

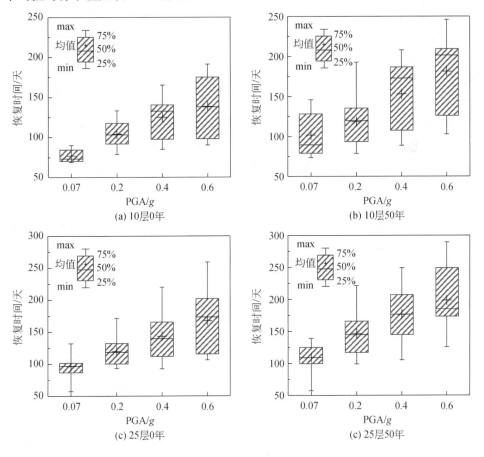

图 7.28　不同地震强度下各模型恢复时间分布

表 7.19　不同地震强度、服役期与层数下 RC 框剪结构恢复时间（单位：天）

PGA	10 层				25 层			
	0 年		50 年		0 年		50 年	
	平均值	标准差	平均值	标准差	平均值	标准差	平均值	标准差
0.07g	77	8	96	19	101	22	108	23
0.2g	104	15	120	25	115	20	146	30
0.4g	124	25	143	35	153	34	176	41
0.6g	138	31	168	47	181	53	200	56

从图 7.28 中可以看出,随着服役时间的增加,不同地震强度下 RC 框剪结构恢复时间均显著提升,当服役期从 0 年增加至 50 年时,在设防地震作用下 10 层 RC 框剪结构恢复时长平均值从 104 天增加至 120 天,增幅 15.4%;25 层 RC 框剪结构恢复时长平均值从 115 天增加至 146 天,增幅 27.0%。罕遇地震作用下,10 层 RC 框剪结构恢复时长平均值从 124 天增加至 143 天,增幅 15.3%;25 层 RC 框剪结构恢复时长平均值从 115 天增加至 146 天,增幅 15.0%。从中可以看出,一般大气环境的腐蚀作用将导致结构在地震作用下的损伤破坏状态加重,从而延长建筑功能恢复时间,且层数越高,服役时间的消极作用愈加明显。

随着地震强度的增加,RC 框剪结构恢复时间均显著提升,地震强度从 0.07g 增加至 0.6g 时,四种典型结构(10 层 0 年、10 层 50 年、25 层 0 年和 25 层 50 年)恢复时间分别增加了 79.2%、75.0%、79.2% 和 85.2%。随着层数的增加,恢复时间亦显著增加,其原因主要为随着建筑层高的增加,修复效率逐渐降低,从而导致相同破坏状态下的修复时间增加。服役 0 年时,不同地震强度下 25 层 RC 框剪结构较 10 层结构恢复时间平均增加 24.1%,服役 50 年时,该结果为 19.0%,表明经受腐蚀后由于层数导致的恢复时间差距逐渐缩短。

7.7　腐蚀 RC 框剪结构地震韧性评估

基于本章所提一般大气环境下 RC 框剪结构韧性评估框架,建筑损失和恢复分析完成后,需针对所制定的恢复策略选择合适的功能恢复模型,从而绘制不同参数下典型 RC 框剪结构功能-时间曲线。进而,基于不同地震强度下各典型 RC 框剪结构功能-时间曲线分布结果,采用统计分析的手段,得到 22 条地震波下功能-时间曲线 25%、50% 和 75% 分位线,从而组装各典型 RC 框剪结构不同地震强度下功能-时间-强度韧性曲面。基于式(7-3)进行平均韧性度量,最终建立RC框剪结构地震韧性随服役期与层数的变化关系。

7.7.1 功能-时间曲线的建立

功能-时间曲线的建立是地震韧性评价的核心。从图7.1可以看出,功能-时间曲线分为震时功能损失标定和震后功能恢复进程描述两个部分。功能损失标定时,需首先选择可表征建筑功能的指标。从而基于该指标进行损失量化。对于功能明确的建筑物,其功能指标一般为可表征建筑服务能力和运营状态的指标,如Cimellaro等[51]在对医院进行地震韧性评估时,以患者等待时间和可救治患者数量作为功能指标。然而,对于一般住宅和办公楼建筑,因缺乏典型功能指标,可以经济损失表征功能损失。对于震后功能恢复进程描述,一般通过经验恢复模型和解析恢复模型两种方法予以描述,由于基于功能恢复标定的经验恢复模型不适用于多个典型结构大量弹塑性时程分析计算任务的需求,而解析恢复模型方法采用参数标定的方法对不同恢复过程进行描述,较为简单实用。故在功能-时间曲线绘制时,以经济损失标定功能损失,进而基于解析恢复模型描述功能恢复动态。

Kafali等[52]和Chang等[53]基于地震韧性调查,提出了三种形式简单易于分析的解析功能恢复模型,即:直线型、指数型和三角函数型,如图7.29所示。本节在恢复过程中考虑了修复准备时间的影响,且修复准备期内,视结构功能不发生改变,基于此在Kafali和Chang的模型基础上进行相应修正得到如式(7-30)～式(7-32)所示的三种不同恢复函数。

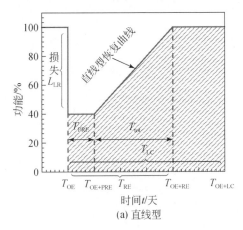

(a) 直线型

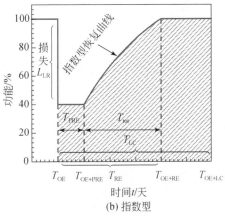

(b) 指数型

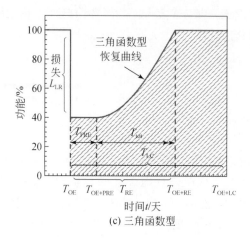

(c) 三角函数型

图 7.29　不同功能恢复曲线形式

$$f_{rec}(t)=\begin{cases} 1-L_{LR}, & T_{OE}<t\leqslant T_{OE+PRE} \\ (1-L_{LR})+a\,\dfrac{t-T_{OE+PRE}}{T_{RE}}, & T_{OE+PRE}<t\leqslant T_{OE+RE} \\ 1, & T_{OE+RE}<t\leqslant T_{OE+LC} \end{cases} \quad (7\text{-}30)$$

$$f_{rec}(t)=\begin{cases} 1-L_{LR}, & T_{OE}<t\leqslant T_{OE+PRE} \\ (1-L_{LR})+b\Big(1-\exp\Big(-\dfrac{t-T_{OE+PRE}}{T_{RE}}\Big)\Big), & T_{OE+PRE}<t\leqslant T_{OE+RE} \\ 1, & T_{OE+RE}<t\leqslant T_{OE+LC} \end{cases}$$

$$(7\text{-}31)$$

$$f_{rec}(t)=\begin{cases} 1-L_{LR}, & T_{OE}<t\leqslant T_{OE+PRE} \\ (1-L_{LR})+c\Big(1-\cos\dfrac{\pi(t-T_{OE+PRE})}{2T_{RE}}\Big), & T_{OE+PRE}<t\leqslant T_{OE+RE} \\ 1, & T_{OE+RE}<t\leqslant T_{OE+LC} \end{cases}$$

$$(7\text{-}32)$$

式中，$f_{rec}(t)$ 为恢复函数；T_{OE} 为地震发生时刻，T_{OE+PRE} 为修复准备工作完成时刻，T_{OE+RE} 为建筑功能完全恢复时刻，T_{OE+LC} 为进行韧性评价的时刻；L_{LR} 为以经济损失标定的建筑功能损失比；T_{RE} 为恢复时间，即修复准备时间 T_{PRE} 和修复时间 T_{tot} 之和。a、b 和 c 为与功能最终恢复水平相关的参数，由于本章所设定的恢复状态为功能达到 100%，即当 $t=T_{OE+RE}$ 时，$f_{rec}(t)=100\%$，基于此，代入上述各式可得出 a、b 和 c 三个待定系数分别取值为 L_{LR}、$1.582L_{LR}$ 和 L_{LR}。

　　比较三种恢复模型可以看出，直线型恢复函数形式最为简单，整个修复过程功能恢复速率保持稳定;指数型函数所描述的恢复过程为:开始修复时功能恢复速率较快,随着修复进程的推进,恢复速率逐渐减慢;三角函数所描述的恢复过程与指数型的相反,即开始修复时,功能恢复速率较缓,随着修复进程的推进,恢复速率逐渐加快。7.6.2 节所考虑的修复策略为同层内先修主要震损结构构件和楼梯,且各层修复工作同时开展,故第一阶段修复工作完成时,由于建筑基本功能恢复,功能曲线上升显著,继而修复其他非结构构件时,功能恢复速率可能有所下降,且由于修复策略较为合理,建筑所表现出的韧性(图 7.29 中阴影面积)也应相对较大。由于恢复过程和韧性表现与指数型函数所描述的恢复进程较为相似,故在对不同地震强度、服役期与层数的 RC 框剪结构进行功能-时间曲线绘制时选择指数型恢复模型。由恢复函数的公式可知,在确定功能曲线时,仅需要得知地震时刻的损失 L_{LR}、修复准备时间 T_{PRE} 和修复时间 T_{RE} 便可绘制完整的功能曲线,功能函数 $Q(t)$ 如式(7-33)所示。为便于计算韧性大小并分析不同参数的影响,将地震时刻 T_{OE} 取为 0,此外,参考文献[10],取各参数下典型建筑最长恢复时间为控制时间 T_{LC},通过计算比较并去除个别离散较大的点,最终将 T_{LC} 进行取整定为 250 天。

$$Q(t) = H(T_{OE} - t) + H(t - T_{OE}) \times f_{rec}(t), 0 < t < T_{LC} \tag{7-33}$$

$$H(x) = \begin{cases} 1 & x > 0 \\ 0 & x < 0 \end{cases} \tag{7-34}$$

式中,$f_{rec}(t)$ 为恢复函数,见式(7-31);$H(x)$ 表示海维塞德阶梯函数,表达式如式(7-34)所示。

将 7.6 节损失分析与 7.7 节恢复分析结果,代入式(7-33),即可得到不同地震强度、服役期与层数下典型 RC 框剪结构功能-时间曲线。基于统计分析,分别提取不同地震强度下各典型结构 22 条功能-时间曲线的 25%、50% 和 75% 分位线。本节以设防地震作用下的分析结果为例,给出 4 个典型 RC 框剪结构功能-时间曲线分布,如图 7.30 所示。

7.7.2　不同服役期与层数的 RC 框剪结构地震韧性评估

基于 7.7.1 节不同地震强度、服役期与层数下典型 RC 框剪结构功能-时间曲线结果,在功能-时间坐标系上增加地震强度轴,通过插值与光滑处理,将 4 个典型 RC 框剪结构功能-时间曲线组装成韧性曲面。服役 0 年、50 年和层数为 10 层、25 层的典型 RC 框剪结构韧性曲面如图 7.31 所示。由于三维立体图的展示效果,此处仅给出 50% 分位线下典型 RC 框剪结构的韧性曲面。基于本章所提评估框架中的式(7-3)分别计算了 4 个服役期和 2 种层数下 RC 框剪结构地震韧性的 25%、50% 和 75% 分位值,其结果如表 7.20 所示。

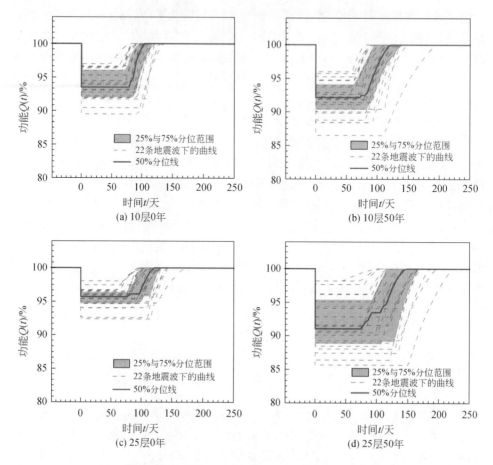

图 7.30　设防地震作用下典型 RC 框剪结构功能-时间曲线

表 7.20　不同服役期与层数下 RC 框剪结构地震韧性度量

分位值	10 层				25 层			
	0 年	30 年	50 年	70 年	0 年	30 年	50 年	70 年
75%	0.96	0.96	0.93	0.90	0.97	0.96	0.94	0.87
50%	0.94	0.94	0.90	0.87	0.95	0.93	0.87	0.84
25%	0.92	0.89	0.85	0.82	0.91	0.88	0.82	0.78

　　为直观反映服役时间对典型 RC 框剪结构地震韧性影响,基于表 7.20 绘制了如图 7.32 所示的折线图。从中可以看出,随着服役时间的增长,两种层数下的典型 RC 框剪结构地震韧性均逐渐降低。一般大气环境下,服役至腐蚀初期(30 年)、

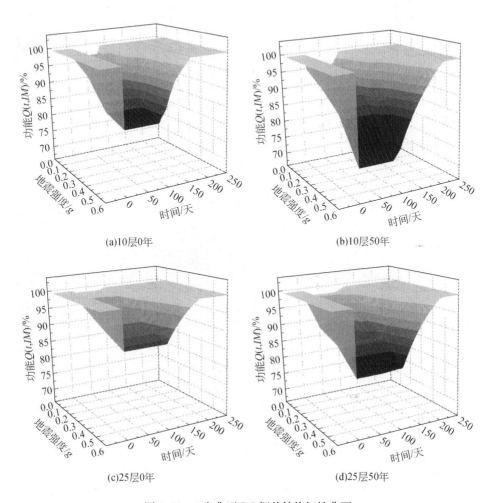

图 7.31　4 个典型 RC 框剪结构韧性曲面

设计使用年限(50 年)和超过设计年限(70 年)时,10 层 RC 框剪结构地震韧性中位值较服役初期分别降低 0%、4.3%、7.4%,每 10 年韧性平均下降率为 1.1%;25 层RC 框剪结构地震韧性中位值较服役初期分别降低 2.1%、8.4%、11.6%,每 10 年韧性平均下降率为 1.7%。此外,从图 7.32 的分布可以看出,25 层 RC 框剪结构在各服役期内的地震韧性离散性较 10 层结构的大。上述分析结果表明:一般大气环境侵蚀对 RC 框剪结构地震韧性具有明显削弱作用,且对层数较高的结构影响更为显著。为对不同服役时间下 RC 框剪结构地震韧性进行评价,参考文献[54]和[55],将 0.90 设为正常韧性水平限值,将 0.85 设为低韧性水平限值,处于二者之间为中等韧性水平。

当于一般大气环境中服役达到设计使用年限时,10 层 RC 框剪结构地震韧性中位值为 0.9,25% 分位值为 0.85,即有 50% 的概率风险小于正常韧性水平,有 25% 的概率风险小于低韧性水平;25 层 RC 框剪结构服役至设计使用年限时,其地震韧性中位值为 0.87,25% 分位值为 0.82,此时可认为结构处于中等韧性水平,且低韧性水平风险较高。此外,从图 7.32(b) 可以看出服役 40 年后,25 层 RC 框剪结构开始低于正常韧性水平,该时间较 10 层结构提前 10 年。

当于一般大气环境中服役超过设计使用年限 20 年时,10 层 RC 框剪结构地震韧性 75% 分位值为 0.9,中位值为 0.87,此时可认为结构已经处于中等韧性水平,且有较大概率处于低韧性水平。对于 25 层 RC 框剪结构,此时其地震韧性中位值为 0.84,25% 分位值为 0.78,结构极可能处于低韧性水平,无法实现地震韧性需求。

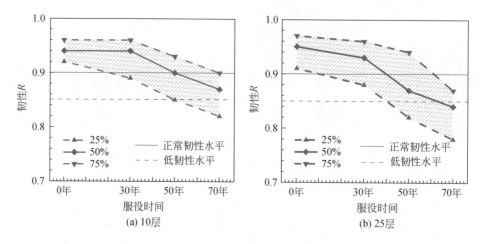

图 7.32　10 层与 25 层典型 RC 框剪结构地震韧性随服役时间变化关系

总结上述分析可以得出:对于一般大气环境下基于规范设计的 RC 框剪结构,当服役时间小于 30 年时,无需采取韧性提升措施,结构地震韧性即可保持正常韧性水平。当服役时间达到 40 年时,层数较高的 RC 框剪结构的地震韧性开始退化至中等韧性水平,当服役时间达到设计使用年限时,层数较低的 RC 框剪结构地震韧性开始退化至中等韧性水平,此时需进行结构抗震性能评估,必要时采取加固措施。当服役时间超过设计使用年限 20 年时,若此前未采取韧性提升措施,层数较低的 RC 框剪结构将暴露于低韧性风险中,而层数较高的 RC 框剪结构已无法满足地震韧性需求。

7.8　本 章 小 结

为研究一般大气环境下腐蚀 RC 框剪结构的抗震韧性,本章基于《建筑抗震韧性评价标准》(GB/T 38591—2020),并综合考虑不同水准地震作用下建筑的韧性反应,提出了腐蚀 RC 框剪结构地震韧性评估框架。进而基于该框架对一般大气环境下不同服役期与层数的典型 RC 框剪结构进行了韧性评估。基于上述研究工作得到如下结论。

(1)通过大量实体建筑的调研与相应简化,基于现行规范设计了不同设防烈度与层数下的典型 RC 框剪结构。进而,基于 IDA 分析方法,得到不同地震动下的结构地震响应;基于既有研究成果与模拟方法的捕捉能力,建立了腐蚀 RC 剪力墙损伤破坏状态划分方法;进而,基于最大似然估计法,建立了一般大气环境下不同服役期 RC 框剪结构中主要结构构件基于韦布尔累计概率分布的易损性模型。

(2)基于《建筑抗震韧性评价标准》(GB/T 38591—2020)中的损失和恢复分析方法,对不同损伤破坏状态下构件修复费用与时间进行加权平均计算,并考虑恢复准备时间的影响,得到不同地震动下各典型建筑结构的经济损失和恢复时间分布,并描绘了不同服役期下典型 RC 框剪结构震后功能-时间曲线。采用 IDA 分析方法,对不同强度地震下的功能-时间曲线进行组装得到了功能-时间-强度三维韧性曲面,并基于平均功能思想提出了韧性度量的计算公式。

(3)基于韧性评估框架对一般大气环境下不同服役期与层数的典型 RC 框剪结构进行了地震韧性评价,结果表明:随着服役时间的增加,RC 框剪结构地震韧性逐渐降低。当服役时间小于 30 年时,结构地震韧性均处于正常韧性水平;当服役时间达到设计使用年限时,结构将大概率退化至中等韧性水平;当服役时间超过设计使用年限 20 年时,层数较低的 RC 框剪结构将暴露于低韧性风险中,而层数较高的 RC 框剪结构已无法满足地震韧性需求。

参 考 文 献

[1] 国家市场监督管理总局,国家标准化管理委员会. 建筑抗震韧性评价标准(GB/T 38591—2020)[S]. 北京:中国建筑工业出版社,2021.

[2] Holling C S. Resilience and stability of ecological systems[J]. Annual Review of Ecology and Systematics,1973,4(1):1-23.

[3] Gunderson L H, Holling C S, Pritchard L, et al. Resilience of large-scale resource systems [J]. Scope- scientific committee on problems of the environment international council of scientific unions,2002,60:3-20.

[4] FEMA P58. Seismic performance assessment of buildings volume 1: methodology[R]. Washington DC:Federal Emergency Management Agency,2012.

[5] Almufti I,Willford M. REDi Rating System:resilience-based earthquake design initiative for the nextgeneration of buildings[R]. London:Arup,2013.

[6] U. S. Resiliency Council. Rating building performancein natural disasters[EB/OL]. http://usrc. org/building- rating- system.

[7] 李雪,余红霞,刘鹏. 建筑抗震韧性的概念和评价方法及工程应用[J]. 建筑结构,2018,48(18):1-7.

[8] 田源,李梦珂,解琳琳,等. 采用新一代性能化设计方法对比典型中美高层建筑地震损失[J]. 建筑结构,2018,48(4):26-33.

[9] Bruneau M,Chang S E,Eguchi R T,et al. A framework to quantitatively assess and enhance the seismic resilience of communities[J]. Earthquake Spectra,2003,19(4):733-752.

[10] Cimellaro G P, Reinhorn A M, Bruneau M. Framework for analytical quantification of disaster resilience[J]. Engineering Structures,2010,32(11):3639-3649.

[11] 中华人民共和国住房和城乡建设部,中华人民共和国国家质量监督检验检疫总局. 建筑抗震设计规范(2016 年版)(GB 50011—2010)[S]. 北京:中国建筑工业出版社, 2010.

[12] 中华人民共和国住房和城乡建设部. 高层建筑混凝土结构技术规程(JGJ 3—2010)[S]. 北京:中国建筑工业出版社,2010.

[13] 中华人民共和国住房和城乡建设部. 混凝土结构设计规范(2016 年版)(GB 50010—2010)[S]. 北京:中国建筑工业出版社, 2016.

[14] 中华人民共和国住房和城乡建设部. 建筑结构荷载规范(GB 50009—2012)[S]. 北京:中国建筑工业出版社, 2012.

[15] 徐铭阳. 基于新型强度指标与 CPU 并行计算的框剪结构地震易损性分析[D]. 哈尔滨:哈尔滨工业大学,2019.

[16] 周炎. 酸性大气环境下 RC 框架剪力墙结构抗震性能与地震韧性评估[D]. 西安:西安建筑科技大学,2021.

[17] 郑淏. 酸雨环境下多龄期 RC 框架结构抗震性能及地震易损性研究[D]. 西安:西安建筑科技大学,2020.

[18] Kolozvari K. Analytical modeling of cyclic shear- flexure interaction in reinforced concrete structural walls[D]. Los Angeles,California:University of California,Los Angeles,2013.

[19] FEMA P695. Quantification of building seismic performance factors[R]. Washington DC:Federal Emergency Management Agency,2009.

[20] Haselton C B,Liel A B,Deierlein G G,et al. Seismic collapse safety of reinforced concrete buildings. I:Assessment of ductile moment frames[J]. Journal of Structural Engineering,2011,137(4):481-491.

[21] Liel A B, Haselton C B, Deierlein G G. Seismic collapse safety of reinforced concrete buildings. Ⅱ:Comparative assessment of nonductile and ductile moment frames[J]. Journal of Structural Engineering,2011,137(4):492-502.

[22] 施炜,叶列平,陆新征,等. 不同抗震设防 RC 框架结构抗倒塌能力的研究[J]. 工程力学, 2011,28(3):41-48.

[23] 郑山锁,尚志刚,贺金川,等. 地震灾害经济损失评估方法及应用[J]. 灾害学,2020,35(1): 94-101.

[24] Sengupta P,Li B. Seismic fragility evaluation of lightly reinforced concrete beam-column joints[J]. Journal of Earthquake Engineering,2014,18(7):1102-1128.

[25] Rao A S,Lepech M D,Kiremidjian A. Development of time-dependent fragility functions for deteriorating reinforced concrete bridge piers[J]. Structure and Infrastructure Engineering, 2017,13(1):67-83.

[26] 曹双寅,朱伯龙. 受腐蚀混凝土和钢筋混凝土的性能[J]. 同济大学学报,1990(2): 239-242.

[27] 肖杰,屈文俊,朱鹏,等. 混凝土硫酸腐蚀深度随机过程模型[J]. 华南理工大学学报(自然 科学版),2016,44(7):108-115.

[28] Choe D E,Gardoni P,Rosowsky D,et al. Probabilistic capacity models and seismic fragility estimates for RC columns subject to corrosion[J]. Reliability Engineering & System Safety,2008,93(3):383-393.

[29] 郑山锁,董立国,张艺欣,等. 多龄期钢筋混凝土结构地震易损性研究[M]. 北京:科学出 版社,2018.

[30] ASCE/SEI 41-13. Seismic Evaluation and Retrofit of Existing Buildings[S]. Reston,V A: American Society of Civil Engineers,2013.

[31] Brown P C. Probabilistic earthquake damage prediction for reinforced concrete building components[D]. Seattle:University of Washington,2008.

[32] Gulec C K,Whittaker A S. Performance-based assessment and design of squat reinforced concrete shear walls[M]. Buffalo,NY:MCEER,2009.

[33] Lefas I D,Kotsovos M D,Ambraseys N N. Behavior of reinforced concrete structural walls: strength,deformation characteristics,and failure mechanism[J]. Structural Journal,1990, 87(1):23-31.

[34] Lefas I D,Kotsovos M D. Strength and deformation characteristics of reinforced concrete walls under load reversals[J]. Structural Journal,1990,87(6):716-726.

[35] Salonikios T N,Kappos A J. Cyclic load behavior of low-slenderness reinforced[J]. ACI Structural Journal,1999,96(4):649-660.

[36] Park H G,Baek J W,Lee J H,et al. Cyclic loading tests for shear strength of low-rise reinforced concrete walls with grade 550 MPa bars[J]. ACI Structural Journal,2015,112 (3):299-310.

[37] Oesterle R G,Fiorato A E,Johal L S,et al. Earthquake resistant structural walls-tests of isolated walls[J]. Research and Development Construction Technology Laboratories, Portland Cement Association,1976.

［38］Alarcon C,Hube M A,De la Llera J C. Effect of axial loads in the seismic behavior of reinforced concrete walls with unconfined wall boundaries［J］. Engineering Structures, 2014,73:13-23.

［39］Tran T A. Experimental and analytical studies of moderate aspect ratio reinforced concrete structural walls［D］. Los Angeles:University of California,Los Angeles,2012.

［40］Dazio A,Beyer K,Bachmann H. Quasi-static cyclic tests and plastic hinge analysis of RC structural walls［J］. Engineering Structures,2009,31(7):1556-1571.

［41］Jiang H,Wang B,Lu X. Experimental study on damage behavior of reinforced concrete shear walls subjected to cyclic loads［J］. Journal of Earthquake Engineering,2013,17(7): 958-971.

［42］Carrillo J,Lizarazo J M,Bonett R. Effect of lightweight and low-strength concrete on seismic performance of thin lightly-reinforced shear walls［J］. Engineering Structures, 2015,93:61-69.

［43］Ji X,Cheng X,Xu M. Coupled axial tension-shear behavior of reinforced concrete walls［J］. Engineering Structures,2018,167:132-142.

［44］Athanasopoulou A. Shear strength and drift capacity of reinforced concrete and high-performance fiber reinforced concrete low-rise walls subjected to displacement reversals ［D］. Ann Arbor:University of Michigan,2010.

［45］Segura Jr C L,Wallace J W. Seismic performance limitations and detailing of slender reinforced concrete walls［J］. ACI Structural Journal,2018,115(3):849-859.

［46］Liu G,Song Y,Qu F. Post-fire cyclic behavior of reinforced concrete shear walls［J］. Journal of Central South University of Technology,2010,17(5):1103-1108.

［47］中华人民共和国住房和城乡建设部. 建筑结构可靠性设计统一标准（GB 50068—2018） ［S］.北京:中国建筑工业出版社,2018.

［48］Taghavi S,Miranda M M. Response assessment of nonstructural building elements［M］. Berkeley:Pacific Earthquake Engineering Research Center,2003.

［49］住房和城乡建设部工程质量安全监管司. 全国民用建筑工程设计技术措施［M］. 北京:中国建筑标准设计研究院,2009.

［50］GB 50368—2005. 住宅建筑规范［S］. 北京:中国建筑工业出版社,2005.

［51］Cimellaro G P,Fumo C, Reinhorn A M,et al. Quantification of disaster resilience of health carefacilities［R］. Buffalo: State University of New York,2009,Technical Report MCEER-09-0009.

［52］Kafali C,Grigoriu M. Rehabilitation decision analysis［C］. ICOSSAR05:Proceedings of the 9th International Conference on Structural Safety and Reliability. Rome,2005.

［53］Chang S E,Shinozuka M. Measuring improvements in the disaster resilience of communities ［J］. Earthquake Spectra,2004,20(3):739-755.

［54］Zhong S,Clark M,Hou X Y,et al. Validation of a framework for measuring hospital disaster resilience using factor analysis[J]. International Journal of Environmental Research and Public Health,2014,11(6):6335-6353.

[55] Cimellaro G P, Malavisi M, Mahin S. Factor analysis to evaluate hospital resilience[J]. ASCE-ASME Journal of Risk and Uncertainty in Engineering Systems, Part A: Civil Engineering,2018,4(1):04018002.